BNAH

新理念

新标杆

北京大兴国际机场建设管理实践丛书

新理念　新标杆

北京大兴国际机场绿色建设实践

北京新机场建设指挥部　组织编写
姚亚波　李　强　等　编著

中国建筑工业出版社

丛书编委会

主　　任：姚亚波

副 主 任：郭雁池　罗　辑　李勇兵

委　　员：李　强　袁学工　李志勇　孔　越　朱文欣　刘京艳
　　　　　吴志晖　李光洙　周海亮

本书编写组

主　　编：姚亚波　李　强

副 主 编：易　巍　孙施曼

参编人员：北京新机场建设指挥部：
　　　　　徐　伟　何　彬　赵建明　董家广　张小乐　张　乐
　　　　　耿爱民　邓　文

　　　　　北京大兴国际机场：
　　　　　潘　建　王路兵　杜晓鸣　王毓晓　杨　丽　张彦所
　　　　　李晓翔　康春华　王世政

　　　　　北京中企卓创科技发展有限公司：
　　　　　王继东　李　博　于　童　韩黎明

丛书序言

作为习近平总书记特别关怀、亲自推动的国家重大标志性工程，北京大兴国际机场的高质量建成投运是中国民航在"十三五"时期取得的最重要成就之一，也是全体民航人用智慧、辛勤与汗水向伟大祖国70周年华诞献上的一份生日贺礼。

凤凰涅槃、一飞冲天，大兴机场的建设成就来之不易，其立项决策前后历经21年，最终在新时代顺应国家战略发展新格局应运而生。大兴机场承载着习近平总书记对于民航事业的殷殷嘱托，承载着民航人建设民航强国的初心，也肩负着践行新发展理念、满足广大人民群众美好航空出行向往、服务国家战略以及成为国家发展新动力源的光荣使命。

民航局党组始终把做好大兴机场建设投运作为一项重要的政治任务来抓，在建设投运关键时期，举全民航之力，精心组织全体建设人员始终牢记使命与担当，秉承"人民航空为人民"的宗旨，团结拼搏，埋头苦干，始终瞄准国际一流水平，依靠科技进步，敢于争先，攻克复杂巨系统、技术标准高、建设任务重、协同推进难等一系列难题，从2014年12月开工建设到2019年9月正式投运，仅用时4年9个月就完成了包括4条跑道、143万平方米航站楼综合体在内的机场主体工程建设，成为世界上一次性投运规模最大、集成度最高、技术最先进的大型综合交通枢纽，创造了世界工程建设和投运史上的一大奇迹。我们可以充满自信地说，全体建设者不辱使命，干出了一项关乎国之大者的现代化高品质工程，干出了一座展示大国崛起、民族复兴的新国门，如期向党和人民交上了满意的答卷，取得了举世瞩目的辉煌成就！

习近平总书记强调，既要高质量建设大兴机场，更要高水平运营大兴机场。大兴机场投运以来，全体运营人员接续奋斗，以"平安、绿色、智慧、人文"四型机场为目标，立志打造"新标杆、新国门、新引擎"。尽管投运之初就面临世纪疫情的影响，经过全体运营人员共同努力，大兴机场成功克服多波次疫情、雨雪特情以及重大保障任务考验，实现了安全平稳运行、航班转场的稳步推进，航班正常性在全国主要机场中排名第一，综合交通、商业服务、人文景观等受到社会高度评价，成为网红机场，荣获国际航空运输协会（IATA）"便捷旅行"项目白金标识认证、2020年度"亚太地区最佳机场奖"及"亚太地区最佳卫生措施奖"等荣誉，成为受全球旅客欢迎的国际航空枢纽，初步交上了"四型机场"的运营答卷。

回顾大兴机场整个建设投运历程，就是习近平新时代中国特色社会主义思想在民航业高质量发展的科学实践过程。大兴机场向世界所展现的中国工程建筑雄厚实力、中国共产党领导和我国社会主义制度能够集中力量办大事的政治优势，以及蕴含其中的中国精神和中国力量，是"中国人民一定能、中国一定行"的底气所在，是全体民航人必须长期坚持和持续挖掘的宝贵财富。

当前正值国家和民航"十四五"规划落子推进之际，随着多领域民航强国建设的持续推进，我国机场发展还将处在规划建设高峰期，预计"十四五"期间全行业还将新增运输机场30个以上，旅客吞吐量前50名的机场超过40个需实施改扩建，将有一大批以机场为核心的现代综合交通枢纽、高原机场等复杂建设条件的项目上马。这将对我们的基础设施建设能力、行业管理能力提出更高要求。大兴机场建设投运的宝贵经验始终给我们提升民航基础设施建设能力和管理能力以深刻启示，要认真总结、继承和发扬光大。现在北京新机场建设指挥部和北京大兴国际机场作为一线的建设运营管理单位，从一线管理的视角，总结剖析大兴机场建设的理念、思路、手段、方法以及哲学思考等，组织编写《北京大兴国际机场建设管理实践丛书》，对于全行业推行现代工程管理理念，打造品质工程必将发挥重要作用。

看到这套丛书的出版深感欣慰，也期待这套丛书能为全国机场建设提供有益的启示与借鉴。

中国民用航空局局长

2022年6月

本书序言

绿色机场建设代表着中国机场发展的未来，我一直关注中国绿色机场建设与发展，也十分关心大兴机场绿色建设所取得的成果。而今，大兴机场绿色机场建设成果已实践编撰成书，很高兴为本书作序。绿色机场已成为大兴机场亮相世界的一张闪亮名片，其中融入了大兴机场建设参与者大量的智慧与心血，将大兴机场绿色建设全过程和重要成果记录和总结，是一项具有重要意义的工作。

说到绿色机场建设，还要从15年前新建长水机场说起，当时，按照科学发展观的总体要求，民航局首次提出了绿色机场理念，明确了绿色机场"节约型、环保型、科技化和人性化"4项基本内涵。以长水机场建设为契机，民航局对昆明新机场工程指挥部提出了建设绿色机场的要求，成立了绿色昆明新机场研究工作领导小组和办公室，我本人担任了领导小组的组长。在长水机场建设过程中，民航局分批次对昆明长水机场的绿色专项设计任务书进行了批复，全程指导和推动了昆明长水机场的绿色机场探索实践，体现了民航局开展绿色机场建设的坚定意志。

在长水机场之后，绿色机场概念被行业内外认知和接受，绿色机场种子在我国机场领域内广泛传播并生根发芽，焕发出蓬勃生机，大兴机场这颗种子生长得尤为枝繁叶茂，如今，已成为名副其实的绿色机场建设典范。

为了开展绿色机场建设，大兴机场凝聚了绿色机场建设的基本共识，汇聚了绿色建设的各方力量，形成了清晰的绿色机场建设基本程序，为绿色机场理念落地提供了坚强的组织保障。同时，大兴机场积极开展理论创新、科技创新、管理创新与工程示范，并组织多方研讨力量开展科研攻关，承担或参与了多项国家和行业科研课题研究和标准编写工作，我作为专家组组长参与了多项大兴机场牵头的科研项目评审，对大兴机场科技创新工作印象极为深刻。

经过十多年的不变坚守，大兴机场将绿色机场理念在建设阶段全面落地，绿色机场蓝图已经圆满实现。投入运行后，大兴机场又及时将推进绿色机场工作重心从绿色建设转向绿色运行，继续践行绿色机场全寿命期绿色发展理念。

在中华民族复兴的伟大梦想指引下，我们面临新时代国家绿色发展战略、2030年前碳达峰、2060年前碳中和的"双碳"目标和民航高质量发展要求，绿色机场发展将始终是民航矢志不移的战略任务。作为我国绿色机场发展征途中的一面旗帜，大兴机场展示了世界一流绿色机场的中国名片，必将在我国绿色机场发展史上留下浓墨重彩的一笔。大兴机场绿色建设中积累的经验和启示，值得行业内外从事和关注绿色发展的人士借鉴学习，汲取知识，激发力量，继续在我国绿色机场发展的征程上阔步向前。

原中国民用航空总局副局长

2022年6月

丛书前言

北京大兴国际机场是党中央、国务院决策部署，习近平总书记特别关怀、亲自推动的国家重大标志性工程。大兴机场场址位于北京市正南方、京冀交界处、北京中轴线延长线上，距天安门广场直线距离46公里、河北省廊坊市26公里，正好处河北雄安新区、北京行政副中心两地连线的中间位置，与其距离均为55公里左右，地理位置独特，是京津冀协同发展的标志性工程和国家发展一个新的动力源。

大兴机场定位为"大型国际航空枢纽"，一期工程总体按照年旅客吞吐量7 200万人次、货邮吞吐量200万吨、飞机起降量63万架次的目标设计，飞行区等级为4F。综合考虑一次性投资压力、投运后的市场培育等情况，按照"统筹规划、分阶段实施、滚动建设"的原则，一期工程飞行区跑滑系统、航站楼主楼、陆侧交通等按照满足目标年需求一次建成，飞行区站坪、航站楼候机指廊、部分市政配套设施、工作区房建等按年旅客吞吐量4 500万人次需求分阶段建设。主要建设内容包括飞行区、航站区、货运区、机务维修区、航空食品配餐、工作区、公务机区、市政交通配套、绿化、空管、供油、东航基地、南航基地以及场外配套等工程。

大兴机场具有建设标准高、建设工期紧、施工难度大、涉及面广等特点。全体建设者面对各种挑战，始终牢记习近平总书记嘱托，在民航局的统筹领导下，以"精品、样板、平安、廉洁"四个工程为目标，全面贯彻落实新发展理念，以总进度管控计划为统领，通过精心组织、科学管理、精细施工、协同推进，克服时间紧、任务重、交叉作业等重重困难，历时54个月、1 600多个日夜，如期高质量完成了一期工程主体建设任务，一次性建成"三纵一横"4条跑道、143万平方米的航站楼综合体，以及相应的配套保障设施，成为世界上一次性建成投运规模最大、集成度最高、技术最先进的一体化综合交通枢纽，以优异成绩兑现了建设"四个工程"的庄严承诺。

大兴机场的建设投运举世瞩目，持续受到各方的高度关注。工程建设期间，特别是2017年进入全面开工期后，指挥部和施工总包单位几乎每天都能接到大量的调研参观要求，很多同志对于大兴机场建设和投运背后的故事和管理经验十分感兴趣。机场建成投运后，按照习近平总书记"既要高质量建设大兴国际机场，更要高水平运营大兴国际机场"的指示要求，我们一方面努力提升运营水平，瞄准平安、绿色、智慧、人文"四型机场"，进一步打造运营标杆；另一方面，也在思考，如何通过适当的建设经验总结提炼，形成可以传承的知识财富，并在一定层面分享，为大兴机场后续工程建设提供指导，同时发挥标杆工程的示范带动作用，也为行业发展和社会进步作出一点贡献。

我们就大兴机场一期工程建设经验总结召开了数次座谈会和专题会，各主要咨询设计单位、建设单位都十分支持，通过与中国建筑工业出版社、同济大学等单位进一步沟通，我们认识到，针对各方对于大兴机场工程建设的关注点，对大兴机场一期建设管理的理念、思路、方法、手段以及工程哲学思考等进行梳理总结，形成系列总结丛书，还是有一定意义的，为此，我们于2021年2月23日，在习近平总书记视察大兴机场工程建设4周年之际，正式启动了《北京大兴国际机场建设管理实践丛书》的编写工作，计划从工程管理、绿色建设、安全工程、工程哲学等方面陆续推出管理实践丛书。鉴于工程管理特别是重大工程管理是个复杂的系统工程，每个工程各有特点，工程管理理念百花齐放，存在明显的行业、工艺、地域等差异，本丛书只能算作一家之言，不妥之处还请各位读者多多包涵和批评指正！

最后，谨以丛书向所有参与大兴机场建设和运营的劳动者致敬！向所有关心关爱大兴机场建设发展的各位领导、同仁致敬！

首都机场集团有限公司副总经理（正职级）、

北京大兴国际机场总经理、北京新机场建设指挥部总指挥

2022年6月

本书前言

进入21世纪以来，全球正面临气候变化的严峻挑战，世界各国各行业均在积极寻找应对之策。我国政府审时度势，推动转变经济发展方式，力求实现全面协调、可持续发展。为应对日益明显的资源环境约束，缓解节能减排压力，提升服务水平，促进行业可持续发展，2006年，我国提出绿色机场理念，2010年提出2030年全面建成安全、高效、绿色的现代化民用航空系统的民航强国战略构想，绿色已成为民航机场发展的必然趋势，绿色机场建设已成为中国乃至全球机场发展的共识。

北京大兴国际机场是着眼新时代国家发展战略需要而做出的重大决策，是习近平总书记特别关怀、亲自推动的国家重大标志性工程，是国家"十二五"和"十三五"重点建设项目，是京津冀协同发展战略中"交通先行、民航率先突破"的标志性工程，是国家发展的新动力源，承载着我国民航发展的决心和信心，承载着中国由民航大国向民航强国跃进的期待与厚望。作为举世瞩目的重大示范工程，将北京大兴国际机场建设成为世界一流水准的高效、优质、绿色新国门，树立绿色空港标杆是历史的必然要求。

为了建设具有世界水准和示范作用的全新绿色机场，无愧于国家和时代的重托，北京大兴国际机场站在新的历史起点上，开展了绿色选址，并以"引领世界机场建设、打造全球空港标杆"为使命，在绿色机场研究与建设实践上，集成全球机场业领先经验，用世界的眼光、世界的水准、世界的规则、世界的语言进行规划和建设，全面实现低碳机场先行者、绿色建筑实践者、高效运行引领者、人性化服务标杆机场、环境友好型示范机场的建设目标。

北京大兴国际机场在绿色机场建设方面融入系统化理论思想，开展了全方位工程实践，更加重视顶层设计、科技创新与标准引领。从顶层设计看，北京大兴国际机场超前地构建了系统性的绿色机场指导性文件与指标体系，形成了规范性的绿色管理程序，并以规划设计作为重要抓手，切实将"资源节约、环境友好、运行高效以及人性化服务"的绿色理念贯彻落实到机场规划、设计、建设、运行等全寿命期中;从科技创新看,北京新机场建设指挥部承担了国家、民航、北京市绿色相关科研课题十余项,并充分应用科技创新研究成果,在全向型机场跑道、绿色航站楼建设、海绵机场、综合交通枢纽、地井式飞机空调、清洁能源利用、无障碍设施等方面形成了一批国内外领先、具有良好推广价值的示范工程,荣获了"北京市绿色生态示范区""中国航空运输协会民航科学技术一等奖""绿色建筑创新奖"等多项荣誉;从标准引领来看,北京新机场建设指挥部先后主编或参编多项行业标准,其中《绿色航站楼标准》MH/T 5033是首部向"一带一路"国家推荐的民航工程绿色建设标准。

绿色是北京大兴国际机场建设的文化印记与基因传承,是最亮丽的底色与名片。本书是《北京大兴国际机场建设管理实践丛书》之一,汇集了机场规划设计、建设和运行的各项成果,围绕绿色机场主题,还原机场绿色建设来龙去脉,讲述机场从绿色机场理念到实现全过程,审视绿色机场建设成果,并对绿色运行及可持续发展未来进行展望。

作为五大发展理念之一,绿色低碳是贯彻落实国家生态文明建设战略部署的重大举措,是实现中国2030年前碳达峰、2060年前碳中和目标的必由之路,是未来我国综合国力与竞争力的重要体现。当前我国机场建设规模和数量仍在持续快速增长,绿色机场发展需求仍十分迫切,谨以北京大兴国际机场绿色建设实践为记,祝愿我国绿色发展的未来更加美好。

为方便读者阅读,本书将北京新机场建设指挥部统称为指挥部,北京大兴国际机场统称为大兴机场,中国民用航空局统称为民航局。

编者

2022年6月

目
录

上 篇 全面规划

中 篇 创新实践

下 篇 持续推进

上篇

全面规划

大兴机场绿色建设实践是在深刻领会国家发展战略、研判行业发展形势要求的基础上，按照系统性谋划、顶层设计的思路，全面规划并有序实施的。本篇从大兴机场绿色建设实践起源和理论体系角度，结合时代背景，细致勾勒大兴机场绿色建设实践的真实面貌，讲述大兴机场如何系统性构建绿色机场指标体系与规范性的管理程序，并实施有效组织保障和科技支撑，将绿色机场理念切实落实到工程实践中的全过程，突出体现全面规划对大兴机场绿色建设实践的重要价值。

第 1 章

大兴机场绿色建设起源

2019年9月25日，大兴机场正式投运，受到了世界瞩目，其中绿色建设让人们津津乐道，被誉为"绿色新国门"。这一美誉是对大兴机场多年来绿色建设工作的充分肯定，也是大兴机场坚定地在绿色发展道路上砥砺前行的不竭动力。落实绿色理念，打造绿色机场是大兴机场在启动建设之时，统筹国内外绿色发展总体形势、绿色机场发展趋势、机场建设使命基础上做出的重要决策。事实证明，绿色建设方向顺应了时代发展的潮流，是明智正确的。

1.1　绿色与可持续发展形势

大兴机场建设之初，对当时国内外应对气候变化及民航行业绿色发展的总体形势分别开展了深入而细致的研究，旨在把握绿色与可持续发展的大前提下做好绿色机场建设的谋划。

1.1.1　国际形势

1. 总体形势

工业革命开拓了人类文明的新时代，大大提升了人类文明的进程，但工业文明的粗放发展带来了资源危机、气候变化等严峻挑战，人类经济活动与自然关系面临失衡的风险，如何处理好经济、社会与自然的关系，成为全球共同关心和需要解决的问题。

1972年6月，联合国在瑞典首都斯德哥尔摩召开首次人类环境会议，会议提出"只有一个地球！"，发布了《联合国人类环境会议宣言》（ *United Nations Declaration of the Human Environment* ），并将大会开幕的6月5日作为"世界环境日"，人类环境意识开始觉醒。

1987年2月，在日本东京召开的第八次联合国世界环境与发展委员会上通过了著名的《我们共同的未来》（ *Our Common Future* ），该报告在系统研究人类面临的重大经济、社会和环境问题的基础上，首次正式提出了可持续发展的概念。此概念一经提出，立即得到了全世界多数国家的认同和接受。

1992年6月，在巴西里约热内卢召开的联合国环境与发展大会（ United Nations Conference on Environment and Development, UNCED，又称地球首脑会议）充分吸收了《我们共同的未来》中提出的可持续发展的概念，指出人类应走经济、社会和环境相互协调发展的可持续发展之路，大会通过了《里约环境与发展宣言》（ *Rio Declaration on Environmental and Development* ）、《21世纪议程》（ *Agenda 21* ）和《关于森林问题的原则申明》（ *Statement of Principles on Forests* ），签署了《联合国气候变化框架公约》（ *United Nations Framework*

Convention on Climate Change, UNFCCC）和《生物多样性公约》（Convention on Biological Diversity）。其中《联合国气候变化框架公约》的核心原则是"共同但有区别的责任"原则，即发达国家率先减排，并向发展中国家提供资金技术支持其履行义务。发展中国家在得到发达国家资金技术的支持下，采取措施减缓或适应气候变化。《21世纪议程》成为在全球实施可持续发展战略的行动纲领，世界范围内各国陆续制定本国的可持续发展战略。

由于国际环境发展领域中的矛盾错综复杂，全球可持续发展伙伴关系面临较多挑战，2002年，联合国在南非约翰内斯堡再次召开了地球首脑会议，全面审议1992年来地球首脑会议所通过的重要文件和其他一些主要环境公约的执行情况，并在此基础上就进一步形成新的全球气候治理行动战略与措施，积极推进全球可持续发展。

与此同时，为评估应对气候变化的进展，以《联合国气候变化框架公约》为基础，《联合国气候变化框架公约》缔约方大会（United Nations Framework Convention on Climate Change Convention of the Parties, UNFCCC COP，又称"联合国气候变化大会"）自1995年起每年举行一次。

1997年12月，在日本东京召开的《联合国气候变化框架公约》第3次缔约方大会上，149个国家和地区通过《联合国气候变化框架公约》补充条款，又称《京都议定书》（Kyoto Protocol），规定发达国家从2005年开始承担减少碳排放量的义务，发展中国家则从2012年开始承担减排义务。这是人类历史上首次以法规的形式限制温室气体排放。

1998—2004年，《联合国气候变化框架公约》第4次~第10次缔约方会议主要围绕推动《京都议定书》履约而开展了一系列艰难的博弈谈判。

2005年《京都议定书》生效之后，在《联合国气候变化框架公约》及《京都议定书》框架下，缔约方分别启动了应对全球变暖长期战略以及《京都议定书》2012年后发达国家温室气体减排责任的"双轨"谈判进程。

2005—2014年，《联合国气候变化框架公约》第11次~第20次缔约方会议暨《京都议定书》第1次~第10次缔约方会议持续召开，逐步深化对《京都议定书》第一承诺期（2012年到期）后如何进一步降低温室气体的排放的讨论，对第二承诺期（2013—2020年）全球应对气候变化进行安排，《京都议定书》法律效力得以延长，通过了"蒙特利尔路线图"（Montreal Action Plan）、"巴厘岛路线图"（Bali Action Plan）、《哥本哈根协议》（The Copenhagen Accord），并启动了绿色气候基金。虽然总体上应对气候变化取得一些积极成果，但也面临一定挑战。

2015年12月，《联合国气候变化框架公约》第21次缔约方会议暨《京都议定书》第11次缔约方会议，开启了2020年后全球气候治理的新阶段，会上通过了具有历史意义的《巴黎协定》，该协定长期目标是将全球平均气温较前工业化时期上升幅度控制在2℃以内，并努力将温度上升幅度限制在1.5℃以内。

环境与发展问题是长时期影响人类前途命运的重大问题，以追求人与自然和谐为目标的绿色发展思想日益深入人心，绝大部分国家均已加入缔约国，共同应对全球气候变化，并积极承担发达国家与发展中国家共同但有区别的责任。

2. 行业形势

民航行业主要产生三种类型的环境影响，分别是机场附近的噪声影响、飞机排放对空气质量的影响以及飞机排放对地区及全球气候的影响。

在全球可持续发展战略框架下，航空运输极强的国际性使其成为国际应对气候变化的焦点之一。

国际民航组织（International Civil Aviation Organization, ICAO）将保护环境作为2005—2010年的六大战略目标之一，环境保护成为全球民航业新的发展主题，要求各缔约国从节油、多元化油料和降低噪声等方面推进民航节能环保。

在促进航空业减排方面，欧洲走在前列。2003年12月，英国交通运输部颁布了《航空运输的未来》（*The Future of Air Transport*）政策白皮书，对英国20年的航空发展进行了规划，2005年，根据白皮书要求，英国交通运输部又颁布了《英国可持续航空战略》，对机场的可持续发展制定了框架和具体目标，要求英国机场运营商制定适用于本企业的可持续发展战略，制定可持续发展规划。

2004年11月，欧盟委员会（European Commission, EC）和欧洲航行安全组织（European Organization for the Safety of Air Navigation, EUROCONTROL）联手启动了"欧洲单一天空计划"（Single European Sky ATM Research, SESAR），以加强欧洲空中运输管理现代化。

2007年6月，EC提出"清洁天空"计划（European Clean Sky），通过研发生物燃料等减少飞机排放与噪声的新技术，应对航空业的环境保护要求。

2009年6月，国际机场协会欧洲分会（Airports Council International Europe, ACI Europe）启动了一项碳排放管理标准——机场碳排放认证计划（Airport Carbon Accreditation, ACA）。

2009年12月，国际航空运输协会（International Air Transport Association, IATA）在哥本哈根会议期间公布了航空业的环境目标，承诺到2050年行业碳排量将比2005年减少50%。具体来说，到2020年，年均燃效提高1.5%；从2020年开始，稳定碳排放，实现碳中和，这一举措将使航空业成为全球唯一一个2050年减排一半的行业。

2015年，ACI Europe在法国巴黎联合国气候变化大会上承诺，到2030年将欧洲实现碳中和的机场数量增加到50家。

作为全球经济和城市快速发展的主要推动力和加快经济结构转型的重要助推器，民航行业一直是保护环境的先行者，环境保护、绿色发展、碳减排已成为国际民航业未来保持创新性和先进性的重要支撑。

1.1.2　国内形势

1. 总体形势

20世纪后期以来，我国作为世界上最大的发展中国家，经济处于高速增长期，我国一次能源消费总量飞速增长。能源与资源消耗量对环境的压力大大增加，环境和资源问题已引起党中央和国务院的高度重视。

1994年，我国正式发布了《中国21世纪议程——中国21世纪人口、环境与发展白皮书》。1996年，我国全国人大八届四次会议审议通过的《中华人民共和国国民经济和社会发展"九五"计划和2010年远景目标纲要》，首次将可持续发展作为我国现代化建设的一项重大战略。

1998年5月，中国签署《京都议定书》，并于2002年8月进行了核准。同年，联合国开发计划署发布《中国人类发展报告2002：绿色发展 必选之路》，结合中国国情明确指出，中国城市现代化发展速度很快，将面对人类历史上前所未有的可持续发展挑战，人口众多的中国应选择"强调经济发展与保护环境统一协调"的"绿色发展"之路，制定一整套以保护环境为前提的政策和实践。

2003年，党的十六届三中全会通过《中共中央关于完善社会主义市场经济体制若干问题的决定》，强调要"坚持以人为本，树立全面、协调、可持续的发展观，促进经济社会和人的全面发展"。

2007年，党的十七大报告强调坚持生产发展、生活富裕、生态良好的文明发展道路，建设资源节约型、环境友好型社会，实现速度和结构质量效益相统一、经济发展与人口资源环境相协调，使人民在良好生态环境中生产生活，实现经济社会永续发展。明确科学发展观，第一要义是发展，核心是以人为本，基本要求是全面协调可持续，根本方法是统筹兼顾，并把科学发展观写入了党章，确立科学发展观为我国经济社会发展的重要指导方针以及发展中国特色社会主义必须坚持和贯彻的重大战略思想。由此，坚持科学发展观、走可持续发展道路、大力推进环境保护、资源节约成为我国的基本国策之一。

2009年，我国政府在丹麦哥本哈根联合国气候变化大会上郑重承诺：到2020年单位国内生产总值（Gross Domestic Product, GDP）二氧化碳排放比2005年下降40%～45%；非化石能源占能源总消耗量的15%。

2012年，党的十八大把生态文明建设纳入中国特色社会主义事业"五位一体"战略总体布局，明确提出大力推进生态文明建设，努力建设美丽中国，实现中华民族永续发展。

2013年，党的十八届三中全会通过《中共中央关于全面深化改革若干重大问题的决定》要求，紧紧围绕建设美丽中国深化生态文明体制改革，加快建立生态文明制度，健全国土空间开发、资源节约利用、生态环境保护的体制机制，推动形成人与自然和谐发展的现代化建设新格局。

2015年，我国政府在法国巴黎联合国气候变化大会上承诺：到2030年，非化石能源比例提升到20%左右，单位GDP的二氧化碳排放比2005下降60%~65%，二氧化碳排放达到峰值，并争取提早达到峰值。

面对经济快速发展所带来的严峻环境挑战，我国始终坚持环境保护、资源节约的基本国策，不断深化生态文明建设改革，并积极承担应对全球气候变化的发展中国家责任，在推动我国绿色发展方面保持了坚定的信念。

2. 行业形势

改革开放以来，我国民航业快速发展，取得了长足进步。2005年，我国民航成为全球第二大航空运输系统，整体发展已站在一个新的历史起点上，为建设民航强国奠定了量的基础，我国由民航大国向民航强国转变面临着难得的历史机遇。

2010年，民航局发布《建设民航强国的战略构想》，提出到2030年，全面建成安全、高效、优质、绿色的现代民用航空体系，实现从民航大国到民航强国的历史性转变，成为引领世界民航发展的国家。

我国民航业将与环境充分协调的绿色发展作为建设民航强国的重要目标和关键路径。

"十一五"期间，民航局下发《民航行业节能减排规划》（民航发〔2008〕120号）和《关于全面开展民航行业节能减排工作的通知》（民航发〔2008〕85号），明确了行业节能减排的发展方向与重点任务。

2010年，民航局成立民航节能减排办公室，部署安排全行业共同开展节能减排工作，次年下发了《民航局关于加快推进行业节能减排工作的指导意见》（民航发〔2011〕44号）。

2011年，民航局发布中国民用航空发展第十二个五年规划，要求全面推进节能减排，能源节约和污染排放控制取得明显成效，吨公里能耗和二氧化碳排放量5年平均比"十一五"下降3%以上，新建机场垃圾无害化及污水处理率均达到85%。

2012年，民航局设立民航节能减排专项资金，下发了《民航节能减排专项资金管理暂行办法》（财建〔2012〕547号）。

2013—2015年，民航局陆续发布《民航节能减排专项资金项目指南》（2013—2014年度、2015年度、2016—2018年度）等指导性文件，以民航节能减排专项资金项目指南为引导，大力推进行业节能减排工作开展和项目实施。

为了满足绿色发展要求，民航局在出台政策的同时，积极推进实施GPU（Ground Power Unit，地面电源装置）替代APU（Auxiliary Power Unit，飞机发动机辅助动力装置）和机场地面车辆"油改电"专项。

2012年，民航局下发了《民航局组织实施"机场使用桥载设备替代飞机APU推广工作"项目工作要求》，在北京首都、上海浦东、广州白云、上海虹桥等几大机场进行了试点、推广使用GPU。2013年，又出台了《民用机场桥载设备替代航空器辅助动力装置运行暂行管理办法》，对APU和GPU的使用管理、操作规范提出了要求，并统一了GPU的收费标准。截至"十二五"期末，年旅客吞吐量500万人次以上机场APU替代设备安装率超过90%，使用率逐年提高，年减排二氧化碳能力近30万 t 。

2014年，民航局将"油改电"项目列为节能减排重点工作，并下发了《关于机场开展地面特种车辆"油改电"工作的有关意见及要求的通知》，启动"油改电"试点单位申报工作。2015年，确定了北京首都、成都双流、昆明长水、长沙黄花、哈尔滨太平、厦门高崎共6家吞吐量在千万人次以上的机场及其29家驻场单位作为首批试点单位。民航业成为我国率先在全行业范围内统一推进新能源汽车应用的行业。

除行业层面围绕节能减排开展了卓有成效的工作，国家层面也对民航绿色发展提出了具体要求。

2012—2013年，国务院先后发布《关于促进民航业发展的若干意见》（国发〔2012〕24号）和《促进民航业发展重点工作分工方案》（国办函〔2013〕4号），从国家战略层面提出打造色低碳航空，推动绿色机场发展，要求制定实施绿色机场建设标准，推动节能环保材料和新能源的应用，实施合同能源管理，建立大型机场噪声监测系统，加强航空垃圾无害化处理设施建设。

在推进民航强国征程中，我国把民航节能减排与绿色低碳发展放在了至关重要的位置，提出了绿色相关指标要求与项目实施要求，为我国绿色机场建设奠定了制度基础。

1.2　绿色机场发展趋势

绿色发展是一种促进人与自然和谐共生的新的生产生活方式，世界范围内的机场开展了大量绿色与可持续实践活动，这些实践所蕴含的经验、教训与发展趋势，为大兴机场确定绿色机场目标与发展重点提供了依据。

1.2.1　绿色机场概念的演变

1. 绿色发展理念

绿色发展是一种以生态学为基础，以可持续发展为原则，通过预先和积极采取各种措施来保护自然环境，推动环境保护与经济增长、社会发展相互融合和协同增效的发展方式。

绿色发展理念的核心要义是处理好人与自然的关系。

绿色发展理念包含着深厚的历史文化渊源，体现了中华文化最为朴素的象天法地、天人合一的自然哲学思想，提醒人们自然是人类赖以生存的条件，人类生存发展与自然界息息相关，要学会尊重自然、善待自然、顺应自然。

绿色发展理念又恰如其分地反映了时代发展的新趋势，工业文明时代促使人类生产生活活动快速扩张，以增加生产要素和扩大生产规模来拉动经济发展的粗放式经济发展模式，不可避免地造成了资源大量消耗和对环境的破坏，资源短缺、生态退化、空气质量恶化等问题凸显了人们所面临的风险挑战。绿色发展理念是改变这种危险状态，重建人与自然协调发展关系的最佳解决方案。

绿色发展模式从根本上改变了旧有发展模式中环境与发展的对立关系。传统发展模式是以消耗资源与破坏环境为代价促进发展，而绿色发展模式谋求在生态平衡、经济合理、技术先进条件下与环境的共生与协调发展，强调资源利用、环境保护与发展质量的平衡。在绿色发展理念下，资源与环境是内在生产力发展要素，而人类不仅是自然资源的利用者，也是生态环境的保护者、建设者和修复者，人类与资源环境的关系更加紧密和谐。

走绿色发展之路，有助于美丽自然生态和优质生活环境的重新回归，有利于开创人类社会高质量发展的美好局面。

2. 绿色机场概念来源

建筑行业是较早践行绿色发展理念的行业，经过几十年的发展，也形成了较完善的绿色建筑评估体系。绿色建筑发展对绿色机场发展具有重要的借鉴。绿色机场概念就源于绿色建筑。

绿色建筑主要是从20世纪80年代以后逐步发展起来的。绿色建筑是指为公众提供一个健康、舒适的工作、居住、活动空间，同时实现最高效率地利用能源、最低限度地影响环境的建筑物。

20世纪60年代，美籍意大利建筑师保罗·索勒瑞（Paola Soleri）把生态学（ecology）

和建筑学（architecture）两词合并为"arology"，提出了著名的"生态建筑"。生态建筑强调尽可能结合环境特色，利用优越的自然条件，建造适合人类居住的建筑。这可以视为绿色建筑的前身。

1973年中东战争爆发，阿拉伯国家出现石油禁运危机，汽油价格飙升，能源成本受到了越来越多的关注，"绿色建筑"概念逐渐发展起来，开始出现一些采取可持续发展措施的办公楼；20世纪80年代初期，建筑节能转型进一步向全球拓展；1992年里约地球峰会上，联合国向美国"奥斯汀绿色建筑计划"授予了"环境示范行动"称号，一时间，绿色居住建筑在美国多个城市风靡起来。

与此同时，为了规范和引导绿色建筑发展，各国纷纷开始制定绿色建筑评估体系，1990年，英国建筑研究院创建了世界上第一个绿色建筑评估体系（Building Research Establishment Environmental Assessment Method, BREEAM），1993年，美国绿色建筑委员会（Leadership in Energy and Environmental Design, USGBC）成立，1994年秋，USGBC起草了名为能源与环境设计先锋（Leadership in Energy and Environmental Design, LEED）的绿色建筑分级评估体系，1998年推出LEED 1.0版本；1998年，加拿大领导开展了绿色建筑挑战合作，并于2000年在荷兰召开的国家可持续建筑会议上推出了绿色建筑挑战评估体系（Green Building Challenge, GBC 2000），2001年，日本国内由企业、政府、学者联合成立了建筑物综合环境评价研究委员会，开发出建筑物综合环境性能评价体系（Comprehensive Assessment System for Building Environment Efficiency, CASBEE）。2006年，我国《绿色建筑评价标准》GB 50378颁布实行。

绿色建筑遵循可持续发展原则，围绕减少对资源与环境的负荷和影响，创造安全、健康、舒适、高效的人居环境，与周围自然环境和谐共生三个主题，通过科学的整体设计和生态规划，集成绿化配置、自然通风、自然采光、低耗能围护结构、可再生能源利用、雨水和中水利用、绿色建材、绿色施工和智能控制等适宜技术和高新技术，创造安全、健康、舒适、高效的人居环境，展示人文关怀、环境友好与科技发展的和谐统一。绿色建筑不是在既有建筑规定之外另起炉灶，而是以绿色的理念对建筑建造过程加以审视，把它们组织到绿色建筑系统中。绿色机场也同样是将绿色的理念与机场工程建设共同审视，并经系统化、集成化组织，形成绿色机场体系。

绿色机场概念虽由绿色建筑概念引申发展而来，但作为航空运输的重要基础设施和关键环节，机场涉及的范围更大，具有占地面积大、功能分区多、系统复杂、专业性强等特点，机场包括飞行区，航站区、货运区、供油、空管等特定功能区及各功能区之间的相互联系，以及机场内专门的能源系统、水系统规划设计等。绿色机场不仅需要包括建筑室内外环境和能耗控制，还要体现机场的功能特点。

3. 绿色机场概念和内涵的发展

随着民用航空业务量的快速增长，公众对机场安全及服务质量的要求越来越高，机场建设与运行对环境和能源的影响越来越大，这一趋势推动了我国绿色机场研究与实践探索。

结合我国机场绿色发展实际需要，以昆明长水机场建设为契机，我国民航业于2006年首次提出了"绿色机场"概念。

2006年，云南省人民政府、中国民用航空总局《关于加快云南民航发展的会谈纪要》指出"重点保障昆明新机场的建设，落实科学发展观，突出以人为本，将昆明新机场建成节约型、环保型、科技型和人性化的现代化国际机场"；2007年，民航局在《关于开展建设绿色昆明新机场研究工作的意见》（民航函〔2007〕909号）中提出绿色机场的内涵为资源节约型、环境友好型、科技创新型和人性化服务。希望通过昆明长水机场绿色机场建设的研究与实践，探索相关经验，为建立中国绿色机场建设基准奠定基础。由此，绿色机场的定义最初确立为"在机场设施的全寿命期中，以高效率地利用资源、低限度地影响环境的方式，建立合理环境负荷下安全、健康、高效、舒适的机场体系，促进人与自然、建设与保护、经济增长与社会进步的协调发展"。其中，将从机场选址、规划设计、施工建设、运行维护，直至机场弃用（报废）的时间历程称为机场（体系）全寿命期，将以机场为核心的、能够保障航空运输服务正常开展所包含的建筑、场所、设备设施等，统称为机场体系。

在绿色机场理论与实践飞速发展的过程中，绿色机场的内涵也随着绿色机场的建设与发展而逐渐扩展、更新、深化、完善。2012年前后，结合大兴机场的建设，建设者和研究者逐渐认识到，首先，作为公共交通运输设施，机场的功能核心是旅客、飞机活动的场所，运输效率乃是机场使用价值的重要体现，应将其融入绿色机场的内涵范畴。其次，与资源节约型、环境友好型、人性化服务更加注重结果性和目标性不同，科技创新型更加具有手段性的特点，绿色机场建设可以适度采用先进适宜的技术手段，但不应为了创新而创新，创新的目的是提高机场的运行效率及服务水平，因此，科技创新可以单独作为一个手段或支撑提出。因此，绿色机场的四个内涵进一步发展为资源节约、环境友好、运行高效以及人性化服务。

（1）资源节约包括节地与土地资源利用、节能与能源资源利用、节水与水资源利用及节材与材料资源利用。指的是通过采用适宜的建设或运行约束指标，降低资源需求，提高资源利用率，优选可再生、可回收、可循环利用的替代性资源，就地取材，减少能耗或物耗。

（2）环境友好包括室外环境、室内环境与环境适航。指的是减少净空环境、电磁环境和鸟类活动等对机场运行的影响，为航空器提供安全的运行环境；同时，减少机场对周边声环境、空气环境和水环境的影响，为旅客、员工及机场用户提供优质的旅行与工作环境。

（3）运行高效包含机场区域内飞机、设备设施运行高效和流程高效。指的是向旅客和用户提供高效的航空运输服务，减少飞机等待、滑行、起飞的等待时间、滑行距离等，提高设施设备的运行效率，建立便捷、快速、高效的人流、物流和信息流等。

（4）人性化服务包含以旅客人性化服务和员工人性化服务。指的是通过机场规划、设计、建设、运行中的人性化设施设备、工具用品等配备及人文关怀和服务等措施，提升机场旅客和员工的体验感受和满意度。

1.2.2 国外绿色机场发展

1. 绿色与可持续发展实践

从绿色机场实践来看，国外机场较早就将绿色发展、可持续发展、碳中和作为机场运行的目标，积极开展绿色低碳的可持续行动，出现了一批代表性机场。

韩国仁川机场在规划、设计中将环境保护与管理作为重要内容，获得了ISO1400环境管理认证，在机场转机服务、韩国传统文化展示方面有非常鲜明的特色，被誉为"21世纪绿色机场设计的开端"；日本成田机场提出了生态机场规划；美国洛杉矶机场提出建设全球最绿色机场，开展了包括空气质量、节能与绿色能源、危险材料的管理计划、噪声管理管理计划、公共交通、资源利用与回收、水资源利用及管理、野生动物和生态环境保护等方面的研究与实践；美国洛根机场建成首个获得LEED认证的航站楼；新西兰基督城机场于2008年开始实施碳中和计划；荷兰阿姆斯特丹机场、英国曼彻斯特机场集团分别提出于2012年、2015年实现碳中和目标等。

除代表性机场外，国外机场多数都在绿色低碳方面进行了实践，其绿色低碳行动集中体现在建筑节能、设备节能、清洁能源使用和环境改善等方面。经过针对国外机场绿色实践分析发现，不同地区机场的绿色实践呈现不同特点。

北美机场的主要特点是建设绿色航站楼，注重机场环境管理，开展噪声监测、促进机场减排，建立资源回用和废物回收计划，开展机场资源智能化管理，推广清洁/可替代燃料，将经验做法形成导则或报告等；欧洲机场的主要特点是建设绿色航站楼，推广节能设备、建设能源智能管理平台，系统评估机场运营效率，实施节能激励，减少与政府或周边居民关于环境问题的冲突，开展碳认证等；亚洲机场的主要特点是建设智能系统，促进资源循环利用，推动可再生能源利用，提高环境品质，减少污染物排放，关注细节和人性化服务等。如表1-1所示。

由于国外发达国家均较早地完成了机场的大规模建设，新建民用机场很少，而且建设周期很长。国外机场可持续发展的实践与探索主要应用于改扩建工程和运行管理优化领域，尚未存在全过程的（选址、规划、设计、建设及运营维护等）、全面的（覆盖机场各功能区与系统）、全要素（资源节约、环境友好、运行高效与人性化服务）的绿色机场建设与运行案例。

国外绿色机场实践   表1-1

机场		绿色建设目标/成果	主要绿色实践内容	主要特点
北美地区	多伦多机场	以环境友好型的方式发展和运营机场	环境管理系统、环境周和地球一小时活动、雨水管理、除冰液收集、LEED认证、混动及电动汽车配备、APU替代设施配备、噪声管理等	建设绿色航站楼，注重机场环境管理，开展噪声监测，促进机场减排，建立资源回用和废物回收计划，开展机场资源智能化管理，推广清洁/可替代燃料，将经验做法形成导则或报告等
	底特律机场	除冰液回收管理项目	在4条跑道端设除冰液操作处，集中回收，通过对除冻液的处理，可产生纯度99%的乙二醇	
	温尼伯机场		在新航站楼的建造上，幕墙通过设置遮光棚和蚀刻版画反射额外的日光来减少阳光直射，同时提高建筑内部的舒适度	
	波士顿洛根机场	A号航站楼首个获得LEED认证	航站楼大量采用自然光，用环保节能的温拌沥青混合料重新铺设跑道的外围道路，开展航空器排放污染物检测与控制，开展机场空气质量分析，提出"洛根机场空气质量倡议"（Air Quality Index, AQI），安装噪声监测系统与跑道优先咨询系统（帮助空中交通管制人员合理分配流量），水质管理计划、环境相容性评估、地面交通系统研究，多座客车（High Occupancy Vehicl, HOV）交通工具配备，LEED认证，编制《环境状况和规划报告》等	
	凤凰城天港机场	机场压缩天然气（CNG）车辆计划赢得了约翰C.霍尔德奖、清洁城市奖和Valley Forward 杰出环保奖	替代/清洁燃料计划、交通工具减排创新（快速收费、自动车辆识别、手机叫车停车等待区）、废物回收利用（轮胎回收用于沥青路面、再生沥青铣床用于稳定土壤和控制灰尘等）、GPU应用、气候行动计划、能源指标制定、照明自动控制系统、楼宇自控系统、停车场光伏、LEED认证、社区减噪计划（Community noise reduction plan, CNRP）、节水型园艺等	
	洛杉矶国际机场	建设成为全球最绿色的机场	空气质量监测，可替代燃料车辆配备，车辆共享计划，采购绿色电力，流量计无汞化替换，隔声计划，直通车计划，促进地铁衔接，建立回收计划（促进机场与租户的材料与垃圾回收），中水雨水回用，建立灌溉控制系统，设立野生动物保护区，推出《可持续发展的机场规划，设计和施工导则》	
	芝加哥奥黑尔机场		屋顶全绿化设计，航站楼内部采用现代建筑风格与自然采光相融合的设计方法等，提出《机场现代化计划》	
	夫勒斯诺—约塞米蒂机场		2008年建造了一个功率为2MW的光伏发电工程，年发电量为400万kW·h	
	亚特兰大机场		建设资源管理系统，实现了物资、能源和水资源的高效分配以及资源使用的实时监控评测	
欧洲地区	伦敦希斯罗机场	首个获得BREEAM评估优秀级的机场航站楼	航站楼自然采光、自然通风、遮阳等被动式设计、LED灯具配备、冷热电三联供、瞬时噪声强度限额制度等	绿色航站楼建设，推广节能设备、建设能源智能管理平台，系统评估机场运营效率，实施节能激励，减少与政府或周边居民关于环境问题的冲突，开展碳认证等

续表

机场		绿色建设目标/成果	主要绿色实践内容	主要特点
欧洲地区	曼彻斯特机场		大量采用LED灯具、采用秸秆作为锅炉的主要燃料	绿色航站楼建设，推广节能设备、建设能源智能管理平台，系统评估机场运营效率，实施节能激励，减少与政府或周边居民关于环境问题的冲突，开展碳认证等
	阿姆斯特丹机场	多次荣获Skytrax世界机场大奖，2012年实现碳中和	更换LED灯具，照明自动感光控制，水源热泵与水蓄冷技术应用，与航班联动的空调自控系统，通信机房热能回收系统，除冰除雪剂收集及处理系统，驻场单位更换节能设备资金及技术支持，综合交通枢纽建设，高效自助服务等	
	都柏林机场		2号航站楼采用高性能涂敷系统，建筑全立面采用百叶窗遮阳板设计，大量采用了LED灯具，建设能源系统管理平台（将逐月能耗及发展趋势可视化，并根据气象资料进行负荷预测，进而采用负荷管理，报警管理等一系列能源管理措施），将节能效果作为年度考核的指标之一并实行节能奖励机制	
	威尼斯机场		通过西门子公司提供的一套"绿色健康检查"项目，系统化评估机场运营效率和能耗控制情况，分别提出了相应的整改措施，涵盖了机场所有流程与技术，有效促进了机场能效的提升项目	
亚洲地区	樟宜机场	连续7年获得SKY-TRAX全球最佳机场称号，第三航站楼获新加坡BCA绿色金牌奖	照明节能控制，航站楼光伏系统建设，日光屋顶，智能遮阳设施，停车引导系统，与航班联动的智慧建筑管理系统，智慧型行李运输系统，双层式停机坪投光灯（停靠作业时启动高强度照明），人性化设计（如铺设地毯，采用细语扬声器减少室内噪声，设计7个主题生态公园使得室内绿化宜人），航站楼屋顶设置有2 500m²，250kW光伏发电系统，预计每年发电量28万kW·h等	建设智能系统，促进资源循环利用，推动可再生能源利用，提高环境品质，减少污染物排放，关注细节和人性化服务
	成田机场	致力于打造"生态机场"	生态机场总体规划，GPU使用，低排放机动车配备，光伏发电系统，Eco-Cute空气源热泵系统，冷热电三联供系统，垃圾分类（6~8类），雨水收集与利用，中水回用，噪声监测系统，引进低噪声航空器，隔声防护，在线水质监测，除冰剂收集与处理等	
	科威特机场		航站楼屋顶光伏，光伏发电占该机场能源利用的3%	

2. 机场可持续发展研究

从机场可持续发展研究来看，北美地区在可持续指南编制方面走在前列，在机场可持续行动开展的范围、指标、策略及方法等方面形成了较为丰富的理论成果。

从机场来看，为了引领机场可持续发展，美国芝加哥和洛杉矶机场分别发布了机场可持续发展指南。2003年12月，美国芝加哥奥黑尔机场为实现机场现代化，制定并发布了《可持续设计手册》（*Sustainable Design Manual*），对机场管理、交互任务资源协调、节水、能源与空气、室内环境质量、设备运转、材料和资源、施工实践共8个方面提出可持续发展要求；美国洛杉矶机场于2008年推出《可持续机场规划、设计与建设指南》（*Sustainable Airport Planning,*

Design and Construction Guidelines for Implementation on All Airport Projects），明确将可持续实践分为规划设计与施工两个阶段，其中规划设计阶段主要关注项目管理，可持续发展规范，空侧规划，陆侧规划，场址选择，雨水管理与侵蚀控制，景观设计，节水，减少热岛效应，室内外照明质量，减少噪声污染，节能，排放清单与缓解，材料与资源，室内环境质量，建设后维护、监督、报告，社区参与，社会责任共18个方面，施工阶段则重点关注项目管理、废物管理、雨水管理与侵蚀控制、景观维护、节水、材料运输、照明、噪声控制、设备、排放清单与缓解、公路、室内空气质量、车辆、健康与安全、社会责任共15个方面。

从国际协会组织来看，为推动机场可持续发展，2006年，ACI发布了《可持续发展测评体系》（*DRAFT Sustainable Initiatives Index*），分别从行政管理、雨水管理、地面交通资源、景观和外观设计、节水、能源和空气、室内环境质量、设备运转、材料和资源、施工实践共10个方面提出可持续发展建议；2008年，可持续航空指南联盟（Sustainable Aviation Guidance Alliance, SAGA）成立并发布了《机场规划、实施和运维可持续发展计划》（*Planning, Implementing and Maintaining a Sustainability Program at Airports*），致力于将现有的指导方针和实践整合为一个全面的、可搜索的资源，该资源可根据美国各种规模和不同气候/地区的各个机场的独特要求进行定制。其涵盖机场规划设计、建设、日常运转、维护、管理、社区与公共关系共6个方面的活动，覆盖陆侧（航站楼和内部区域、交通区域、服务设施及发展设施）和空侧（跑道、滑行道和停机坪、助航灯光设施、空管设施、加油设施、除冰设施、救援设施及雨水管理设施等）2个区域，统筹考虑经济可行性、运行效率、自然资源及社会责任。

国外机场可持续发展指南/手册成果总结了国外机场探索的宝贵经验，适合国外机场发展需要，我国绿色机场发展可充分参考借鉴国外经验，并结合我国机场工程实际，吸收、引用，再创新，形成具有我国机场特色的绿色发展指南。

1.2.3　国内绿色机场发展

我国机场节能减排研究与实践起步于21世纪初期。在大兴机场启动建设之前，我国绿色机场研究与建设刚刚完成系统性探索。若自2006年绿色机场理念提出，以2012年昆明长水机场投入运行以及北京大兴机场启动前期建设作为我国绿色机场建设阶段的分水岭，可以将绿色机场发展大致分为三个阶段：

1. 技术应用与理念形成阶段（2002—2006年）

本阶段我国机场主要是推广应用节能减排技术与项目，包括因地制宜地采用雨水回用、冷热电三联供，空调水蓄冷、过渡季自然通风、气流组织，自然采光，指廊遮阳、GPU、噪声监测与控制等多项绿色技术，典型代表有北京首都机场东扩工程、上海浦东机场二期工程和广州白云机场等。

北京首都机场在建设T3航站楼时，已先期针对T2航站楼进行了节能减排实践。如采用先进的节电设备、具有智能化节能功能的中央空调系统、调整飞行区的运行模式、在自然采光条件好的区域换装自动光感照明设施等措施，使T2航站楼2008年节电总量达到840万kW·h以上，与2006年相比节电8.66%；在首都机场T3航站楼建筑及其各个系统的设计上，充分考虑节能要求，应用了多种新技术与新方法，如楼体设计采用全玻璃幕墙、屋顶带天窗的设计方案，白天采光效果良好；楼内安装先进智能照明系统，可通过设定时间表、传感器、获取航班信息及人体感应照明等多种运行模式实现自动控制；空调采暖系统应用了多种国内外先进的技术，其中在空调机组中加装转轮式全热回收装置，夏季可利用排风的冷量对新风作降温除湿预处理，冬天则可对新风预热和加湿，以达到节能效果；通过电力监控系统控制各设施的供电用电情况，减少无功功率的损耗。与此同时，北京首都机场启动了节能环保型机场的研究课题，在2008年引进合同管控新机制，与专业的节能服务公司签订协议，让节能服务公司为北京首都机场提供专业的能效审计、节能项目设计、运行管理等一系列服务，不断加强机场的节能减排工作。

上海浦东机场在规划建设中，积极开展机场可持续发展探索，在建设中因地制宜地采用了围场河雨水回用、冷热电三联供以及空调水蓄冷等绿色技术，在用电高峰时段释放空调冷冻水，每年可节省空调电费900多万元。为减少鸟害，在距浦东机场以东11km处长江口九段沙上"种青引鸟"，为鸟类另辟栖息地，大大降低了候鸟对浦东机场的威胁。

广州白云机场基于节约资源的理念开展了绿色设计，荣获首届"全国绿色建筑创新奖"。在有限的土地上尽量提高利用率，紧凑布置和统筹安排各种设施的规模和布局；在建筑布局上注重建筑物的朝向，充分利用自然采光和通风，减少空调、通风、照明的能耗；单体建筑的大型空调冷却水采用了循环水处理系统，景观水渠和景观水池采用节水设计，建设了日处理2.8万t的污水处理厂，根据饮用水、生活用水、景观用水和绿化用水对水质的不同要求，提供不同水质的用水；充分选用绿色建材和本地化建材。

除以上机场外，当时绿色实践做得比较好的机场还有无锡硕放、西安咸阳、乌鲁木齐地窝堡、太原武宿、银川河东、呼和浩特白塔等机场，无锡硕放机场率先建设"绿色能源机场"，其"太阳能光伏发电并网工程"已正式运营；西安咸阳机场在建设过程中采用先进的逆渗透技术，用于饮用水处理；采用氧化沟技术对污水进行处理，对雨水、污水采取分流的排水方式。乌鲁木齐地窝堡机场采用处理后的污水作为绿化用水，明显缓解了水资源紧张的局面。太原武宿机场建设了7.5万m³的雨水调节池，在利用管道收集雨水方面已经发挥了很好的作用；银川河东机场建造了1.6万m³的雨水调节池，在开发新水源方面取得了良好的效果；呼和浩特白塔机场利用场区地面渗透性强的特点，对雨水进行漫流排放，不仅节省了建设投资，而且对地表的水环境改善也起到了一定作用。

2. 探索试点阶段（2007—2012年）

本阶段我国主要是开展绿色机场研究，形成绿色机场建设基本程序，打造行业试点工程，积累绿色机场建设经验。典型代表机场为昆明长水机场。

2006年，昆明长水机场启动建设，2012年6月28日，昆明长水机场投运。6年间，昆明长水机场探索了绿色机场理念研究与全方位实践，从土地利用规划、仿真模拟与优化、环保规划、人性化规划以及绿化与景观规划等方面分别明确了绿色规划要点，并开展了20余项专项研究，绿色实践覆盖了机场的主要功能区，在依山就势实现巨量土石方平衡，耕植土"零排放"，减灾性泥石流河沙综合利用，高效节能绿色航站楼建设，国内大型机场行李自动分拣系统国产化，全部机位安装GPU、垃圾资源化处理利用等方面为全国机场绿色建设树立了标杆，昆明长水机场绿色建设试点获得成功。

除昆明长水机场全方位探索与实践外，国内其他机场也逐步增加对绿色机场的建设与运行实践，形成了机场建设运行不同阶段的实践经验。在机场规划设计中，将绿色理念落实到机场用地规划、能源规划、节能设计、节水设计、减噪设计、减排设计、材料和资源利用、废弃物回收与处理设计、室内外环境设计和人性化设计中；在机场施工过程中，将绿色理念切实落实到节约土地、节约能源、节水与水土流失控制、材料与资源运输、施工车辆与设备管理、噪声与粉尘控制、废弃物与排放物管理以及健康与安全等各个方面；在机场运行阶段，倡导加强用地、用能、用水、固体废弃物回收、废液废气排放、室内环境控制和服务质量的管理工作，推广可循环产品和技术，应用减噪技术等。

3. 引领示范阶段（2013年至今）

在昆明长水机场探索试点的基础上，本阶段的特点是我国绿色机场理念与意识逐渐加强，各个机场逐步开始深化绿色机场研究和实践，努力在专项工程或全面发展上形成绿色机场亮点项目和示范工程。从行业发展来看，本阶段民航局组织开展了多项绿色机场科研项目申报立项，并启动了绿色机场标准体系建设。大兴机场是国家"十二五""十三五"规划重点建设项目，有责任也有信心要承担起打造新时代绿色机场示范工程的光荣梦想。

总体来看，虽然我国绿色机场起步较晚，但我国绿色机场探索与实践的进展十分迅速，而且我国机场建设仍面临较长时期的快速增长需求，绿色机场建设拥有广阔的市场空间。对于新建和改扩建机场，都有机会很好地将绿色机场理念贯彻落实在机场全方位及全过程建设之中。

1.3　大兴机场绿色建设使命

大兴机场是我国民航发展史上的一个里程碑，承载着中国由民航大国向民航强国跃进的决心和信心，肩负着民航乃至国家参与国际竞争的职责和使命。将大兴机场建设成为全球绿色空港标杆与典范，对于推动绿色机场发展，推进民航强国战略，发挥国家新动力源作用，实现中华民族伟大复兴具有重要意义。

1.3.1　建设时代背景

随着国民经济的飞速增长和大众航空运输需求的日益提高，我国民航事业进入高速发展阶段。北京首都机场作为我国最重要、规模最大、设备最齐全、运输生产最繁忙的大型国际航空港，不仅是首都北京的空中门户和对外交往的窗口，而且是我国民航最重要的航空枢纽和民用航空网络的辐射中心。在民航事业高速发展背景下，首都机场航空运输量屡创新高，2009年旅客吞吐量达到6 537.5万人次，一跃成为亚洲第一，2010年旅客吞吐量达到7 395万人次，成为世界第二大机场，首都机场面临前所未有的运行压力，规划建设大兴机场势在必行。

新建大兴机场是中国高速发展的民航业的一个缩影，是北京构建国际双枢纽、带动京津冀区域协同发展的战略需要，对于极大缓解首都地区航空运输压力、有力促进北京城南转型、系统优化首都城市功能、全面推动京津冀经济圈发展具有极其重要的作用。

2012年12月22日，大兴机场建设获得国务院、中央军委联合批准，成为"十二五"期间国家级重大基础设施项目。2014年12月26日，大兴机场正式开工建设。大兴机场工程投资799.8亿元，红线内总投资1 200亿元。近期按2025年旅客吞吐量7 200万人次、货邮吞吐量200万t、飞机起降量62万架次的目标设计；建设"三纵一横"4条跑道、70万m²航站楼（79个近机位，预留卫星厅，航站楼综合体143万m²）及相应的货运、空管、航油、市政配套、综合交通枢纽等设施；本期用地面积27km²，红线内建筑面积400余万m²；远期按年旅客吞吐量1亿人次以上，年货邮吞吐量400万t，飞机起降88万架次的目标设计，将建成"四纵两横"6条跑道，规划用地面积45km²，如图1-1、图1-2所示。

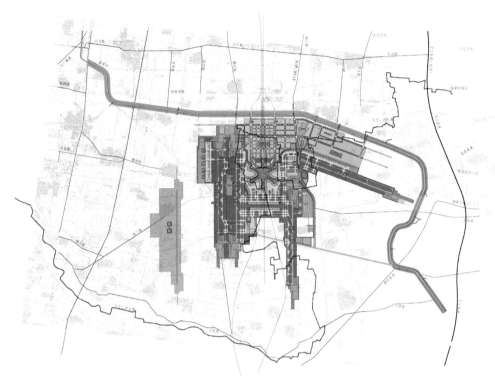

图1-1 大兴机场近期平面规划图

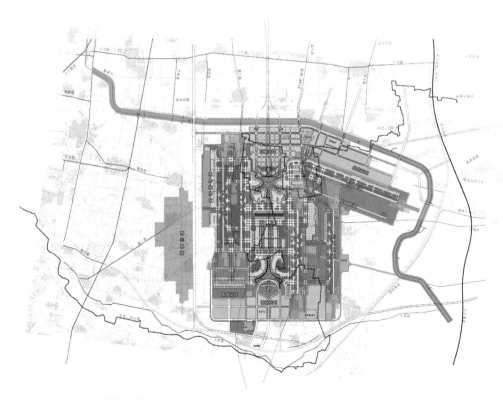

图1-2 大兴机场远期平面规划图

作为中国21世纪新建成的又一座大型国际门户枢纽机场，大兴机场代表北京乃至中国的新形象，是我国机场建设的最高水平。基于国内外绿色发展形势和民航强国战略，结合大兴机场发展定位，针对大兴机场建设民航局提出了"引领世界机场建设、打造全球空港标杆"的要求。

1.3.2 绿色建设的必要性

大兴机场绿色建设是在全面论证分析世界范围内绿色发展及绿色机场发展形势基础上，结合机场建设使命和发展规划形成的重要结论，是历史发展的必然，是时代发展的必然，也是机场发展的必然。

一是贯彻落实绿色发展理念，实现低碳发展的必然要求。环境保护、资源节约是我国基本国策，现代综合运输体系重视提高资源利用效率、生态环境的保护，民航行业走在绿色低碳发展的前列，绿色理念在机场研究与实践已经开展试点。大兴机场作为我国机场体系的重要组成部分，必须积极响应国家、行业绿色要求，在机场全寿命期贯彻落实绿色机场理念，打造绿色机场示范工程，促进机场和行业低碳发展。

二是顺应绿色发展形势，勇担历史使命的必然结果。从国内外绿色与可持续发展形势和绿色机场发展趋势来看，绿色发展能力早已成为各个国家和行业广泛关注并全面展开博弈与竞争的焦点。"十二五"期间，我国正处于从民航大国迈向民航强国的关键历史机遇，建设亮点突出、世界级的绿色机场，引领机场建设潮流，是时代赋予大兴机场的历史使命。为了实现突破引领与标杆建设的宏伟目标，大兴机场有必要创新性地开展绿色建设。

三是建设世界一流航空枢纽，赢得国际竞争优势的必然选择。大兴机场定位为大型国际航空枢纽、国家发展新的动力源，以打造世界级航空枢纽为目标，必然要面对周边国家已具有较大影响力和辐射力的航空枢纽的竞争。只有具备鲜明的特色，大兴机场才能在未来航空业激烈的竞争中立于不败之地。绿色机场建设能有效改善机场周边环境和服务品质，有利于缓解机场与周边的紧张关系、树立良好的公众形象，是机场重要的核心竞争力。打造以绿色为特色的国际航空枢纽机场，是大兴机场增强吸引力和提升竞争力的必要举措。

1.4   大兴机场绿色建设谋划

在大兴机场明确开展绿色机场建设目标后，寻找一条科学可行的实施路径变得尤为重要。为了理清绿色建设思路，明确绿色建设方向与重点难点，指挥部广泛邀请国内外专家，对大兴机场绿色机场建设进行专题研讨，并在研讨基础上组织绿色机场咨询专业团队承担大兴机场绿色主体研究工作，开展对大兴机场绿色建设的体系构建、全寿命期绿色实践、组织管理、科技创新等工作的总体谋划，为大兴机场绿色建设的顺利推进奠定基础。

1.4.1 专家咨询

为了在前期阶段梳理清楚大兴机场整体绿色发展和协调的思路，促进自身的绿色建设及周边区域的绿色发展。指挥部通过专家研讨咨询的方式，分析了绿色机场建设的重点、难点，建立了绿色建设的基本框架，为后续绿色机场工作的开展提供了思想牵引。

2011年5月29日至31日，指挥部组织召开大兴机场绿色建设国际研讨会，会议主题确定为"把脉世界绿色建设潮流，推动大兴机场绿色建设"。议题包括世界绿色建设发展趋势、大兴机场绿色建设目标及方向、大兴机场绿色建设实施策略与路线、大兴机场绿色建设研究专题等方向。专家学者、设计单位、咨询单位等各方代表共50余人与会（图1-3、图1-4）。

经过会上专家研讨，一致同意大兴机场绿色建设应从全范围、全方位、全过程三个维度共同考虑。其中全范围指的是航空城、机场建筑、机场交通以及机场景观与生态环境的绿色建设；全方位指的是将绿色理念全方位融入绿色指标体系，以指导制定绿色策略和运用先进适宜技术；全过程指的是将绿色要素有机贯穿于规划设计、建设施工、运行管理的全寿命期中。

与此同时，研讨会形成了航空城空间布局规划、绿色建筑设计与建设、绿色交通研究与规划、能源节约与综合利用、场地环境保护规划和实施、绿色景观与生态系统、绿色建设标准研究与制定、绿色运行管理研究与规划、绿色技术的推广应用共9个方面的实施建议。

图1-3 研讨会报告现场　　　　　　　图1-4 研讨会圆桌会议现场

1. 航空城空间布局规划

为了促使机场建设运行与航空城发展形成良性互动关系，推进航空城的可持续发展，从经济、社会、环境要素综合考虑，统筹规划航空城空间布局，并通过表1-2所示的要素进一步论证和考量航空城空间布局的合理性。

可参考的航空城空间布局指标   表1-2

序号	生活方式	交通方式	能源使用情况	环境质量
1	通勤距离和时间	交通流量	土地利用效率	噪声
2	人口密度	可达性	水资源成本	空气
3	配套设施等级	交通模式	二氧化碳排放量	水资源
4	居住成本	建设运行成本	能源使用效率	绿化景观与生态

2. 绿色建筑设计与建设

机场是由多功能的建筑群体构成，在绿色建筑建设时要充分考虑不同建筑的功能特性需求，采用适宜的布局、围护结构、建筑材料和先进技术等，同时应特别关注不同建筑之间，建筑与景观、道路之间的相互影响和联系。具体体现在以下三点：

一是建筑结构本身的节能环保特性。如根据功能要求，确立科学的建筑设计参数；采用适宜的自然采光、自然通风、可调节式遮阳等被动式设计；采用本地化节能环保建材等。

二是通过采用先进适宜的节能环保技术，使建筑使用过程中产生的能耗和对周边环境的影响降到最低。如采用水（比空气节能）进行制冷或采暖；使用高效设施设备；增加清洁能源设施设备的使用等。

三是通过合理的规划设计，使建筑在全寿命期内具有功能调整的灵活性。即在不改变外围护结构的前提下，通过调整内部格局，改变建筑的功能，以此减少全寿命期内因拆除带来的能耗增加和环境破坏。

3. 绿色交通研究与规划

机场是大型公共基础设施，其基本职能是为旅客、员工等出入机场人员提供方便、快捷、优质的民航运输服务。机场交通是城市绿色交通体系的重要组成部分。大兴机场交通建设需要在与北京现行交通体系进行高效衔接基础上，降低交通能耗、减少环境污染的同时，最大限度地提高机场服务水平。建议从表1-3所示的要素衡量交通是否绿色。

可参考的绿色交通方式评价指标　　　　　　　　　　　　表1-3

序号	目标	指标	内容
1		直达率	由出发地能够直接到达目的地的比例
2		一次换乘率	由出发地经过一次换乘后才能到达目的地的比例
3	运输效率	步行距离	由出发地到达目的地之间离开交通工具，需要步行的距离
4		交通时间	由出发地到达目的地所耗费的时间
5		拥堵时间	由出发地到达目的地，除正常行驶和步行外额外耗费的时间
6		交通能耗	年运输能耗及每个旅客平均消耗的能源
7		交通结构	行人、自行车公共交通系统的比例
8	节能环保	清洁交通	清洁型交通工具的比例
9		排放物	空气、噪声
10		生态影响	水、土地、绿化

4. 能源节约与综合利用

大兴机场建设规模大，其运行对于能源的需求将十分可观。因此，能源安全保证及能源节约与综合利用之间的平衡是大兴机场在前期研究和规划中需要特别重视的地方。大兴机场能源系统规划，要同时兼顾能源系统的各个环节，包括能源供应系统、能源传输系统、能源终端使用系统及能源计量和管理系统等。

首先要确定大兴机场节能目标；其次要考虑能源安全；最后要采用先进适宜的技术措施，减少能源的使用，提高能源使用的效率，同时更多地使用清洁能源和可再生能源。可参考使用的能源节约与综合利用解决方案如表1-4所示。

可参考的能源节约与综合利用解决方案　　　　　　　　　表1-4

序号	解决方案	具体措施
1	节约能源	（1）使用自然采光、自然通风等被动式设计； （2）新的照明系统，如太阳能和LED 照明设备； （3）在旅客区尽可能使用自然采光； （4）用节约能源和动力的设备； （5）淘汰废弃建筑物和设备； （6）加强日常管理
2	提高能源使用效率	（1）采用高效设施设备； （2）引进新型高效燃料飞机； （3）改善发动机和机身设计； （4）使用热量储存系统进行能源回收利用

续表

序号	解决方案	具体措施
3	使用清洁能源和可再生能源	（1）太阳能发电； （2）太阳能热水； （3）建筑光电一体化； （4）使用清洁能源车

5. 场地环境保护规划和实施

据预测，大兴机场远期年旅客吞吐量将达到1亿人次/年以上，机场建设及运行产生的废弃物和噪声等将对周边环境造成影响。大兴机场建设和运行将达数十年之长，对环境的影响将是持续不断的。

环境保护包括促进环境适航和保护周边环境两个方面的内容。环境保护在前期规划中要充分考虑，在设计中要贯彻，在施工中要落实，在运行中要坚决执行。在执行环境保护的过程中，环境监测检测工作尤为关键。环境保护可参考的解决方案如表1-5所示。

可参考的环境保护解决方案　　　　表1-5

序号	环境问题		解决方案
1	环境适航	电磁环境	监控机场电磁环境，发现干扰源，责令使用者立即排除干扰或停止使用
2		净空环境	（1）在民用机场净空保护区域边界设立标志； （2）监视在民用机场及其净空保护区域外，可能影响飞行安全的高大建筑物、构筑物，按照国家有关规定要求其设置飞行障碍灯和标志，并保持正常显示状态； （3）立即制止在净空区域内未经批准拟建或正在建设影响飞行安全的障碍物
3		鸟击防范	（1）日常监测机场附近生活鸟类种类、生活习性等； （2）在机场周边易受鸟类影响的区域，禁止种植吸引鸟类的树木或吸引鸟类的有水区域； （3）设置无不良环境影响的驱鸟设备
4	保护周边环境	除冰液污染	（1）运送至污水处理厂或蒸馏； （2）喷洒灌溉； （3）滞留过滤池； （4）真空清扫车
5		雨水径流污染	（1）源头控制——绿色屋顶； （2）储存池； （3）末端处理措施； （4）防止管道漏损
6		工业污染	（1）储存设备； （2）油水分离装置
7		生活污水污染	（1）污水处理厂处理； （2）防止管道漏损

续表

序号	环境问题		解决方案
8	保护周边环境	大气污染	（1）使用清洁能源或替代燃料，如混合动力或压缩天然气； （2）鼓励轨道交通等交通工具的使用； （3）减少飞机场的交通拥堵； （4）调节停机坪的照明时间； （5）使用太阳能照明或制造热水； （6）鼓励人们改变自身行为（如减少照明、PC、空调使用等）
9		固体废弃物污染	（1）推行3R原则（减量化reduce、再利用reuse、再循环recycle）； （2）对一般垃圾进行分类收集、运输、处理和处置； （3）使用可循环的建筑材料，并循环使用； （4）将餐厨垃圾、废弃草料进行堆肥； （5）在保证安全的前提下，建筑废弃物不全部移除，而在上面覆盖新的建筑材料； （6）处理危险废物
10		噪声污染	（1）将噪声削减纳入机场长期管理规划； （2）飞机发动机技术的改进； （3）使用地面动力装置； （4）安装噪声减弱堤坝、新建植物缓冲区； （5）室内安装隔声材料； （6）规划土地利用，飞离跑道一侧选择非居住区； （7）建立植物缓冲区； （8）监测和预报
11		生态干扰	（1）水土保持； （2）污染土壤修复； （3）绿化景观； （4）生物多样性； （5）自然栖息地保护； （6）异地补偿措施

6. 绿色景观与生态系统

机场内外的生态景观布置应结合机场功能，营造舒适的乘机环境。建议通过对原有土壤水体植被的分析，确定大兴机场绿色空间的总体图式，形成特定的机场绿色风景，并提升观光旅游、休闲娱乐等衍生服务的盈利能力。

7. 绿色建设标准研究与制定

大兴机场绿色建设应该达到怎样的水平，其标杆性指标如何确定，是机场规划设计、建设和管理运行人员都十分关注的问题。作为大型公共设施，在没有完全适用于绿色机场的标准规范下，需要针对大兴机场的特点和建设目标开展绿色建设标准研究工作，以指导大兴机场的绿色建设。绿色标准应突出绿色机场与绿色建筑的差异，包含定性或定量的指标约束。

8. 绿色运行管理研究与规划

运行管理阶段，基本的建筑和设备设施已经定型，很难再进行变更。在规划设计阶段，要提前考虑未来运行的实际需求，多听取运行部门的意见和建议，并根据合理建议对设计方案进行修正和完善，以推动实现建设运行一体化。

机场运行管理最重要的五大系统，分别是供暖系统、制冷系统、照明系统、行李系统、捷运系统，它们也是耗能最多的五大系统。运行管理阶段宜采取措施实现以上耗能系统的高效、经济运行。建议大兴机场根据机场的运行情况，如与航班联动，进行精细化运行管理，建立定期运行管理报告、评价与奖惩制度，并将公众意见纳入运行管理，提高机场运行管理效率。运行阶段可参考如表1-6所示的节能措施。

可参考的绿色运行管理措施   表1-6

序号	耗能系统	运行措施
1	供暖系统	（1）结合北京地区季节特点，按照供热负荷情况将整个供暖季划分成三个时期，优化供暖初期、供暖中期、供暖后期运行方案，及时调整空调机组、变频泵等设备的运行台数和运行时间； （2）热源与终端联动，供热调节采取以供热站集中控制，换热站就地调节，用户端按需分配相结合的方式； （3）优化楼宇自控系统变频控制程序，自动控制变频空调机组和变频泵转速； （4）建立能耗监测管理系统，实时监测分析、电量、用水量等数据
2	制冷系统	（1）增大系统温差，降低输送能耗； （2）精细调节空调设备运行模式，严格控制公共区域温度； （3）送回风系统精细调节，提高设备运行效率，降低无效能耗
3	照明系统	（1）实施"不同区域不同灯种分别控制，同一灯种不同比例控制"； （2）部分区域照明实施"隔排开启"； （3）按季节调整照明启停时间、数量及灯型； （4）机位集中分配，航后无机位区域实施节能控制； （5）高杆灯通过计算机集中控制，以太阳起落时间为依据，每周调整开关灯时间表
4	行李系统	（1）航班空闲时段停用部分分拣设备及转盘设备； （2）通过航班峰谷分析，分时段统计行李量，研究系统冗余度，在行李量较小的时段停用某台分拣机； （3）通过行李系统底层控制，实现无行李经过时自动停转功能； （4）加强预防性维护，深入润滑管理，降低磨损，采用可循环利用备件或通过加强损坏设备的维修和回收使用，延长使用寿命
5	捷运系统	（1）通过采集系统用电数据，研究APM车辆不同运行模式下系统用电量差异； （2）按季节分析国际旅客峰、谷流量数据信息，根据旅客流量时段变化，实施在运车辆数据与旅客流量关联的经济运行模式

9. 绿色技术的推广应用

先进适宜的绿色技术可以更好地贯彻落实绿色理念及建设目标，可参考的绿色技术如表1-7所示。

部分可参考的绿色技术　　　　　　　　　　　　表1-7

序号	绿色技术	具体措施
1	空气源热泵热水机组	在无热源季节，采用以空气作为能源来源的空气源热泵热水机组来提供生活热水
2	采光屋面	采用多个采光天窗，白天利用天窗自然采光有效提升航站楼内照度
3	变频空调机组	采用变频空调机组和变频水泵，根据空调现场温度进行风量大小的调节
4	光控照明	在照明设备中加装光敏开关，对航站楼内重点旅客服务保障区域和光线充足区域实行智能和光敏双重调节控制
5	中水系统	建立处理规模较大中水回用项目，将处理后的中水用于航站楼中央空调制冷机组循环水补水、绿化用水以及景观用水等
6	雨水回收再利用	建立雨水收集池，经过滤回收雨水，用于非饮用水水质用途
7	飞机专用空调系统	配备飞机专用空调，以供旅客及机上工作人员在机舱使用，改变了飞机采用燃油方式制冷制热的模式，有效降低飞机发动机噪声，减少航空燃油排放
8	飞行区LED边灯、反光棒与太阳能警戒灯	在弯道处的滑行道边灯均采用LED光源，直线段滑行道均安装无需电源的反光棒，同时将太阳能储存于蓄电池中，利用照度传感器监测机坪照度，通过光控开关控制启停
9	水/冰蓄冷技术	将水/冰蓄冷系统作为能源供应系统的一部分，减少电网高峰时段空调用电负荷及空调系统装机容量
10	电力线载波技术	利用现有电力线，通过载波方式将模拟或数字信号进行高速传输，作为电力系统的通信方式，减少网络架设

　　研讨会还提出三条工作建议：一是成立专家咨询小组，成立一个涵盖研究、设计与运营领域的专家队伍，定期召开会议，从专家的角度和高度，指导绿色建设；二是确立绿色建设目标，突出绿色建设重点。尽早确立绿色建设指标体系，按照既定目标，进行规划设计和建设，并在绿色建设中开展示范工程的建设，以重点建设项目的建设实施带动整个项目的绿色设计和建设水平；三是加强科研队伍合作，联合攻关，积极推动研究工作的进展。

1.4.2　主体研究

　　除了邀请国内外专家就绿色发展专题全面研讨，面对具体的绿色建设实际问题，大兴机场还需要能够提供绿色建设全过程指导与跟踪总结的专业服务。为此，大兴机场委托绿色机场咨询专业团队开展绿色机场建设主体研究，服务期限从机场启动前期工作到运行后一年，覆盖大兴机场绿色建设全过程，从而将绿色机场理念全过程、全方位、全领域落实到大兴机场创造条件。

　　绿色机场主体研究是一系列绿色机场建设指导性文件的有机整体，其围绕机场基本建设程序，遵循着从决心要做→应该做什么→做到什么程度→怎么做→是否按要求做了→怎么用→到底做得怎么样的一套完整流程循序渐进，贯彻落实绿色机场理念。

　　其中绿色建设纲要解决决心要做的问题，框架体系解决要做什么的问题，指标体系解决

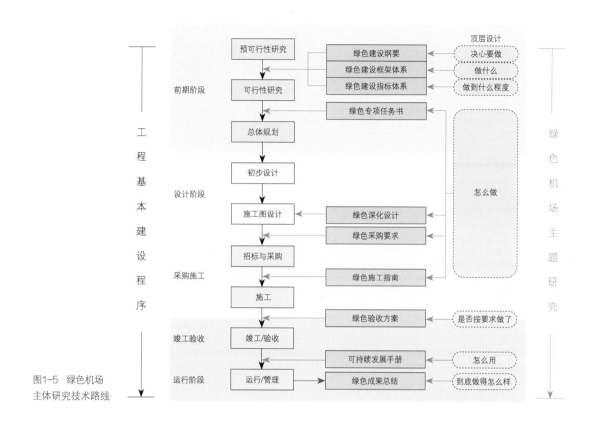

图1-5 绿色机场
主体研究技术路线

做到什么程度的问题，绿色专项设计任务书（系列）、绿色深化设计、绿色采购、绿色施工指南等解决具体怎么做的问题，绿色验收方案解决检验是否按要求做了的问题，可持续发展手册解决按照建设成果如何在运行阶段用好的问题，绿色成果总结解决到底做得怎么样的问题，如图1-5所示。由于绿色建设纲要、框架体系、指标体系用于指导机场全局性绿色机场建设工作，可视为绿色机场实施过程中的顶层设计。

具体来说：绿色建设纲要是指导机场绿色建设的纲领性文件，对整体绿色建设工作进行战略部署，旨在统一思想，凝聚共识，明确绿色建设目标、指导思想、阶段措施和职责分工等。

绿色建设框架体系是贯彻落实绿色建设的体系架构文件，通过梳理逻辑，整理思路，构建绿色建设理念逐层落实的理论框架，逐步分解绿色建设任务，指导绿色建设全过程工作的开展。

绿色建设指标体系是机场设计、建设与评价的核心参考。根据绿色机场基本内涵和绿色建设总目标要求，结合国内外行业技术发展趋势和机场实际，将绿色机场建设目标分解形成一套具有代表性、先进性、可操作性的指标体系。

绿色专项设计任务书是指导绿色设计的指导性文件，按照各功能区的建设特点，将绿色机场基本内涵分解到各功能区项目中，提出合理且操作性强的措施或策略，切实将绿色理念贯彻到机场规划设计过程中，确保指标体系中各项指标的实现。

绿色深化设计是设计阶段向施工阶段高效过渡的重要过程，在设计基础上结合工程实际情况，对图纸和施工工艺进行细化、补充和完善。

绿色采购是施工阶段采购环节的重要内容，是在采购环节之初提出绿色采购要求，再根据绿色采购要求进行采购与招标。

绿色施工指南是施工阶段指导绿色施工的行动指南，包括对施工适宜先进技术和工法的利用，减少施工对环境的破坏，保障施工人员安全健康，宣传与培训绿色施工理念，记录和存档施工过程文件，评价施工管理效果等。

绿色验收方案与验收细则是开展绿色验收工作的指导性文件，敦促各参建单位提交绿色建设有关成果，结合工程验收，完成绿色建设相关资料收集，为检验绿色建设效果提供支持。

可持续发展手册是运行阶段延续绿色建设成果的说明书，是促进建设运行一体化的指南性文件，通过有效衔接和可持续改进，实现机场绿色运行水平的持续提升。

绿色成果总结是绿色机场建设的总结性文件，通过总结绿色建设经验，归纳绿色实践成果，评价绿色建设水平，指明绿色改进方向，为未来机场绿色建设提供经验和参考。

1.4.3　绿色建设思路

在大兴机场绿色建设国际研讨会专家意见指导下，结合绿色机场主体研究指导性文件要求，大兴机场形成了绿色建设的4点思考。

1. 统筹兼顾，重点突出，坚定目标指标引领

大兴机场绿色建设是系统性工程，要从全范围、全方位、全过程三个角度统筹考虑，协调推进，也需以重点建设项目的建设实施带动整个项目的绿色设计和建设水平，如绿色交通、绿色航站楼、能源系统建设等。指标体系可以通过指标系统化设计引导大兴机场绿色建设的全面开展，为此，要开展国内外典型机场绿色建设与实践调研，确立绿色建设指标体系，并通过先进性指标值的设计来突出大兴机场的关键核心绿色建设亮点。

2. 围绕工程基本建设程序，把握绿色关键环节

绿色建设不是另起炉灶的建设，而是以绿色理念重新审视机场工程建设和运行全过程，并推动绿色理念与机场工程相融合。在大兴机场绿色建设全寿命期持续推进过程中，绿色建设必须集中关注基本建设程序各环节的起点，在规划、设计、采购施工、运行等环节开始之

前，就以指导性文件的形式，将该环节所需要开展的绿色专项工作以及需要达到绿色指标要求进行明确，以确保各基本建设程序推进过程中每一个重点阶段都提前考虑了绿色因素，并且绿色理念与上一个阶段能够持续进行。

3. 建立绿色建设管理机制，提供坚强组织保障

绿色机场建设不是一个顺其自然的结果，而是需要从上至下、各个层面参建单位和人员统一思想和认识，并实施统筹协调、周密策划，将新理念、新技术早期嵌入工程实施和运行中，经过精心设计、精致施工和精细管理，才能较好地实现。由大兴机场主导开展绿色机场建设是一项全新的尝试，需要强大意志的推进。参建单位对于如何具体开展绿色建设并没有经验，大兴机场需要建立一套有效的绿色建设组织机构和工作机制，并确保执行有力，使绿色建设的各关键环节能够顺畅衔接，使参建各方能够相互支持，并有效发挥各自优势，共同推动大兴机场绿色建设工作。

4. 强化绿色建设联合攻关，发挥科技支撑力量

大兴机场绿色机场建设以"引领世界机场建设，打造全球空港标杆"为目标，为了满足高标准、高水平、高质量打造绿色机场的总体要求，大兴机场需要联合创新力量，开展全方位的科技创新。其一，在工程实践中开展规划方法创新和关键技术创新，集中力量解决机场规划建设中的难点问题，形成具有示范性、推广性的规划设计和建设成果；其二，以机场工程建设项目为依托，联合申请国家、行业科研课题，并将课题成果示范应用在大兴机场中，打造示范工程；其三，以推动行业绿色机场发展为己任，申请承担行业标准编制任务，将大兴机场绿色建设过程中的成果和经验总结提炼成标准后进行推广。

第 2 章

大兴机场绿色建设体系构建

　　机场绿色建设是一项系统工程，大兴机场充分意识到建设全寿命期的绿色机场需要科学、全面的体系作为基础支撑。为了将绿色建设要求全面贯彻落实到机场工程建设中，从建设伊始，大兴机场构建了以绿色建设目标定位、绿色建设实施范围与内容和绿色建设实施路径为主要架构的绿色建设体系，前瞻性地开展了绿色机场建设顶层设计，战略性地部署绿色建设工作，规划绿色建设的范围、内容与实施路径，并以绿色机场建设指标体系为抓手指导绿色建设。

2.1 绿色建设目标与定位

1. 绿色建设目标

从机场发展定位看，大兴机场是我国进入民航强国进程中的一个里程碑项目，代表着我国基础设施建设的综合实力与水平，必须对标世界一流机场，引领世界绿色机场建设。因此，大兴机场的绿色建设必须是高标准、高起点、高水平，集中体现民航高质量发展的成果。大兴机场的绿色建设应秉承资源节约、环境友好、运行高效以及人性化服务的理念，紧密结合工程建设与运行管理的需要，将绿色理念全面贯彻落实到机场的全寿命期中，实现大兴机场经济、环境和社会综合效益的最大化，将大兴机场打造成为特色鲜明的高效、优质、绿色新国门。

大兴机场的绿色建设目标设定为将"资源节约、环境友好、运行高效以及人性化服务"等绿色理念贯彻落实到机场规划、设计、建设、运行等全寿命期中，将大兴机场打造成为世界一流水准的绿色新国门，践行"引领世界机场建设、打造全球空港标杆"的建设要求。

2. 绿色建设定位

大兴机场定位超大型国际枢纽机场，建设规模大，影响范围广，社会效应强。建设伊始就提出"引领世界机场建设，打造全球空港标杆"的宏伟目标，而绿色机场建设正是实现此目标的重要途径，因此大兴机场绿色建设需要对标一流，引领世界绿色机场建设，树立绿色机场标杆典范，最终实现资源节约、环境友好、高效运行、以人为本，为旅客提供优质舒适的服务，为航空器提供安全高效的运行环境。同时，大兴机场绿色建设也面临着节能减排的压力、环境保护的难题、建筑数量多的现实情况。为了促进绿色建设，大兴机场从绿色机场四个内涵出发，结合所面临的实际情况，进一步明确了绿色机场的建设应紧紧围绕资源、能源、建筑、排放、环境、服务开展，由此引申出五个发展定位，即低碳机场先行者、绿色建

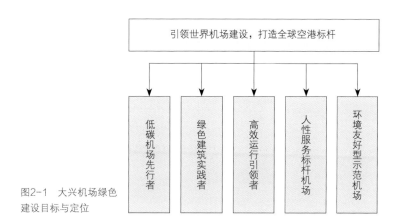

图2-1　大兴机场绿色
建设目标与定位

筑实践者、高效运行引领者、人性化服务标杆机场、环境友好型示范机场（图2-1）。

　　（1）低碳机场先行者

　　在绿色低碳发展理念的指导下，通过提高机场能源系统效率、加大可再生能源替代与清洁能源利用、智慧能源管理等措施，减少温室气体排放，实现机场发展与环境保护双赢。

　　（2）绿色建筑实践者

　　充分利用区域环境、自然条件和先进适宜的建筑技术，全面推进绿色建筑建设，系统提升航站楼等主体建筑的绿色品质和性能，最大限度地节约资源，控制和减少对自然环境的影响，为公众提供健康、舒适和高效的使用空间与环境。

　　（3）高效运行引领者

　　规划设计充分考虑运行需要，通过布局、配置以及流程优化等手段，全面保障地面运输和航空运输的顺畅衔接，提高机场运行效率，为旅客提供高效、优质的服务。

　　（4）人性化服务标杆机场

　　以人为本为核心，通过对旅客、员工及机场用户给予人文关怀，提供优质服务，有效提高服务满意度与用户满意度，树立人性化服务机场品牌，实现提升机场效益的终极目标。

　　（5）环境友好型示范机场

　　以环境承载力为基础，聚焦环境治理和优化，采取多种措施降低污染产生量、实现污染无害化，最终降低机场对生态环境系统的不利影响，实现与区域环境的协同相容，为公众提供舒适、环保的航空旅行环境和安全、高效的生产运行环境。大兴机场首先提出将绿色理念贯穿到机场建设的全寿命期，经过前期研究，充分认识到实施绿色建设应该是全领域、全范围、全过程的，须从绿色机场的4个内涵出发，涵盖节地、节能、节水、节材、室内外环境、旅客流程等11个方面，并落实到每一个工程项目的建设之中（图2-2）。

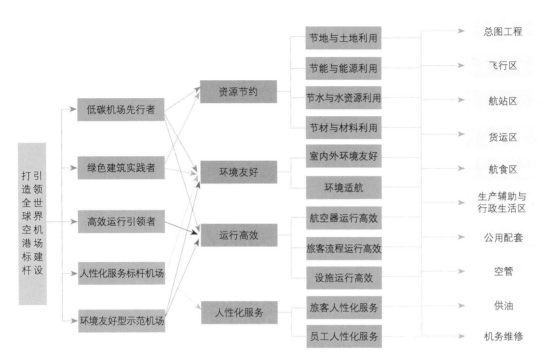

图2-2　大兴机场绿色建设范围与内容

1. 总图工程

机场总图绿色建设范围包括总平面布置、道路和停车场、绿化、围界、综合管廊以及大门及标志等工程，涉及机场设施和土地利用、全场的平面与竖向设计、场内道路系统、管网系统、公用设施布局等。绿色建设主要内容主要包括总平面布置及优化、生态与景观规划、道路照明规划等。

2. 航站区工程

机场航站区是机场建设、运行的核心区域，是地面交通和空中交通的结合部，是机场服务于旅客的中心区域，其航站楼建筑更是一个城市甚至一个国家的窗口、门户，其功能、流程、实用性与服务旅客的便利性是建设、运行关注的重点，也是绿色机场建设的重点。

航站区的绿色建设范围包括航站楼、楼前陆侧交通系统及其配套系统等功能建（构）筑物等。绿色建设主要内容为：绿色建筑设计与建设；流程布局规划设计；自助值机、自助托运行李等自助服务设施；GPU应用；景观设计；垃圾固体垃圾收集、分类与处理等。

3. 飞行区工程

飞行区是机场运行重要组成部分，具有占地面积大、对安全要求高等特点，对机场的用地规划、环境影响起着非常重要的作用。

飞行区的绿色建设范围包括道面工程、排水工程、飞行区附属设施工程、飞行区道桥工程、助航灯光站坪照明及机务用电工程、飞行区安防工程（不含周界安放报警系统）、飞行区供电工程、机坪油水分离系统、飞行区交通管理系统、飞行区消防工程。

绿色建设主要内容包括：跑道构型与设计优化、多跑道独立运行规划等布局规划；滑行道系统设计优化；跑、滑系统编码与引导系统总体规划；空侧地面交通运行优化；噪声影响控制；油污分离，雨洪调蓄；助航灯光与照明节能；GPU应用规划；除冰液回收与处理；空侧清洁能源车应用等。

4. 货运物流区工程

货运区绿色建设范围主要包括货物处理站房、营业业务楼、公用系统设备间（含开闭所、交配电站、冷冻机房、消防泵站、消防安全控制中心、楼宇控制中心）、危险品库、设备维修站、熏蒸室等。

绿色建设主要内容包括：设施布局与流程规划；货运系统规划；模块化包装等。

5. 航食区工程

航食中心绿色建设范围主要包括配餐楼、锅炉房、洗车房等建筑物及其配套设施等。

绿色建设主要内容包括：航食区设施布局与流程规划；油污分离；通风和空调优化设计；太阳能等可再生能用利用等。

6. 生产辅助及行政生活办公区

机场生产辅助及行政生活办公区绿色建设范围主要包括机场当局行政办公楼、信息中心大楼、外场指挥中心、机场二级公司行政生活用房、机场公安用房、海关、边防、联检大楼、武警用房、保安用房、安检用房、行政生活及旅客服务中心、旅客过夜用房、生活服务中心、职工餐厅、轮班宿舍等。

绿色建设主要内容包括：建筑布局设计优化；绿色建筑设计；绿色屋顶、立体绿化；雨水收集、处理与回用；可再生能源利用等。

7. 公用配套工程

机场公用设施绿色建设范围主要包括机场道路、供电、给水、排水、污废物排放、供冷、供热及供气等工程，相关配套设备设施包括冷热源供应中心、锅炉房、配电间、制冷站等。

绿色建设主要内容包括：各场站位置选择与优化；道路与管网系统设计与优化；能源设施布局规划；能源系统结构；太阳能、地热能等可再生能源利用；能源输配系统效率；能源设备计量、监测与控制；水资源综合利用与排放等。

此外，大兴机场考虑了驻场单位的工程建设，提出了绿色建设的要求，由驻场单位自行具体落实，包括空管工程、供油工程和机务维修工程等。

2.2 绿色建设实施路径

绿色建设的实施关系到绿色建设是否能够落地、执行下去。如何有效地实施绿色建设成为指挥部绿色工作重点。因此指挥部制定了绿色理念逐层落实的实施路径，紧密围绕工程基本建设程序，按照绿色机场系统、规划设计、工程实践等需要，通过绿色选址、绿色规划、绿色设计、绿色施工、绿色运行，将绿色理念要求的所有方面贯穿落实到工程实践中，完成绿色机场建设使命，进而实现"引领世界机场建设，打造全球空港标杆"的宏伟目标，如图2-3所示。

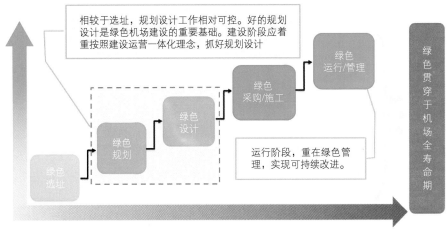

图2-3 大兴机场绿色建设实施路径图

1. 前期阶段

开展顶层设计研究，通过编制绿色建设纲要战略部署绿色建设工作，明确目标与任务；框架体系、建立指标体系，制定绿色建设可度量指标及细化目标。在设计工作启动前，按照各功能区的建设特点编制绿色专项设计任务书。经专家评审、绿色领导小组确认后下发实施。结合工程实际，有计划地开展系统规划研究，并采取有效措施把系统规划研究成果落实到总体规划或各项专项规划中，以指导绿色建设工作。

2. 设计阶段

设计单位严格按照任务书的要求，开展相关工程绿色设计，并将相应的研究成果落实到设计中，实现由生产型设计到研究与生产相融合的设计转变。设计单位提交设计图纸的同时，对各自设计特色和绿色措施进行归纳总结，并据此形成绿色深化设计任务书，供各分项工程总包/分包和施工单位贯彻执行。

3. 采购与施工阶段

在绿色设计基础上，通过编制并下发绿色施工指南，做好绿色理念宣贯，进一步指导绿色施工；同时，按照绿色深化设计、采购与施工任务书的要求，采购和总包单位编制相应的绿色深化设计、采购与施工实施方案，全面贯彻落实设计单位的要求。

4. 竣工验收阶段

编制绿色专项验收方案和实施细则，结合机场工程验收工作，全面收集各项目建设过程中的相关绿色数据与总结报告，作为检验绿色理念在机场建设中贯彻程度的依据，并完成初步绿色成果总结。

5. 运行管理阶段

大兴机场投运后，继续开展机场运行可持续改进研究，编制可持续发展手册，机场运行管理机构结合运行管理实际需求，依据手册策略方法等进行有效管理。同时，通过机场绿色建设全过程的跟踪和监测，开展计量与验证工作，验证绿色机场理念贯彻落实的实际运行结果是否与预期相符，并做好绿色成果总结与评估工作。

2.3　绿色建设指标体系

绿色建设指标体系是大兴机场绿色建设的重要抓手，关系着绿色建设的成果和水平。根据绿色机场基本内涵和绿色建设总目标要求，结合国内外行业技术发展趋势和机场实际，大兴机场将绿色机场建设目标分解形成一套具有代表性、先进性、可操作性的指标体系。

2.3.1　指标框架

在对国内外绿色、生态建筑评价体系和绿色、可持续发展机场评价体系进行借鉴总结基础上，结合绿色机场"资源节约、环境友好、运行高效和人性化服务"的基本内涵，以及大兴机场"低碳机场先行者、绿色建筑实践者、高效运行引领者、人性化服务标杆机场、环境友好型示范机场"的五个基本定位，大兴机场绿色建设指标框架体系分为三级，其中一级指标4项、二级指标12项，三级指标54项，如图2-4所示。

在绿色建设指标框架体系基础上，大兴机场对54项绿色建设指标中的每一项指标，均明确了其术语定义，并对指标提出的背景和形势要求进行了解释。同时，基于国内外相关指标

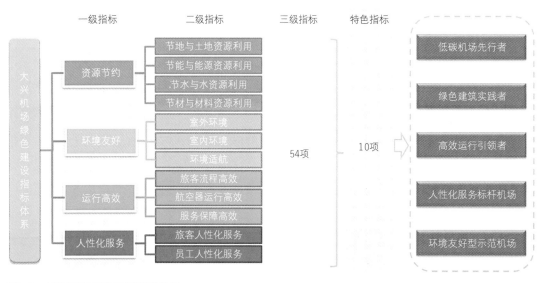

图2-4　大兴机场绿色建设指标框架体系

和机场现状指标对比，逐项明确了指标要求、实施途径以及评价方法等。对部分重要指标，如地下空间利用、绿色建筑比例、雨水收集与回渗等，还进行了机场功能区内的指标分解。绿色建设指标是引导大兴机场开展绿色建设的核心要求（表2-1）。

大兴机场绿色建设指标示例   表2-1

指标名称	示例一：清洁能源车比例
指标规定	空侧通用清洁能源车比例100%、特种车辆清洁能源车比例力争20%
指标解释	车辆油耗是机场的主要能耗之一，也是机场的主要排放源之一。为了减少能耗与排放，同时改善空气质量，鼓励场内运行车辆使用清洁能源作为动力，并根据发展需要配置相应的设施
指标对比	美国洛杉矶国际机场：2015年清洁能源车比例100%。 法兰克福机场：2020年清洁能源车增加至超过60%
实施途径	依据产品物理性能、经济效益和稳定性，优先发展适合机场使用的清洁能源车辆，飞行区空侧特种车辆重点发展机务和货运，具体包括摆渡车、客梯车、行李牵引车、飞机牵引车、平台车等。为场内清洁能源车配置或预留充足的相关配套设施
评价方法	审核设施设计文件、设施设备清单以及建成后的现场核实
指标名称	示例二：GPU与PCA配置率
指标规定	GPU与PCA配置率100%，不设置登机桥的远机位根据经济、环境效益的综合比较，选择配置GPU或使用车载式电源（电源车）
指标解释	飞机辅助动力单元是机场地面能耗中最主要的来源，场内空调车和电源车在为航空器供应电力和冷量的过程中需要通过柴油发电机工作，对环境存在一定污染，而地面电源装置（Ground Power Unit, GPU）和飞机地面空调（Pre-conditioned Air, PCA）是空侧节能减排的重要措施，能够减少APU在地面使用期间产生的碳氢化合物、一氧化碳和氧化氮等气体的排放量
指标对比	奥克兰机场90%的航空公司使用桥载电力与空调设备
实施途径	根据需求采购和配置适宜容量和数量的GPU与PCA，满足不同航空器的需求
评价方法	审核设备安装图
指标名称	示例三：无缝接驳
指标规定	建立立体交通枢纽，实现航空、地铁、公交等多种交通方式的无缝接驳
指标解释	建立出行便捷的立体综合交通枢纽，提供多种交通出行方式选择，实现航空、地铁、公交之间无缝接驳，减少换乘时间和换乘距离，打造连续、舒适、快捷的交通流程
指标对比	虹桥枢纽规划是机场、铁路、磁浮、地铁、出租、公交等一系列城市对内、对外交通服务功能一体化的综合性客运交通枢纽。枢纽将服务全国的远距离航空、高速列车，服务长三角的中距离城际列车、高速巴士，以及城市内部轨道交通、公共交通等综合设置有机衔接，以适应不同层次的交通出行要求；枢纽内引入磁浮，将实现航空旅客在虹桥和浦东两机场间快速周转，周转单程时间可在半小时左右，并可实现浦东国际机场与长三角腹地间的密切联系。枢纽内多达56种多样灵活的交通换乘方式，可为客流集散提供更多便利
实施途径	建立立体综合交通枢纽，合理规划多种交通方式的换乘通道，形成多种交通换乘选择
评价方法	查阅审核设计图纸及建成后现场核实
指标名称	示例四：飞机无延误滑行时间
指标规定	飞机无延误地面滑行时间12分钟；到2025年，飞机滑行时间达到世界同等级机场先进水平

续表

<table>
<tr><td>指标解释</td><td>减少飞机滑行时间，可以减少航空公司的直接和间接损失，提高航空公司的竞争力，促进航空公司业务量的增长，为机场航空业务量的增长做出积极的贡献；同时可以有效减少飞机滑行尾气排放，改善区域环境，从而提高机场的竞争力。
飞机滑行时间是指从车轮档起到进入起飞跑道，或者从退出跑道停机就位挡轮档止的时间。无延误滑行时间指的是跑道、滑行道系统畅通、无等待情况下所需滑行的必要时间</td></tr>
<tr><td>指标对比</td><td>
<table>
<tr><th rowspan="2">机场名称
（机场IATA代码）</th><th colspan="2">到达</th><th colspan="2">出发</th></tr>
<tr><th>架次</th><th>平均进港滑行时间（分钟）</th><th>架次</th><th>平均出港滑行时间（分钟）</th></tr>
<tr><td>亚特兰大（ALT）</td><td>171 522</td><td>10.37</td><td>171 590</td><td>19.66</td></tr>
<tr><td>芝加哥奥黑尔（ORD）</td><td>148 768</td><td>8.96</td><td>148 755</td><td>19.50</td></tr>
<tr><td>达拉斯（DFW）</td><td>117 658</td><td>10.47</td><td>117 607</td><td>16.73</td></tr>
<tr><td>丹佛（DEN）</td><td>99 182</td><td>8.21</td><td>99 139</td><td>16.25</td></tr>
<tr><td>休斯敦（IAH）</td><td>78 502</td><td>8.55</td><td>78 517</td><td>19.25</td></tr>
<tr><td>旧金山（SFO）</td><td>57 844</td><td>6.17</td><td>57 852</td><td>17.67</td></tr>
<tr><td>奥兰多（MCO）</td><td>57 137</td><td>6.82</td><td>57 146</td><td>14.32</td></tr>
<tr><td>纽约拉瓜迪（LGA）</td><td>51 109</td><td>8.35</td><td>51 108</td><td>28.94</td></tr>
<tr><td>纽约肯尼迪（JFK）</td><td>49 501</td><td>9.74</td><td>49 498</td><td>32.22</td></tr>
<tr><td>华盛顿巴尔迪摩（BWI）</td><td>43 560</td><td>5.11</td><td>43 559</td><td>12.27</td></tr>
<tr><td>迈阿密（MIA）</td><td>27 296</td><td>7.81</td><td>27 280</td><td>17</td></tr>
</table>
</td></tr>
<tr><td>实施途径</td><td>优化飞行区机坪、除冰坪、滑行道系统布局，提高航空器地面运行效率。
（运行）减少因航空公司或地服单位原因造成的航班延误，减少飞机延误导致的航空器地面等待起飞或排队时间。
（运行）提升空管水平</td></tr>
<tr><td>评价方法</td><td>设计阶段，仿真模拟优化滑行程序；运行阶段，现场核实</td></tr>
</table>

2.3.2 指标选取原则

指标的选取需科学、客观、合理，能够全面体现出绿色机场的内涵，充分指导大兴机场绿色建设的实施。考虑到选取的指标既要结合社会、经济和环境的实际情况，又要能够反映出大兴机场绿色建设的关键问题，还要兼顾在不同时期机场发展的特点，具备在动态发展过程中较为灵活的性能，确立了绿色指标选取需具备系统性、可操作性、可比性、动态性及先进性的原则。

系统性，指的是指标能够涵盖绿色机场理念各个方面，能够覆盖机场各功能区和系统，指标之间关系既相对独立又有机结合；

可操作性，指的是尽量选择可量化指标，同时指标计算所需各项数据可获得，指标能够进行统计分析和考核评价；

可比性，指的是指标能与国内外其他机场以及其他行业绿色发展的指标进行对比；

动态性，指的是指标可根据最新的国内外、行业、地方绿色发展需要，进行必要的动态优化调整。

先进性，指的是指标能够反映机场建设发展走在前列，代表所在行业的最高水平。

2.3.3　指标分类

资源节约一共涉及20项三级指标，其中定量指标17项、先进性指标5项，如图2-5所示。

环境友好一共涉及14项三级指标，其中定量指标10项、先进性指标4项，如图2-6所示。

运行高效一共涉及8项三级指标，其中定量指标5项、先进性指标6项，如图2-7所示。

人性化服务一共涉及12项三级指标，其中定量指标8项、先进性指标6项，如图2-8所示。

从指标量化程度来看，三级指标中可量化的指标数共计40项，不可量化指标共计14项。指标总体可量化比例约为75%。

从指标属性来看，资源节约和环境友好中的室外环境和室内环境均为绿色建筑、绿色生

图2-5　大兴机场资源节约指标构成

图2-6　大兴机场环境友好指标构成

图2-7　大兴机场运行高效指标构成

态城区等均已使用的通用指标，共计29项，环境友好中的环境适航以及运行高效、人性化服
务等均为机场工程的专用指标，共计25项。

　　从指标先进性来看，大兴机场在建筑节能、噪声与土地相容性规划、最短中转时间、自
助服务设施等21项指标达到国际和国内先进水平（图2-9）。

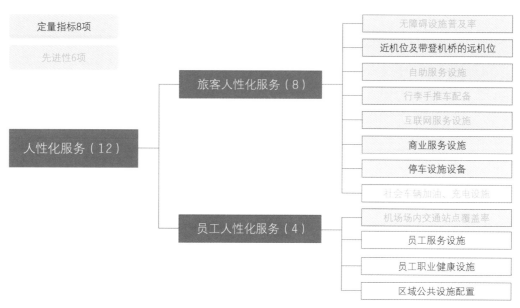

图2-8　大兴机场人性化服务指标构成

序号	一级指标	二级指标	三级指标
1	节约资源	节地与土地资源利用	功能布局
2			地下空间利用
3		节能与能源资源利用	绿色建筑比例
4			建筑节能
5			可再生能源利用率
6			清洁能源车辆比例
7			用能分项计量
8			碳减排量
9		节水与水资源利用	单位旅客日生活用水量
10			非传统水源利用率
11			节水器具普及率
12			管网漏失率
13			地表水水质指标
14			雨水收集与回渗
15			污水处理与排放
16		节材与材料资源利用	本地化建筑材料
17			可循环建材使用率
18			高强度、高性能钢用量比例
19			建筑装修一体化设计
20			建筑物拆除时材料的总回收率

图2-9　大兴机场绿色建设先进性指标

序号	一级指标	二级指标	三级指标
21	环境友好	室外环境	眩光控制
22			热岛强度
23			室外风环境
24			生态环境保障率
25			垃圾分类与无害化处理
26		室内环境	室内声环境
27			室内光环境
28			室内热环境
29			室内空气质量品质
30		环境适航	噪声与土地相容性规划
31			净空环境
32			电磁环境
33			鸟情控制
34			GPU与PCA配置率
35	运行高效	旅客流程高效	旅客流程： ·旅客步行距离 ·旅客值机时间 ·旅客安检时间 ·最短中转时间 ·行李提取等待时间
36			引导系统
37			无缝接驳
38		航空器服务高效	地面滑行时间
39			航班延误时间
40			站坪服务设施配置
41		服务保障高效	站坪运行保障能力
42			货站处理能力
43	人性化服务	旅客人性化服务	无障碍设施普及率
44			近机位与带登机桥的远机位比例
45			自助服务设施
46			行李手推车配备
47			互联网服务设施
48			商业服务设施
49			停车设施设备
50			社会车辆加油、充电设施
51		员工人性化服务	机场场内交通站点覆盖率
52			员工服务设施
53			员工职业健康设施
54			区域公共设施覆盖
先进性指标			

图2-9 大兴机场绿色建设先进性指标（续）

2.3.4　关键性指标

1. 资源节约关键指标

资源节约主要体现在节地与土地资源利用、节能与能源资源利用、节水与水资源利用、节材与材料资源利用四大方面。其中，节能与能源利用和节水与水资源利用最能直观地反映一个机场的建设是否达到了资源节约的要求。在节能与能源利用指标中，分别从建筑、节能水平、清洁能源与可再生能源利用、能源计量、污水处理和排放提出绿色建筑比例、建筑节能、清洁能源车比例、可再生能源比例、能源计量、除冰液收集处理6个关键指标。其中绿色建筑比例指标要求全场绿色建筑比例为100%，其中旅客航站楼及综合换乘中心、核心区所有建筑、办公建筑、商业建筑、居住类建筑、医院建筑、教育建筑共七类建筑均为三星级绿色建筑；航站楼获得绿色建筑三星级设计、运行标识。建筑节能指标要求开展被动式节能设计、采用高效节能设备与系统，使航站楼建筑节能率达到30%，单位面积能耗小于29.51kgce/m^2；其他公共建筑单位建筑面积能耗不高于北京市平均能耗水平；建设区内的居住建筑节能75%。清洁能源车辆比例指标要求本期空侧通用车辆清洁能源车比例100%、特种车辆清洁能源车比例力争20%，并在规划设计中为清洁能源车提供相应的配套设施或预留配套设施建设用地及接口。可再生能源比例指标要求全场实现可再生能源比例达到10%。能源计量指标提出航站楼等重要建筑实现用能、用水三级计量。除冰液收集处理指标要求航空器除冰液收集率100%，无害化处理100%。

2. 环境友好关键指标

环境友好主要体现在机场室内外环境和环境适航。在室外环境方面，分别从光、热、绿地、固废处置等方面提出眩光控制、热岛强度、室外风环境、生态环境保障率、垃圾分类与无害化处理共5个绿色建设指标。在环境适航方面，从飞机对周边环境的影响及飞行安全角度，分别在噪声、净空、减排设施等方面提出噪声与土地相容性规划、净空环境、GPU与PCA配置率共3个关键指标。其中噪声与土地相容性规划率指标要求保证机场周边地区居住、文教区的噪声限值加权等效连续感觉噪声级（WECPNL）不高于70dB，其他生活区域WECPNL不高于75dB。结合机场远期总体规划，开展机场噪声与土地相容性规划，并将规划结果纳入城市总体规划，在机场噪声与土地相容性规划方面达到先进水平。净空环境指标要求符合规范标准规定。GPU与PCA配置率指标要求站坪近机位和设置登机桥的远机位GPU与PCA配置率100%，不设置登机桥的远机位根据经济、环境效益的综合比较，选择配置GPU或使用车载式电源。

3. 运行高效关键指标

旅客流程高效是衡量机场运行效率的重要标志之一。从影响旅客进出港体验设施角度提出旅客流程、无缝接驳共2个绿色建设和运行关键指标。其中旅客流程指标要求航站楼到最远登机桥步行距离600m，95%的国内旅客乘机手续排队及办理时间小于10min；95%的国际旅客乘机手续排队及办理时间小于20min；100%的旅客使用自助值机设备的排队等候时间小于8min，95%的旅客安全检查排队等候时间小于8min。旅客边防检查手续平均办理时间小于45s；100%的旅客出入境海关通关时间小于3min；100%的旅客出入境检验检疫通过时间小于1min（需进一步检查的除外），国内转国内最短中转衔接时间45min；国内转国际MCT 60min；国际转国内MCT 60min；国际转国际 45min，首件行李不超过飞机放置轮挡后13min内到达。无缝衔接指标要求建立立体交通枢纽，实现航空、地铁、公交等多种交通方式的无缝接驳。

航空器运行高效是最能直观反映机场空侧运行效率的指标之一，基于旅客对飞机地面运行效率感知方面提出飞机滑行时间、航班延误时间共2个关键绿色建设和运行指标。其中飞机滑行时间指标要求无延误飞机地面滑行时间12min；到2025年，飞机滑行时间达到世界同等级机场先进水平。航班延误时间指标要求机场原因的航班延误时间小于20min。

航空器运行高效离不开地面服务保障，顺畅高效的地面服务才能保障飞机能够正常运行，站坪服务设施是地面服务保障高效的关键指标，要求站坪内配备相应的、一定数量的场内充电、维修设备。

4. 以人为本关键指标

在旅客人性化服务方面，从旅客流程所需要的各类服务设施角度，提出最能让旅客感受和体验便捷服务的重要指标，包括无障碍设施、自助服务设施、行李手推车配备、互联网服务设施、社会车辆加油及充电设施共5个关键指标。无障碍设施指标要求机场无障碍设施普及率100%。自助服务设施指标要求执行IATA"便捷旅行"计划中自助值机、自助证件扫描、自助行李托运、自助登机、自助行李查询、自助航班改签等6个分项，配备适量的自助服务设施。行李手推车配备指标要求行李手推车数量合适、布局合理，便于旅客取用，可用性达100%。互联网服务设施指标要求：互联网服务设备5台/百万人次、候机厅每100m半径覆盖范围3台；电子设备充电站每100m半径覆盖范围1个；电源插座每30m半径覆盖范围1个。社会车辆加油及充电设施指标要求机场区域合理配置各种车辆加油、清洁能源车充电设施。

在员工人性化服务方面，员工通勤场内通勤分别从员工交通、职业健康等方面提出机场场内交通站点覆盖率、员工职业健康设施共2个绿色建设关键指标。其中机场场内交通站点覆盖率指标要求机场办公区内公共交通及场内交通500m服务半径站点覆盖率不低于95%。飞行区根据员工工作需要，设置交通站点。员工职业健康设施体现机场对员工的人文关怀，指标要求设置员工健康保障设施，如员工工作环境降噪措施、员工防雷击设施、防高温/低温设施、防尾流吹袭设施、防掉入宽深排水沟设施、夜间服务车道照明设施以及其他可以员工职业安全的服务设施。

作为国内外绿色机场建设示范机场，大兴机场在绿色建设指标基础上，从综合性、特色性和先进性相结合的角度，并根据机场建设实际，从四个方面的关键指标中选取12个最具代表性的指标，分别如下：

（1）全场绿色建筑100%；

（2）可再生能源利用比例≥10%；

（3）空侧通用车辆清洁能源车比例100%，特种车辆清洁能源比例力争20%；

（4）GPU与PCA配置率100%；

（5）用能二级分项计量100%，航站楼等重要建筑三级分项计量；

（6）航空器除冰液收集、处理率100%；

（7）无延误飞机地面滑行时间12min；

（8）旅客步行距离≤600m；

（9）国内转国内MCT 45min；国内转国际MCT 60min；国际转国内MCT 60min；国际转国际 45min；

（10）首件行李到达时间≤13min；

（11）无障碍设施普及率100%；

（12）机场办公区内公共交通及场内交通500m服务半径站点覆盖率≥95%。

总而言之，大兴机场在建设之初，通过指标的方式提出了可考核、可衡量的绿色建设要求，使整个绿色建设工作始终在绿色建设指标体系目标指引下，为大兴机场建成绿色机场示范工程奠定了重要基础。大兴机场将54项绿色指标要求，切实落实在设计、建设、施工、运行的每个阶段中，从而实现机场全寿命期的绿色实践。

第 3 章

大兴机场绿色建设全寿命期行动

　　大兴机场是从选址阶段开始就贯彻落实绿色理念的机场，通过将绿色理念与机场基本建设程序紧密融合，开展绿色选址、绿色规划、绿色专项设计、绿色深化设计与采购、绿色施工验收及推进绿色运行，形成了绿色机场由绿色建设策划到制定建设程序、到确定建设内容，最终到落地实施的完整过程，充分践行了全寿命期的绿色建设，将绿色因子深深嵌入机场建设的各个环节中，保障了绿色机场建设在每个阶段的深入推进和落实，成为国内首个全面实现了深绿的机场。

3.1　绿色选址

绿色选址是绿色机场建设的起点。大兴机场是国内乃至全球首个从选址阶段就贯彻落实绿色理念的机场。将时针拨回到2006年，大兴机场选址进入第三阶段优选论证工作，这轮选址经过3年时间，最终于2009年1月确定了大兴机场目前所在的北京大兴南各庄场址。

机场场址选择本身是一个非常复杂的过程，需要考虑的因素涵盖经济、社会、气候、空域、地质等各个领域，常规选址绿色因素所占分量较少。大兴机场建设规模与战略意义十分重大，其选址涉及面更广、制约因素更多，保障空域优先、服务区域经济社会发展、军民航兼顾、多机场协调发展、地面综合条件最优等都是大兴机场选址的重要影响因素。与此同时，2006年，民航局刚刚提出绿色机场理念，大兴机场选址工作领导小组敏锐地洞察到建设绿色机场是走可持续发展道路的必然选择，是实现民航发展战略目标的必然选择，决心在选址阶段就践行绿色理念，研究机场场址对周边地区自然生态环境、城市规划、噪声污染、土地使用、地面交通和未来开发等带来的影响，进而从绿色角度给出场址评估意见，为关乎到机场可持续发展的选址决策提供依据。

为此，在场址可行性论证阶段，大兴机场除了结合自身工程的规模、地域和定位特点，开展区域经济背景分析研究、空域研究和首都地区多机场系统研究外，专门进行了绿色场址研究，并形成了《绿色机场选址研究报告》。

大兴机场绿色选址主要从三个方面对机场场址影响要素进行分析。

一是从机场发展角度，分析机场与城市总体规划、区域经济发展协调性、适应性，分析场地与远期发展的适应性等；机场场址要符合城市总体规划和区域经济发展的需要，机场场址所在区域的土地规模要满足机场近远期业务量预测及发展的需求。

二是从环境适航的角度，分析场址空域、地质、气候气象、水系地貌的基本条件，分析场址是否面临防灾减灾（防震、防洪）、鸟击等风险；机场场址所在地要拥有良好的空域条件，稳定的地质条件，适宜的气象条件等，并要避开灾害区域及鸟类迁徙路径，满足机场安全运行的需要。

三是从机场对周边生态环境潜在影响的角度，分析机场建设运行对周边区域水环境的影响及噪声影响范围，分析场址征地拆迁需求和土石方量等。机场应避开自然生态保护区、国家森林公园保护区、自然风景保护区和大面积湖泊湿地，避开有开采价值的矿区，避开水库等居民用水来源，减少对耕地林地的占用，在场址及其周围特别是场址的上下风向均不应存在对大气有污染的大型工厂或工业区，在场址或场址水源区的上游也不应该存在有可能污染地表水和地下水的大型工厂或工业区；机场建成后噪声等值线70db无环境影响敏感点；机场场址应具有较少的征地拆迁需求和土石方量。

经过多次专家会论证，彭村场址和南各庄场址两个场址在满足场址基本条件基础上脱颖而出，成为大兴机场的备选场址。绿色选址研究进一步从减少耕地占用、减少搬迁、减少对周边环境的影响等多个绿色角度进行比较。研究结论认为北京南部场址为农业区或永定河泛区，多为农田、村庄，人口密度不大，不属于禁止或限制建设的生态保护区域，机场建设与运营不会对城市规划、城市居民生活造成大的影响；场址区及噪声影响区村庄拆迁范围较小，其场址建设产生的环境影响，可通过生态补偿措施解决。从绿色机场角度推荐南各庄场址作为大兴机场的首选场址。

最终大兴机场综合考虑各项因素，选择南各庄场址作为最终场址，大兴机场场址如图3-1所示。

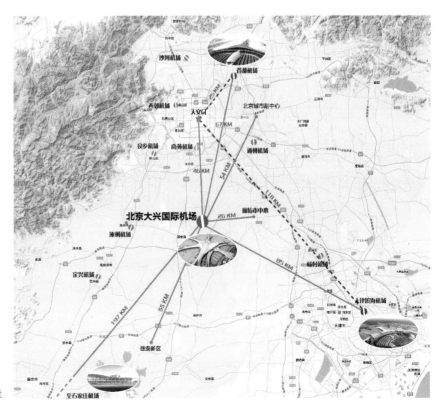

图3-1 大兴机场场址

3.2　绿色总体规划

机场规划是机场建设的蓝图，也是机场和城市协调发展的基础。总体规划作为机场确定规模和发展方向、实现机场综合功能的重要部署和具体安排，对统筹机场发展和项目建设具有重要的指导作用，是机场建设与安全运行的重要依据和手段。总体规划是一项复杂的系统工作，涉及范围广，需要考虑到机场发展定位、土地资源、地理环境、交通线路、外部能源条件等方方面面的因素。

大兴机场近期规划为2025年，满足年旅客吞吐量7200万人次、年货邮吞吐量200万t的运输需求；远期暂按年旅客吞吐量1亿人次左右规划终端规模，满足年货邮吞吐量400万t的运输需求。在提出绿色机场建设目标后，指挥部意识到以绿色作为着力点，给出总体规划建议，进一步将绿色建设要求落实到机场总体规划中，完善功能布局，优化资源配置，将成为大兴机场绿色建设与可持续发展的重要指南。

为此，指挥部高度重视绿色总体规划工作。在绿色规划前期工作中，指挥部组织国内外咨询研究机构，开展了《北京新机场总体规划概念设计》《北京新机场跑道构型研究》等多项专题研究，充分论证，为绿色总体规划打下了坚实的基础，提供了重要支撑。

指挥部以大兴机场定位与作用、发展战略为规划方向，围绕综合功能布局、土地利用、交通系统、环境建设等重点问题深入研究分析，开展绿色规划工作。在规划中，坚持问题导向和目标导向相结合，服务国家战略和城市功能的原则，充分落实了机场功能定位，科学研判了大兴机场发展需求，结合大兴机场要素支撑条件与资源环境约束，研究了机场近远期发展规模和方向，并进行了多方案论证比选，最终形成了绿色规划方案。

在功能布局方面，统筹规划近期、远期的机场功能分区，构建规划容量与运行效率兼顾的跑滑系统，功能优先、旅客便利、衔接顺畅的航站区方案，一体化融合、集疏高效的综合交通系统，统筹各功能区资源配置，提升陆侧用地效能，实现空中与地面、空侧与陆侧的平衡协调。

在机场能源系统规划方面，结合大兴机场外部环境条件、外部能源条件和近远期发展规模，根据大兴机场的总体布局、负荷特点以及各功能区能耗预测，对大兴机场进行全场能源系统规划，规划了大兴机场供热、供冷、供电、生活热水的规模及系统方案，形成了一套低碳、环保、安全的能源整体解决方案。

在噪声与土地相容性规划方面，大兴机场开展了飞机噪声与土地相容性规划，通过周边噪声敏感点分析及飞机噪声评价，提出大兴机场噪声影响范围，分析机场与周边土地的相容性，制定噪声的治理和控制的方案及措施。

在综合交通规划方面，基于大兴机场构建以大容量公共交通为主导的可持续发展模式，打造多种交通方式，整合协调并具有强大区域辐射能力的地面综合交通体系的目标，开展基于综合运输方式的交通规划。

在水资源综合利用规划方面，大兴机场综合考虑水文地质、总平面布局、全场地势、管网布置、防洪排水、绿色环保等方面的内在联系，规划建立机场区域水环境系统。

在机场景观绿化规划方面，依据大兴机场地域环境特点，兼顾一般绿地的绿色生态、自然舒适、雨水涵养等基本功能，开展全场景观绿化规划，并融入中国特色文化。

通过绿色规划，大兴机场形成了一系列规划成果：

功能布局合理高效。飞行区采用本期建设"三纵一横"四条跑道，远期跑道构型方案为主用平行跑道和侧向跑道的"全向型"方案，实现对空域最大限度地利用，兼顾跑道使用模式多样化，灵活应对全天不同高峰时段的进出港需求，缩短滑行时间、减少飞行距离、降低延误等候时间等，实现机场的绿色运行。航站楼采用中心放射性布局、二元式布局，进一步缩短旅客步行距离，中心到最远端登机口只有600m，步行不到8min，效率优于世界其他同等规模机场；航站楼核心区设置了集中中转区，中转流程更加便捷，机场最短中转衔接时间位于世界前列。

土地开发集约节约。坚持节约集约利用土地，在27km²的土地范围内布局4条跑道，土地集约利用国内领先；核心工作区打破传统大院式布局，规划采用开放式街区，实现了"窄街区、密路网"；建成30万m²的地下人防工程和综合服务楼，实现地下轨道、车站的上盖综合开发。

综合交通体系便捷。以旅客出行便捷为根本出发点，大兴机场最终形成了以"五纵两横"为骨干的综合交通网络，包括三条轨道（轨道交通大兴机场线、京雄城际铁路、城际铁路联络线）和四条高速公路（大兴机场高速、京开高速、京台高速、大兴机场北线高速）。"五纵两横"主干路网融合高速铁路、城际铁路、城市轨道、高速公路等多种交通方式，轨道专线直达北京市中心区域和雄安新区，与城市轨道网络多点衔接，实现"一次换乘、一小时通达、一站式服务"，同时在北京和河北建设了城市航站楼，延伸航站楼服务功能，显著增强机场的枢纽辐射能力。

可再生能源高比例利用。机场以能源规划与整体解决方案为基础，构建了以地源热泵和光伏为主的可再生能源系统，可再生能源利用比例达到15%以上。同时建设能源管理系统、智能微电网系统，并制定节能运行管理措施与管理制度，为实现机场区域内建筑节能与能源资源合理高效利用打下坚实基础。

噪声规划治理初见成效。经过噪声与土地相容性规划，2025年及远期大兴机场飞机噪声和已批准的北京城市总体规划、大兴新城规划、廊坊市城市总体规划市区用地布局规划、固安县城乡总体规划是相容的。此外，大兴机场开展征地拆迁和飞行程序优化等，以控制机场噪声对周边环境的影响，打造机场噪声影响治理与管控样板。

海绵机场建设样板。通过大兴机场水系统规划，机场防洪标准可达100年一遇，构建了复合生态水系统、低影响开发雨水系统，全场全部雨水均通过自然或人工强化的入渗、滞蓄、调蓄及收集回用等措施进行控制利用后排放，径流总量控制比例不低于85%，再生水和回收雨水用于绿化等，实现水资源的循环利用。充分践行了国家"海绵城市"建设理念，为大兴机场建设成为绿色、生态、安全、智慧的先进国际航空枢纽提供重要保障。

生态景观优美多元。充分融入了中轴文化，规划建设了中轴景观带、73.52hm²的景观湖和50多条林荫道路，以植物季相、植物空间和生态景观为主，开展景观规划设计，展现大兴机场春芳秋韵。充分融合海绵系统，通过绿地的自然地形汇集引导雨水径流，同时营造水景观。在绿化方面，通过全场与功能区绿化规划，全场整体绿地率30%以上。通过景观绿化规划，促进了机场环境与植物多样性的协调发展。

3.3　绿色专项设计

一个建设项目从策划到落地，需要经历规划、设计、施工、验收等步骤，其中，设计是将建设项目的规划具体描述和落实的过程，是工程建设的灵魂，决定着一个项目是否技术先进、经济合理是一个项目的前提和必要保证。而专项设计是对某一方面开展的专门设计，将更聚焦、更有针对性。

在大兴机场的设计开始之前，指挥部针对设计，提前部署，联合咨询单位，开展了绿色专项设计，为此，专门编制了绿色设计专项任务书，以具体要求指导、推动绿色设计。

绿色专项设计任务书要求按照各功能区的建设特点，把绿色机场各个要素分解到各功能区项目中，提出各功能区设计中应着重考虑的绿色机场要点、应达到的关键性绿色指标以及可能采用的技术措施或策略。绿色专项设计任务书是对指标体系的具体落实，指导绿色设计进一步落实到各功能区的工程中去。

为了更好地指导大兴机场的绿色建设，研究并制定了基于功能区的绿色专项设计任务书，共计8部，包括总体规划、控制性详规、航站区工程、飞行区工程、公用配套工程、货运区工程、生产辅助及办公设施工程、公务机楼工程等，设计单位在绿色专项设计任务书的基础上开展设计（图3-2）。下面以飞行区、航站区、公用配套、货运区工程部分绿色关键设计为例，说明大兴机场是如何在绿色设计中落实任务书要求的。

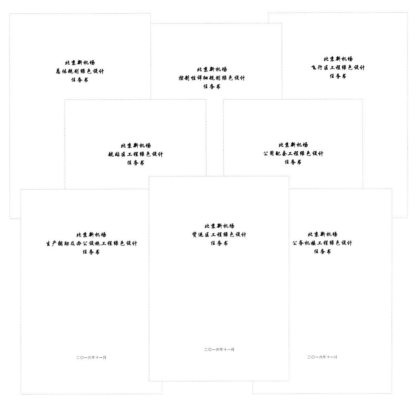

图3-2　大兴机场绿色建设专项设计任务书

1. 飞行区工程绿色设计

飞行区工程在助航灯光节能、APU替代设施配置、清洁能源利用、可再生能源利用、除冰液回收与处理、员工服务设施配置等方面开展了绿色专项设计。

（1）助航灯光节能。大兴机场在西一、西二跑道设计中，响应了"在保证照度和稳定性的前提下，助航灯光优先采用LED光源"的要求，全部采用LED作为助航灯光光源。

（2）GPU与PCA配置。机场在岸电设施设计中，响应了"近机位GPU与PCA配置率100%"的要求，并开展了地井式岸电设施的创新设计。

（3）清洁能源利用。机场清洁能源车配置响应了"提高空侧特种车辆和通用车辆清洁能源车比例"的要求，开展了配套设施设计，并预留了未来发展的路由与接口。

（4）可再生能源利用。在飞行区设计中，响应了"飞行区内虑采用太阳能"的要求，开展了飞行区的大面积光伏设计，成为全国首个在飞行区利用光伏发电的机场。

（5）除冰液处理与回收。在除冰液收集处理设计中，响应了设置一体化的除冰液供给、收集和处理设施，除冰液收集率、回收预处理率100%指标要求，开展了除冰液无害化收集、处理与回用研究与设计。

（6）员工服务设施。响应"在空侧提供员工工作和生活配套设施及保障员工职业健康"的要求，开展了提供空侧员工办公、食堂、临时休息的场所设计，并设置交通站点；设计了能够保障员工职业健康的站坪服务设施。

2. 航站区工程绿色设计

航站区在绿色建筑、能源系统、设备设施、节水、室内外环境等方面开展绿色专项设计，将绿色任务书的指标分解落实到设计中去。

（1）绿色建筑与节能建筑认证。航站楼设计中，响应了"航站楼达到国家绿色建筑三星级标准及节能建筑'AAA'级认证的要求"，按照绿色建筑三星级、节能建筑"AAA"级标准开展航站楼绿色设计，并获得相应证书。

（2）建筑规模体量与构型设计。响应了任务书中"合理确定航站楼建筑规模和体量、构型，使航站楼集约、简洁，构型与机位布置及其变化和周边建筑相适应"的要求，航站楼设计了采用五指廊结构放射性造型，设计了79个近机位。

（3）被动式设计。在航站楼设计中，响应了"应根据气候、场地条件进行被动式设计"的要求，开展自然通风、自然采光，遮阳与绿化设计，通过模拟软件进行优化设计。

（4）能源系统。在暖通空调系统设计中，响应了任务书中"空调系统的末端装置设置温湿度传感器及智能调节控制系统，选择适宜的新型空调系统"的要求，设计了针对不同的功能区的室内温湿度、空调系统和控制系统，局部设计了温湿度分控的辐射式空调，设备能效符合各项规范的要求。

（5）可再生能源利用。在航站楼节能设计中，响应了任务书中"在经济合理、技术成熟的情况下使用可再生能源"，开展停车楼屋面光伏发电系统设计，解决部分用电。

（6）用能用水计量。在航站楼计量设计中，响应了"航站楼内用能系统独立分项三级计量，市政水和中水二级计量"的要求，按计量要求设置了电表和水表及相应的智能平台。

（7）节水与水系统。在航站楼水系统设计中，响应了"航站区内污水、雨水排水系统按分流制设计，提高航站区非传统水源利用率"的要求，开展雨污分流设计、屋顶雨水收集等非传统水源利用设计，非传统水源利用率4.49%。

（8）室外环境。在航站楼绿色设计中，响应了"鼓励在航站楼、综合交通中心进行垂直绿化、屋面绿化"的要求，开展了航站楼采用乔、灌、草结合的本地植物复层绿化设计，交通中心屋顶绿化设计。

（9）空间布局与换乘流程。在综合交通中心设计中，响应了"合理布局，综合考虑各类交通运输方式的基础设施在综合交通中心的接驳设计，优化旅客换乘流程"的要求，开展了航站楼与交通中心一体化设计，轨道交通直接停靠航站楼下，实现零换乘。设计楼前就近分散布置各种交通功能，减少旅客步行距离。

（10）人性化服务。在旅客流程设计中，响应了"旅客流程、航站楼内中转效率应满足《北京新机场建设指标体系》指标规定，航站楼旅客流程应形成完整的无障碍体系"等要求，开展了旅客流程优化设计，独创国内旅客进出港混流设计、无障碍设施等八大体系设计。在行李系统设计中，响应了"减少行李输送距离，采用先进技术提高行李系统运行高效、准确性"的要求，开展与建筑设计相结合的优化输送路径设计，"一主两辅助"系统行李分拣系统设计和RFID行李全流程跟踪设计。在旅客服务设施设计中，响应了"在航站楼内设置以人为本的各类旅客服务设施"的要求，设计了包括商业、餐饮、无障碍卫生间、母婴室、家庭卫生间，儿童活动区、医疗急救室、祈祷室、吸烟庭院、美术馆等各类服务设施。

3. 公用配套工程绿色设计

公用配套工程在道路与管网设计、能源动力系统、水系统、景观绿化等方面开展绿色专项设计，将绿色任务书的指标落实到设计中去。

（1）道路系统。在工作区核心区设计中，响应了"体现'以人为本'的思想，建立衔接合理、运行高效、发展灵活的道路系统"的要求，开展了全开放式街区设计，以城市设计的角度，按照城市标准，提出设计方案，对详规进行优化设计。

（2）管网系统。在机场管网系统设计中，响应了"合理设置综合管廊"的要求，开展了呈"一横两纵"布置干线的综合管廊设计，总长度6 830m。

（3）能源动力系统。在设计中，响应了"在保障安全和经济技术可行前提下，提高可再生能源利用率"的要求，开展了耦合式地源热泵系统及能源站设计，将可再生能源利用比例大幅提高。

（4）水资源利用。在全场水系统设计中，响应了"实现全场水资源平衡，提高水资源利用效率及管理效率，建设海绵城市建设试点"的要求，开展了开展基于雨洪及机场场址特征，能够抵御百年一遇洪水的高标准机场防雨洪设计，雨水系统设计为二级排水系统；依托排水明渠开展机场区域生态水系设计。通过合理设计公共绿地、植被、透水地面、雨水收集、控制径流等方面等开展海绵机场建设。

（5）垃圾处理。在垃圾收集、转运设计中，响应了"合理确定垃圾转运站的布局和规模，垃圾转运过程应达到国家环卫要求的标准"等要求，按照垃圾总处理能力105t/d的规模，开展了垃圾转运站土建、设备设施设计和垃圾无害化、减量化、资源化的压缩工艺设计。

4. 货运区工程绿色设计

货运区工程在道路系统设计、能源系统、室外环境、货运区流程等方面开展绿色专项设计，将绿色任务书的指标落实到设计中去。

（1）道路系统。在货运区道路设计中，响应了层次分明、划分清晰的道路等级，合理布局各类绿色交通设施的要求，开展了客、货分流，停车区域分开，流线分开的道路系统设计，设计了非机动停车场，并配置充电桩，为绿色出行提供便利。

（2）能源系统。在照明设计中，响应了"路灯采用太阳能LED路灯"的要求，开展了LED路灯设计，货运屋面设计敷设太阳能光伏板，利用太阳能作为日常照明的能源。

（3）室外环境。在室外绿化设计中，响应了"货运区绿地率≥5%"的要求，开展了下凹绿地及微灌方式的设计，减少水资源用量，并通过透水铺装、调蓄池、下凹绿地开展海绵机场设计。

（4）货运流程。在货运作业流程设计中，响应了"合理设施布局，优化作业流程，提高货站运行效率"的要求，根据货运量开展了并行作业流程设计、货运设施设备设计，并设置货物集中作业地、货运处理、搬运设施的停放区域。

大兴机场为促进全面贯彻落实绿色设计任务书，在设计单位按照绿色专项设计任务书要求完成初步设计后，于2015年6月组织有关专家对航站楼绿色节能重点初步设计进行了符合性评审，于2016年7月在京组织有关专家对飞行区绿色专项设计进行了符合性评审。专家听取了绿色专项设计任务书编制单位的介绍和设计单位的绿色专项设计汇报,审阅了相关设计文件和总结报告，并与设计单位相关人员进行了充分沟通。根据对绿色专项设计成果的审查，专家组据此最终形成了评审意见，并对相关工作提出了建议。设计单位根据专家意见进一步优化绿色设计，确保绿色建设更加科学、合理、适用，从而形成绿色设计的闭环管理（图3-3）。

图3-3　主要功能区绿色设计专家评审意见

3.4　绿色深化设计与采购

绿色深化设计与采购是衔接绿色设计与绿色施工的关键环节。为了将绿色专项设计要求落实到施工中,大兴机场在绿色专项设计的基础上开展了绿色深化设计与采购。

由咨询单位编制绿色专项设计任务书,设计单位按照任务书的要求开展相关工程绿色设计,并据此形成绿色深化设计与采购任务书,供工程承包单位、设备及材料采购单位贯彻执行。

工程承包单位、设备及材料采购单位按照绿色深化设计与采购任务书的要求,相应地编制绿色深化设计实施方案和绿色采购实施方案,全面贯彻落实到施工组织设计和采购中(图3-4)。

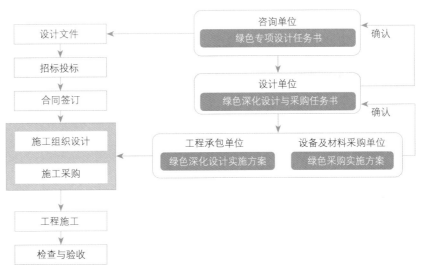

图3-4　大兴机场绿色深化设计与采购实施路线

3.5　绿色施工

绿色施工是绿色机场建设全寿命期中的一个重要阶段,是可持续发展理念在工程建设阶段全面应用的体现,绿色施工并不仅是指在工程施工中实施封闭施工,没有尘土飞扬,没有噪声扰民,在工地四周栽花、种草以及实施定时洒水等这些内容,涉及绿色可持续发展的各个方面,如生态与环境保护、水土保持、资源与能源利用、经济与效益等内容。

大兴机场在建设中全面实施绿色施工,通过节能、节地、节水、节材和环境保护、资源利用等措施,最大限度地在施工中节约资源、减少对环境的负面影响,把创建绿色文明样板工地作为打造"四个工程"[1]的主要举措之一。

为开展全场绿色施工，指挥部专门成立了环境保护领导小组及工作组。由指挥部主要领导牵头，成立了各部门、各监理、施工单位主要领导组成的环境保护工作领导小组及工作组，明确各单位环境保护职责，并从管理机制入手，先后出台了《北京新机场环境保护管理办法》和《北京新机场项目机场工程环境保护奖惩办法》等一系列措施与办法，严格实施各项环保措施与方案。

在全场施工开始前，指挥部组织咨询单位，编制了绿色施工指南，这也是国内机场建设中首次发布绿色施工指南，组织施工单位、监理单位、设计单位、勘察单位、环境检测单位、水土保持监测单位等参建单位及第三方咨询单位共同开展绿色施工。《北京新机场绿色施工指南》结合机场场址环境本体条件脆弱的特点，梳理了扬尘控制等场址绿色施工重难点，构建了绿色施工组织体系，明确了各方职责，制订了全场绿色施工目标指标，并针对场地平整工程、施工临时设施、飞行区工程、航站区工程、公用配套工程、弱电系统工程及其他建筑工程等各工程特点，提出了绿色施工要求，设计了绿色施工评价方案，推动机场绿色施工。

指挥部通过由施工单位编制绿色施工专项方案，按季度提交绿色施工报告，由监理单位按季度提交绿色施工监理报告的方式跟踪绿色施工存在的问题及阶段性成果，通过与施工单位签订绿色施工责任书将责任落实到单位、到个人，通过对绿色施工效果进行定期检查和评估，并以评估结果为依据来推进绿色施工（图3-5）。

在施工过程中，采取了多种绿色施工措施。指挥部大力引入先进环保治理技术，组织各

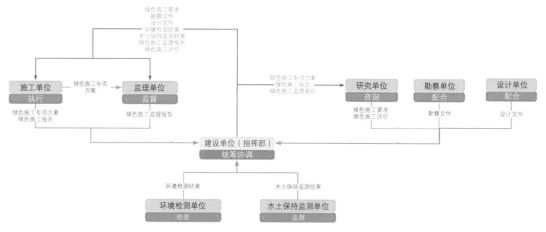

图3-5 大兴机场绿色施工组织框架

---

1 2017年2月23日，习近平总书记考察大兴机场时强调，大兴机场是首都的重大标志性工程，必须全力打造"平安工程、精品工程、样板工程、廉洁工程"，大兴机场贯彻总书记重要指示，全力打造"四个工程"。

施工单位针对工程特点，积极加大绿色文明施工费用投入力度。如航站楼等施工单位引入多功能雾炮车、抑尘剂、车辆自动冲洗等新型技术或设备；在飞行区道面施工过程使用滑模摊铺技术，提高施工质量和效率，大量降低人力资源成本等。

同时，指挥部组织开展环境监理单位驻场常态化巡视，定期提交日志、月报及季报，月报及季报定期报送北京、河北两地环保部门，接受两地环保部门监管。此外，为切实加强绿色文明样板工地建设，指挥部制定并实施《北京新机场环境保护评比细则》，对评比不达标的单位进行严厉处罚，同时也以"环保分享会"等形式积极推广在评比中出现的环保好方法、好举措。

除此之外，指挥部积极开展扬尘治理专项整治工作。根据北京市住房和城乡建设委、环保局等相关主管部门要求，出台实施了大兴机场工程《飞行区施工现场扬尘治理专项方案》，开展定期的扬尘监测，并启动了每周一次的专项评比和每周两次的专项检查，对扬尘防治措施不到位的单位进行通报批评乃至责令停工。在具体施工措施方面，指挥部组织施工单位对施工现场长度达35km的主要道路进行了硬化处理，对非施工作业面累计苫盖8 409万㎡，严格开展洒水降尘工作，累计洒水101万t。截至2018年，大兴机场在扬尘治理方面累计投入费用达6 895万元。

大兴机场多个项目和多家施工单位荣获了"北京市绿色安全样板工地""全国建筑业绿色施工示范工程"等荣誉称号，取得了良好的绿色施工效果与成绩。

3.6 绿色建设专项验收

验收是建设项目建设全过程的最后一个程序，是建设成果转入使用的标志，审查施工是否符合设计要求的重要环节。绿色专项验收方案和细则是对大兴机场绿色建设情况进行检验和评价的具体办法，规定了绿色验收要求，明确了绿色验收中的各方职责；制定了绿色专项验收流程及验收方式，旨在为大兴机场绿色建设验收提供指导，解决"是否按要求做"的问题，是绿色建设实施过程及结果评价的重要过程。

2019年9月，机场工程竣工后，大兴机场开展了绿色建设专项验收，即在工程验收合格的基础上，依据各功能区和各系统的绿色专项设计任务书和绿色施工指南，通过书面方式对设计单位、施工单位发放自评表和资料收集清单，开展资料收集、电话访谈和实地调研，对绿色建设各项项目落地成果进行验收（图3-6）。

绿色建设专项验收覆盖大兴机场航站区、飞行区、公用配套、货运区、公务机楼、生产

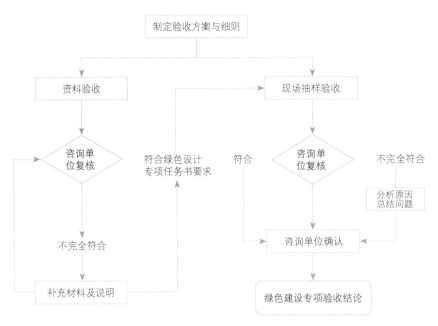

图3-6　大兴机场绿色专项验收流程图

生活及辅助设施六大主体工程，对主体工程中节地与室外环境、节能与能源利用、节水与水资源利用、节材与材料资源利用、室内外环境质量、运行高效、人性化服务等方面的绿色设计、绿色施工进行了检查和验收。

　　绿色专项验收针对六大主体工程进行了绿色设计的复核与审查，共查验370项绿色指标，全部符合要求。具体来说：

1. 航站区工程

　　共检查139项，全部符合要求。航站区工程按照绿色三星建筑设计，是首个同时获得绿色建筑三星级和节能建筑AAA级双认证的公共建筑，建筑节能率达到73.35%，可再利用和可再循环材料利用率为10.08%，非传统水源利用率4.49%，实现了设计装修一体化。而航站楼按照五指廊进行设计，将旅客步行距离控制在600m内，将首件行李到达设计控制在13min内，航站楼与楼前综合换乘中心实现了无缝接驳，航站楼内各类旅客服务设施齐全、高效，符合绿色航站楼建设要求。

2. 飞行区工程

　　共检查59项，全部符合要求。飞行区工程合理优化地面布局，实现了挖填平衡，全面贯彻落实海绵机场理念，充分利用本地化建材，积极使用清洁能源，建设了LED跑道，配置了GPU和PCA设施，首创了地井式空调设计，全面推广应用清洁能源车，在跑道外侧建立了太阳能光伏利用设施，并具备能源分项计量条件，符合绿色飞行区建设要求。

3. 公用配套设施工程

共检查55项，全部符合要求。公用配套工程合理规划了道路和管网设施，建设了385km的综合管网，采用冰蓄冷等节能能源系统以及地源热泵等清洁供能方式，探索建设了智能电网的基础设施，提高了水资源利用效率，并通过蓄滞洪区及其他雨水调蓄设施，实现了外排水量控制在30m³/s以内，建设了污水处理设施，减少了机场对周边环境的影响，符合绿色公用配套建设要求。

4. 货运区工程

共检查43项，全部符合要求。货运区工程按照节能、节水、环保、高效货运处理和人性化货站设施等要求开展设计，货运站满足绿色建筑二星级要求，并配套建设了分项计量设施和能源管理系统，积极推广清洁能源车配套设施建设，动物房及熏蒸室废水经消毒，特运库事故排水专门收集，减少对周边环境的影响，符合绿色货运建设要求。

5. 公务机楼工程

共检查36项，全部符合要求。公务机楼工程优化了公务机楼、机库与机位布局，总体布局合理，积极推动清洁能源利用，配置了地井式空调，公务机楼满足绿色建筑三星级要求，并配套建设了分项计量设施和能源管理系统，公务机楼流程与设施充分考虑了旅客使用的高效、舒适等需求，符合绿色公务机楼建设要求。

6. 生产辅助及办公设施工程

共检查38项，全部符合要求。生产辅助及办公设施工程积极按照绿色建筑要求开展建设，符合绿色生产辅助及办公设施建设要求。

大兴机场规划、设计方案达到了绿色建设指标体系的要求，部分指标达到了国际先进水平，绿色设计、绿色施工均符合国家标准规范规定和要求，机场工程总体符合绿色专项验收要求。

3.7　绿色运行

从机场的全寿命周期看，建设只是其中的一部分，机场长期的运营、维护占有很大比重，且机场工程投资多、规模大、系统复杂，建设对运营的影响重大。而绿色机场建设需要在机场全寿命期贯彻落实，因此，绿色建设是为绿色运行服务的，绿色运行是绿色机场建设的最终目的，是实现绿色建设闭环管理、检验机场绿色建设效果的关键节点，是全寿命期的绿色机场实践重要阶段。大兴机场建设任务完成后，随着机场投运，进入运营阶段，将面临新形势、新任务，尤其是在"碳达峰""碳中和"背景下，做好绿色建设与绿色运行的衔接，完成从绿色建设到绿色运行的顺利过渡，对大兴机场绿色建设来说至关重要。若未在机场建设过程中充分考虑绿色建设与运行的问题，将会造成规划、建设、运行的分解，绿色建设与绿色运行的脱节。

大兴机场在建设初期就提出了建设运营一体化的思路，绿色机场建设秉持这一原则，在绿色运行中充分融入前期参与绿色建设的人才队伍，并提出了绿色运行的工作路线。

一是持续跟踪建设成果。在运行阶段持续跟踪绿色建设成果，不断检验前期工作推进情况，实现全寿命期绿色建设。在归纳总结规划、设计、施工先进经验的基础上，做好建设期绿色指标的衔接落地，构建基础建设与运行管理相融合的新模式，保证建设与运行绿色目标的统一性。

二是加强协同运行管理。通过加强大兴机场管理中心、建设指挥部以及各驻场单位、航空公司的全员协同，形成日常运行、特别是特殊情况下的协同保障机制，贯彻落实好各级主管部门和集团公司的相关方针政策，提高管理效率，保证绿色运行方案的落地。

三是持续测试与调试。结合建筑、能源、环境、交通、机制等方面的运行情况，对各设施、各系统、各平台持续测试与调试。通过分析具体运行数据，指导运行策略优化，确保机场低碳高效运行，同时为绿色运行指标制定提供数据支持，实现绿色运行精细化管理。

四是延续科研创新助力。大兴机场在建设阶段注重科技创新，完成了国家、省部级多项科研项目，项目成果直接应用于大兴机场的绿色建设。在运行阶段，延续科技创新支撑，积极参与编制行业规范《绿色机场评价导则》，向民航局申报"四型机场"[1]示范项目《大兴机场绿色机场建设》。向集团公司申报并立项多个绿色机场研究课题，让科研创新助力绿色运行，攻克运营中重点难点问题。

五是提高全员绿色运行意识，加大各项绿色宣传、绿色教育工作，加强旅客对绿色机场

1　即平安机场、绿色机场、智慧机场、人文机场。

的认知，提高机场工作人员及旅客的节能减排绿色环保意识。

同时，为推动绿色机场建设向绿色机场运行无缝衔接和顺利过渡，落实建设运行一体化思想，实现绿色发展理念在机场全寿命期内综合效益最大化，大兴机场还编制了《北京大兴国际机场可持续发展手册》。该手册在低碳机场先行者、绿色建筑实践者、高效运行引领者、人性化服务标杆机场、环境友好型示范机场五大定位的基础上形成了21项绿色机场运行关键指标，提出运行阶段的绿色发展建议，为大兴机场的绿色运行提供指导（图3-7）。

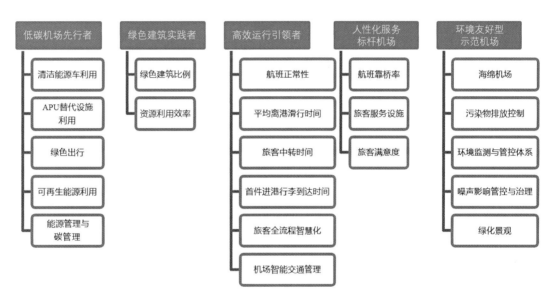

图3-7　大兴机场可持续发展关键指标

第 4 章

大兴机场绿色建设组织保障

　　大兴机场在开展绿色实践之初就充分认识到高效的组织管理是绿色建设目标顺利实现的重要保障，在开展顶层设计和实践过程中高度重视绿色建设组织管理模式的创新，通过建立组织机构、建设工作机制、强化全过程管理等全方位提升绿色建设组织管理能力，形成了一套科学的绿色建设管控方法，在绿色建设的过程中发挥了重要的推进和保障作用。

4.1 绿色建设组织机构

大兴机场在开展绿色建设之初便意识到绿色机场建设是一项综合性强、复杂性高、协调组织难度大的工作，为保障大兴机场绿色建设工作的顺利开展，指挥部于2011年成立了绿色建设领导小组和工作组（图4-1），作为统筹推进绿色机场建设的"参谋部"，联合指挥部工程部门与各参与单位作为推进绿色建设的"作战部"，形成了集领导层、协调策划层、执行层于一体的绿色建设组织机构（图4-2）。

图4-1 大兴机场绿色建设工作组成立文件

大兴机场绿色建设领导小组作为绿色建设的领导层，组长由指挥部总指挥亲自担任，带头督导指导绿色建设工作，副组长由常务副指挥长与总工程师担任，成员涵盖指挥部相关主要领导。领导小组的主要职责有：

（1）统一领导和协调绿色机场相关事宜；

（2）批准绿色机场研究工作方案与实施方案；

（3）决定工作中的重大问题及事项；

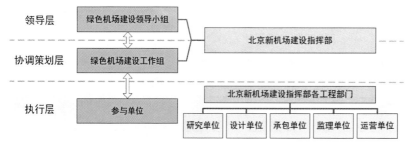

图4-2 大兴机场绿色机场建设工作机构

（4）听取阶段性研究成果的汇报；

（5）审批绿色机场相关研究成果，以及其他需要领导小组决议的事项。

大兴机场绿色建设领导小组下设工作组，作为绿色建设的协调策划层，组长由总工程师担任，副组长由指挥部领导与规划设计部总经理担任，成员涵盖指挥部各部门主要领导，明确将规划设计部作为工作组日常办事机构。工作组的主要职责有：

贯彻落实领导小组会议；

（1）与绿色机场主体研究单位共同拟定工作计划与实施方案，报领导小组审批；

（2）定期组织召开项目例会，积极跟踪工作进展，协调各项工作按计划进行；

（3）参与项目研究，协助主体研究单位及绿色机场研究子课题负责单位解决研究工作中的具体问题，就重大事项提请领导小组审议；

（4）组织设计单位、总包单位、施工单位等在机场规划、设计与施工中，积极贯彻绿色理念，确保绿色研究成果落地；

（5）及时做好各部门工作中绿色相关成果和亮点的总结工作，同时，敦促各设计单位、总包单位、施工单位等做好总结工作。

大兴机场绿色建设的执行层由各工程部门负责项目组织实施，参与单位负责子项目的实施。主要参与单位包括研究单位、设计单位、工程总承包单位、监理单位、运营单位和驻场单位等，其主要工作职责分别是：

（1）大兴机场建设指挥部各工程部门

1）执行领导小组决议及指示；

2）传达领导小组指示，并就项目中的重大问题提请领导小组审议；

3）协调各参与单位的分工与职责；

4）协调绿色研究成果落实与工程实践对接中出现的各种问题；

5）监督相关研究成果的工程落实；

6）组织检查、评审和监督工作；

7）组织开展绿色施工验收。

（2）研究单位

1）承担绿色主体研究及其他专题研究工作，为指挥部提供所需的绿色研究与建设相关的技术与决策咨询；

2）编制绿色建设实施方案、绿色设计任务书、绿色建设实施指南、绿色施工专项验收方案与细则等，并对负责的专题研究编制项目建设书和进行项目研究；

3）与相关参与单位及时沟通科研成果应用与转化中存在的问题；

4）定期总结、归纳并向指挥部上报阶段绿色建设成果及亮点；

5）在大兴机场建成运行后对整体绿色建设过程进行评价和总结。

（3）设计单位

1）开展绿色设计，编制绿色设计专篇，提出绿色深化设计与采购任务书，并对工程总包单位/施工单位提交的绿色深化设计与采购任务书进行审核和认可，积极跟踪绿色施工，确保绿色设计落实到工程实践中；

2）与指挥部和各单位进行密切联系和沟通。

（4）工程总承包单位

1）编制绿色深化设计与采购方案，组织施工单位积极开展绿色施工、安全施工和文明施工，确保绿色设计成果落地；

2）配合监理人员把好工程项目质量关，确保工程按期完成；

3）与指挥部进行密切联系和沟通，向施工单位传达指挥部的各项要求；

4）配合进行绿色施工验收。

（5）监理单位

代表指挥部监督绿色施工要求的落实情况。

（6）运营单位

1）贯彻"建设运营一体化"理念，在建设过程中规避机场以往运营中存在的问题，使绿色运行相关经验教训发挥效用；

2）按照绿色机场实施指南的要求，制定大兴机场运营管理办法，实现机场运营中的可持续改进；

3）计量统计大兴机场运营后资源、能源消耗情况，与研究单位进行长期沟通；

4）协调大兴机场运营与周边发展的关系；

5）设置大兴机场商业服务、交通服务准入规则；

6）对大兴机场工作员工进行绿色理念宣贯，并开展职业技能、服务意识、发展意识等方面的培训。

（7）驻场单位

响应落实机场绿色建设的相关要求。

4.2　绿色建设工作机制

大兴机场秉承"统一管理，共同实施"的工作原则，在绿色建设组织机构的基础上，建立了由指挥部负责组织实施、多家单位共同参与的绿色建设联合工作机制，合力开展绿色建设实践。

大兴机场绿色建设工作机制主要通过搭建工作与交流平台，建立沟通机制、审议机制和科研管理制度等促进绿色建设力量发挥应有效力，促进绿色建设工作的协同增效。

一方面是搭建绿色建设的工作与交流平台，促使多方共同参与。对外，建立了良好的沟通和内外联动机制，在建设过程中不断加强与政府的沟通、协调，在综合交通、噪声、净空、鸟防等多个方面实现了与城市、周边环境的和谐统筹发展。对内，在绿色建设组织机构的框架上，建立了集任务管理、过程监控、决策支持和统筹指挥于一体的绿色建设工作平台，构建了沟通反馈机制与平台，实现了数据共享、资料共享、项目进展共享以及成果共享，为各部门和参与单位高效优质地完成绿色建设工作提供了平台保障。

另一方面是建立绿色建设相关机制和制度，保障绿色建设有效推进。一是实行例会制度，定期汇报沟通。由指挥部组织，每月一次例会，研究单位、设计单位、运营单位参与，汇报工作进展，及时沟通讨论工作中出现的问题，并提出建议。二是开展专题研究，实行"一事一议"。各专题实行"一事一议"，由承担单位提交项目任务书，指挥部组织专家会进行认证，通过的予以立项并分阶段提交成果。三是严格执行大兴机场项目管理制度。以研究为先导、以科技创新为手段、以规划设计为重点、以工程建设为主体，建立科研项目立项、管理、评审、应用、验收与总结的流程及管理规定。对于重点推介项目，在建设管理流程中增加科研成果可行性及应用确认环节。

大兴机场绿色建设工作机制构建了良好的工作交流平台和严格、完善的制度体系，不仅满足了绿色机场建设的要求，也在"四个工程"和"四型机场"等建设要求保驾护航的过程中发挥了积极且重要的作用。

4.3　全过程管理

大兴机场在开展绿色建设顶层设计之初，便将"讲结果，重过程"的先进管理理念充分融入绿色建设框架体系之中，将实施绿色建设全过程管理作为把控绿色建设质量和效率的关键和有力保障。

大兴机场绿色建设领导小组与工作组经过多次召开会议研究和决策，最终将工程建设基本程序与绿色建设相融合，建立了一套指导—复核—优化确认的绿色建设实施与管理程序，编制并印发一系列绿色机场研究成果，并开展多次复核评价工作，推进绿色理念在机场全寿命期、全场、全方位贯彻落实（图4-3）。

1. 建设前期阶段

2011年至2012年，大兴机场绿色建设领导小组通过两次"绿色建设领导小组会议"审议并发布了《北京新机场绿色建设纲要》《北京新机场绿色建设框架体系》《北京新机场绿色建设指标体系》等顶层设计文件，整体把控绿色建设方

图4-3 大兴机场绿色建设实施和管理程序

向，全局指导绿色建设工作，明确总体目标、实施路径、保障措施、关键指标等内容，为绿色建设指明道路，为绿色机场规划提供指导。

2. 建设实施阶段

一是严格把控建设方案科学性，推动层层落实。大兴机场绿色建设领导小组通过对绿色专项设计任务书、绿色施工指南等指导性文件，以及绿色建筑规划方案、可再生能源利用方案、海绵机场建设方案等重要方案的审议和评估，把控绿色建设实施方案的准确性和科学性。同时，以规划设计部作为牵头部门协调指挥部内部合作，以绿色建设主体研究单位与各工程部门为关键纽带，协助设计单位、承包单位等开展绿色设计、绿色施工等重点工作，通过关键指标的复核与设计方案的不断优化，推动绿色建设指标的全面落实。

二是统一绿色建设要求，推动全场绿色建设。秉承"统一规划"的工作原则，为确保绿色建设目标在全场的实现，指挥部向所有驻场单位提出共同遵守的绿色要求，并敦促其切实采取有效措施将上述指标或要求贯彻落实到工程规划、设计、施工等工程建设各环节，及时将相关情况反馈指挥部，与驻场单位共同推进大兴机场绿色建设目标的顺利实现（图4-4）。

图4-4 指挥部关于推进绿色机场建设的函及发布的驻场单位绿色建设要求

3. 建设验收评价阶段

大兴机场绿色建设领导小组审议并发布《绿色建设专项验收工作实施细则》作为绿色验收的指导性文件，并通过开展对绿色机场建设指标的符合性评价推动绿色建设的全面复核，掌握和确认绿色建设指标的落地情况，对大兴机场绿色建设成果进行梳理，评价其绿色建设成效。

4. 运行阶段

一是通过开展绿色运行调研，掌握和确认绿色建设指标中关于绿色运行阶段的指标完成情况以及绿色相关设施和系统的运行情况，检验绿色建设成果发挥的效用，实现对绿色建设的闭环管理。

二是审议制定可持续发展手册，推动绿色建设向绿色运行过渡，提出绿色运行的管理方向，最终实现绿色理念在机场全寿命期的全面融入。

对于绿色机场建设而言，大兴机场通过建立指导—复核—优化确认的绿色建设实施与管理程序，在各阶段强化了指导、协同、审议、评价等功能作用，通过绿色建设的全过程管理保障了绿色理念在机场全场全寿命期的融入，走出一条绿色建设过程管理的实施路径，实现了绿色建设的高效组织管理（图4-5）。

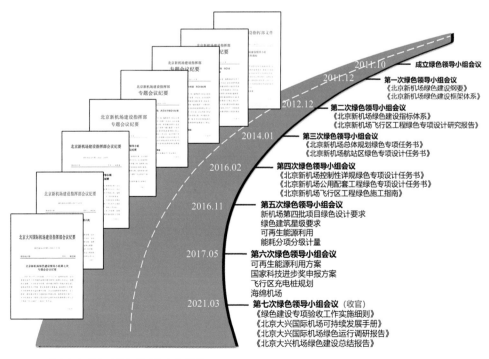

图4-5　大兴机场绿色建设领导小组会议历程

第 5 章

大兴机场绿色建设科技支撑

机场的绿色建设离不开科技创新的引领支撑，大兴机场运用科技创新支撑手段，在绿色建设过程中根据绿色规划、设计、建造等方面的需要，开展了多项绿色专题研究，解决了多项绿色建设中的关键问题，依托重大科研攻关项目将诸多绿色理论与技术创新成果应用于机场建设之中，推动了绿色的高质量建设，同时结合理论与实践经验形成了多项行业标准和规范性文件，有力地推动了机场行业的绿色发展。

5.1 工程专项研究

在机场建设过程中，大兴机场紧密结合工程项目开展专题研究，为工程建设提供了科学指导。大兴机场紧密围绕"切合工程实践、指导工程建设、落实建设理念"的思路，多次召开专题会议，认真梳理和确定专项研究的方向和内容，力争做到"全面、精要、务实"。组织科研院所、合作企业开展了绿色选址、能源整体规划等全局性绿色专题研究，空地一体化运行仿真、BIM技术运用等绿色机场规划设计专题研究，机场道面自融雪技术、飞行区数字化施工技术等绿色机场建造技术专题研究。

1. 全局性绿色专题研究

大兴机场绿色建设既要满足近期建设需要，又要符合未来长远发展要求。因此必须抓住对机场节能、环保、高效以及人性化等方面产生影响的全局性、关键性问题，如机场能源、水资源、可再生能源、噪声、建筑、景观、环境等，开展全局性、系统性的研究。

（1）绿色选址研究

研究结合大兴机场选址工作同步开展，具有前瞻性地研究大兴机场选址与周边地区自然和生态环境、城市规划、噪声污染、土地使用、地面交通、未来开发等的关联和影响，以选址为起点推动建设机场绿色建设的相关研究工作，使大兴机场成为全国乃至全球的、从机场选址就开始以"绿色机场"理念来指导的绿色机场示范工程。

（2）能源整体解决方案

研究结合大兴机场外部环境条件、外部能源条件和近远期发展规模，对大兴机场全场能源系统进行全场能源基础设施规划，并给出可再生能源的利用方案和节能运行管理措施建议，建立了一套低碳、环保、安全的能源整体解决方案，为实现机场区域内建筑节能与能源资源合理高效利用打下坚实基础。

（3）海绵机场研究

研究将海绵城市理念引入大兴机场水系统建设中，以规划引领、生态优先、安全为重、因地制宜、统筹建设的原则，开展全场水资源收集、处理、回用等统一规划，构建高效合理的复合生态水系统。该研究使大兴机场成为首个民航海绵城市建设试点，并获得了英国政府"中国繁荣基金"的项目支持。海绵机场研究成果的成功运用，切实促进保障了全场水资源系统生产运行的安全和稳定，达到降低径流总量及污染、雨水资源利用、水环境保护、水资源科学管理等多重要求，实现了建设目标。

2. 绿色机场规划设计专题研究

大兴机场根据各功能区工程的特点，开展了绿色规划设计研究，直接指导和解决具体项目规划设计中的实际问题，将研究成果体现、落实在设计方案之中，推动绿色理念的落实和绿色建设指标的实现。大兴机场绿色机场规划设计专题研究主要包括飞行区工程的跑滑系统仿真模拟、LED跑道助航灯光、飞机地面专用空调设计等；航站区工程的冰蓄冷技术应用、BIM应用设计等；公用配套工程的路网设计、智能微网设计等。

（1）机场空地一体化运行仿真研究

在飞行区规划设计的全过程中，开展了空地一体化模拟仿真研究，通过计算机模拟仿真技术的应用，实现了对飞行区跑道构型、跑滑系统规划等不同规划设计方案的评估与优化。仿真模拟的应用在规划、建设与运行之间搭建了一座桥梁，实现了对方案运行效率的预判与优化，提早发现问题、解决问题，直接提高了飞行区的运行效率，间接来说实现大兴机场建设运行一体化对实现建设和运营的总体目标也起到了非常重要的促进作用。

（2）BIM技术运用

鉴于BIM（Building Information Modeling，建筑信息模型）技术直观性好、数据信息量大、可做设备与管线的碰撞检测、能为施工及机场运营后的维护工作提供支撑等优势，大兴机场在最初的设计招标阶段就将采用BIM技术写入招标文件中，要求设计单位开展BIM设计研究，并在提供设计图纸的同时建立相应的BIM模型。在建设施工过程中要求参建单位广泛推广运用BIM技术，实现BIM在工程建设的全过程应用。大兴机场通过BIM技术，实现精准计算、明智决策、精确施工、可视化虚拟建造、高效维护和管理，大幅缩短工程进度，减少返工量，降低成本，有效提高工程质量与精度，将智慧机场技术手段成功运用在绿色机场建设过程中。

3. 绿色机场建造技术专题研究

大兴机场绿色建设需要将绿色理念贯彻落实到机场的全寿命期中。针对建设施工阶段面临的关键技术问题，大兴机场开展了绿色建造技术研究，通过利用绿色新技术，建立绿色建造新方法、新工艺和新结构体系等，突破绿色建造瓶颈，将研究成果应用于工程建设之中，降低建设成本与环境影响，实现机场建造过程的绿色、经济和高效。绿色建造技术专题研究主要包括机场道面滑膜摊铺、数字化施工、航站楼高大空间能源系统建设、综合管廊建设等。

（1）航站楼高效能源系统与环境控制节能新技术研究

针对航站楼占地面积大、功能复杂的特点，在对国内典型航站楼能源系统进行调研基础上，结合建筑体形优化成果，对声、光、热等室内环境控制关键技术的应用方式和效果等进行研究，建立系统的航站楼高大空间环境控制技术体系，最终形成机场建筑的能源和环境控制绿色解决方案，并选择了适宜的技术在大兴机场航站楼中进行应用示范。

（2）飞行区数字化施工技术研究

大兴机场飞行区本期用地面积约14km^2，施工作业面大、多标段集中建设，给工程建设管理和施工质量控制带来了巨大挑战。为实现飞行区施工过程的高效管理，大兴机场以"十二五"国家科技支撑计划项目为依托，采用空间定位、GIS等技术，研究建立了飞行区数字化施工管理系统。可对强夯、冲击碾压、振动碾压、土方调运、原料拌和、质量监测等过程进行高效、实时监视与监控，满足了飞行区工程各参建单位对施工过程控制的实时化、自动化、可视化、集成化管理的需要，实现了施工质量、进度的高效控制，降低施工与建设管理成本、提高了参建单位综合效益。大兴机场飞行区数字化施工和质量监控成果在国内外都获得了认可，获得美国国家专利局的发明专利1个，国家知识产权局实用新型专利1个等知识产权，项目的研发和应用，有力支撑了大兴机场飞行区工程优质高效完成，经济和社会效益显著。机场飞行区工程数字化施工和质量监控关键技术研究成果获得了2017年度中国航空运输协会民航科学技术奖一等奖。

5.2 重大科研攻关

大兴机场在建设过程中根据指导工程建设需要，与多个知名院校、科研院所合作承担了多项国家科技支撑计划、民航科技重大专项、北京市科委重大专项、首都机场集团等多层次的科研课题，进行联合科技攻关。通过开展绿色机场体系研究、选址研究、综合交通规划研究、重大工程关键技术研究以及新材料、新技术、新工法应用研究等，将研究成果运用于规划设计和工程建设中，解决了大型综合交通枢纽建设与运行中的关键技术问题，并形成了一系列科技应用示范工程。通过总结提炼，部分成果上升为行业标准规范，引领和促进行业技术进步。

1. "十二五"国家科技支撑计划项目——《绿色机场规划设计、建造及评价关键技术研究》

结合我国民航发展的要求，在绿色机场基础理论、绿色机场规划建造方法、绿色机场评价与标准体系以及大型航站楼绿色建设关键技术等多个方面开展了研究，取得丰富的研究成果。构建了符合我国国情的绿色机场理论框架、标准体系和评价方法，提出了空地一体化的机场飞行区规划设计方法；突破了强夯冲击碾压等飞行区主要施工工艺的数字化监控关键技术；形成了大型航站楼绿色建设关键技术，项目研究成果达到世界领先水平。同时，通过系列成果在大兴机场成果应用示范，在空侧高效运行、节能环保、可再生能源利用、绿色建筑等多方面形成了众多引领中国乃至世界机场绿色建设的成果，发挥了重要的引领示范效果。

项目2014年获得科技部立项批复，2019年1月顺利通过科技部组织的项目验收。本项目研究中形成了新产品、新材料等26项，软件著作权12项，获得国际专利1项，国内专利授权6项以及多个研究报告、专著等系列成果。项目成果获得2018年度中国航空运输协会民航科学技术一等奖。

2. 民航科技创新引导重大专项——《绿色机场评价与健康标准体系研究》

针对机场绿色建设需求旺盛与绿色机场标准体系不健全、机场绿色发展需要数据支撑与绿色性能测试统计不足等问题，开展了绿色机场理论与评价方法研究、机场绿色性能实测与数据标准化研究、绿色机场标准体系研究。构建了机场绿色性能指标体系，首次提出了影响机场节能与室内环境品质性能提升的主要问题以及优化建议，并建立了绿色机场数据统计标准化方法和绿色性能数据库平台；提出了等效航站楼能耗模型概念，给出了适应于航站楼构型特征的不同气候区围护结构热工节能设计参数推荐值和等效能耗阈值，为航站楼的节能设计提供指导。基于以上研究构建了绿色机场标准框架体系，形成了航站楼、飞行区绿色评价指标体系，提出了航站楼绿色设计指标。

项目2014年获得立项批复，2019年9月通过验收，项目完成研究报告9部，开发数据库平台软件1个，出版专著1部，发表论文15篇，培养研究生4名，在大兴机场形成应用示范成果16项，部分研究成果已转化为行业标准和规范性文件。

3. 民航科技创新引导重大专项——《基于长寿命运行的机场水泥道面现代化建设成套技术研究》

机场当前机场道面建设中的设计、材料与施工方面均存在较多问题，导致大部分水泥道面平均寿命无法达到30年的设计年限，机场道面的抗滑性能和平整度欠佳。项目针对以上情况开展研究，提出了基于力学—经验法的机场长寿命水泥混凝土道面结构设计方法，形成了机场道面高性能水泥混凝土材料关键技术，机场水泥混凝土道面现代化滑模摊铺施工关键技术，完成了基于滑模摊铺的机场道面功能性保障技术以及机场长寿命水泥混凝土道面建设技术的集成与应用示范。

项目2014年启动，2020年11月通过项目验收，共获得17项国家专利授权，发表36篇国内外学术论文，项目成果应用在大兴机场、郑州新郑国际机场、重庆江北国际机场、哈尔滨太平国际机场以及安哥拉罗安达新国际机场等国内外机场道面工程中，取得了预期的工程效果，具有创新性和良好的推广应用价值。

4. 民航科技创新引导重大专项——《自融雪机场加热道面建造工艺与配套装置关键技术研究 》

项目是针对近年来逐渐增多的飞机道面由于暴雪冰冻等恶劣气候导致重大安全事故、机场关闭以及航班取消等带来的巨大经济损失，大量旅客滞留机场加剧社会不稳定因素的产生而开展的自融雪机场道面建造工艺及配套装置关键技术研究。开发了自融雪机场加热道面足尺试验系统，建立了基于等效导热系数的融雪道面温度场计算模型，阐明了机场加热道面融冰化雪机理，提出了考虑温度应力、经济效益与融雪效果的融雪系统设计与运行方法，建立了无机工质传热导管道面施工关键技术，形成自融雪机场加热道面建设成套技术。

项目于2014年获得立项批复，2020年11月通过验收。研究成果共获得12项国家专利授权，1项软件著作权，发表国内外学术论文22篇，项目成果在大兴机场站坪和货机坪道面工程中成功应用，融雪效果显著，具有创新性和良好的推广应用价值。

5. 民航科技创新引导重大专项——《北京新机场智能型综合交通枢纽关键技术研究与应用 》

综合分析大兴机场综合交通枢纽功能定位，研究以机场为主体的大型区域综合交通枢纽关键技术，运用案例分析、仿真模拟、理论分析、实体工程验证等手段，从战略规划、总体布局设计和智能化设施建设等方面开展系统研究，最终形成以机场为主体的大型区域综合交通枢纽战略规划技术、超大型机场综合交通枢纽总体布局关键技术、综合交通枢纽信息与智能化诱导技术、面向旅客的换乘区智能化设施建设技术、与超大机场协调的轨道交通布局规划与设计技术，成果全面支撑大兴机场工程的顺利实施。

项目于2014年获得立项批复，2020年通过验收。依托研究成果，形成了一系列行业技术标准和指南，为提高大兴机场综合交通枢纽建设水平、降低建设成本、保证服务效率、实现"打造全球空港标杆"战略目标提供了强有力的技术支撑，也为全国综合交通枢纽的建设提供了技术指导。项目成果在大兴机场建设工程中的示范应用，全面引领了综合性超大型机场智能化、低碳化的建设理念，夯实了综合交通枢纽的技术基础，推动行业科技进步，产生了显著的经济和社会效益。

6．民航科技创新引导重大专项——《飞机除冰废水处理及除冰液再生系统研究》

　　项目针对机场大规模的除冰液喷涂及撒布产生的环境影响、机场道面腐蚀破坏等问题，开展飞机除冰废水处理及除冰液再生系统关键技术研究，成功开发了除冰废水杂质分离、醇水浓缩和除冰液再生关键技术，建立了一套飞机除冰废水处理和除冰液再生样机系统，并形成了除冰废水处理工艺协同运行方案。本系统具有回收率和提取率高、处理成本低等优点。处理后的水可以直接排放，回收的醇可再生成除冰液用于飞机除冰，实现资源的循环利用。总体技术填补国内空白，成果达到国际先进水平，除冰废水处理排放指标达到国际领先水平。

　　项目2015年获得立项批复，2017年9月通过项目验收。获得5项发明专利、4项实用新型专利以及省部级、民航局级奖项。既解决了除冰后液体排放问题，同时实现了资源的循环利用，对促进绿色机场建设意义重大。目前已成功应用于大兴机场，是国内首个正式落地的"除冰液收集处理再生"项目。

　　此外，大兴机场还联合专业单位、科研院所承担了北京市科委重大专项、集团公司等多层次的科研课题，进行联合科技攻关，研究成果为大兴机场的建设提供了支撑，项目名单详见表5-1。

大兴机场其他科研课题名单　　　　　　　　　　　　　　　表5-1

分类	课题名称
北京市科委 重大课题	《北京新机场大平面航站楼建造关键技术研究与应用》
	《北京新机场陆侧交通设施设计参数研究与示范》
	《北京新机场陆侧交通标识系统设计与示范》
首都机场 集团公司课题	《北京新机场"海绵机场"构建研究》
	《大兴机场能源中心烟气余热利用技术研究与应用》
	《高耐久高抗裂水泥混凝土机场道面新材料关键技术研究》
	《大型耦合式地源热泵系统关键技术及工程化应用研究》
	《北京新机场环境管理系统的研究与开发》
	《北京新机场智慧电网管控系统研究》
	《大跨度异形空间的外观、内装与钢结构一体化设计研究》
	《北京新机场空域终端区及地面保障能力评估》
	《北京新机场粉土道基关键技术研究》
	《北京新机场航空枢纽发展及航班波搭建研究》
	《北京新机场智慧雨水管理模型构建研究》
	《大型交通枢纽复杂结构体系设计及建造关键技术》

续表

分类	课题名称
首都机场 集团公司课题	《基于共享、安全的机场社区云设计和建设研究》
	《基于热导管的零能耗自融雪道面建造关键技术与施工规程研究》
	《绿色机场评价标准研究》
	《飞机地面空调系统关键技术研究》
	《大兴机场变形监测预警系统》
	《适用于"智慧机场"的乘客电梯系统应用方案》
	《基于BIM的智能楼宇管理系统》

5.3 行业标准研究

指挥部联合其他单位承担了《绿色航站楼标准》MH/T 5033—2017、《绿色机场规划导则》AC-158-CA-2018-01、《民用机场绿色施工指南》AC-158-CA-2017-02、《民用机场航站楼绿色性能调研测试报告》IB-CA-2017-01共4项行业标准及规范性文件的编制工作，现均已发布。《绿色航站楼标准》入选中国向"一带一路"国家推荐的10部民航标准，充分体现了大兴机场对于行业绿色发展的引领与示范带动作用（图5-1）。

图5-1 绿色机场系列标准

1.《绿色航站楼标准》MH/T 5033—2017

作为民用机场的标志性建筑，航站楼是机场服务旅客的中心区域，具有空间大、空陆侧衔接性强、工艺流程复杂、安全性和舒适度要求高、客流集中且变化大、能耗占比大等特点。为规范航站楼绿色建设和运行，进一步促进资源节约和环境保护，受民航局机场司委托，2014年6月，指挥部牵头承担了行业标准《绿色航站楼标准》的编制工作，于2017年2月1日起正式施行。该标准旨在强化对航站楼绿色规划、设计、运行的引导和控制，推进建设"全寿命期内节约资源、保护环境、减少污染，满足适用、高效、便捷、人性化要求"的绿色航站楼，促进机场可持续发展。标准明确了航站楼构型应按照功能为先、效率为要、兼顾造型的原则，提出要充分考虑飞机运行效率、机坪安全管理、近机位数量、旅客步行距离、分期开发和建设成本等因素，统筹规划，因地制宜、合理确定建筑高度和体形系数。标准适用于国内机场在航站楼新建、改（扩）建、既有航站楼设施设备系统改造和航站楼运行管理，主要包括航站楼构型、节地与室外环境、节能与能源利用、节水与水资源利用、节材与材料资源利用、室内环境质量、人性化服务和运行管理等内容。

为高质量地完成编制标准工作，指挥部牵头组建了由国内主要机场设计、建设、运营及科研单位技术骨干组成的编制组，组织完成了国内43个机场航站楼的绿色建设问卷调查，对国内不同气候区7个主要机场的9座航站楼进行了室内环境及绿色性能现场测试，多次组织召开国内外绿色建筑标准、航站楼建设与运行特征等专题研讨，在此基础上组织编制完成了标准初稿。后续标准又历经初审、审定、审查等多轮程序性审查，数易其稿，最后经总校会逐字逐句审核并最终定稿。由于航站楼是机场的标志性建筑，标准编制期间受到行业广泛关注，公开征集意见期间编制组共收到18家单位反馈的共计177条有效意见，反馈单位涵盖国内主要机场及设计单位，具有较强的代表性。标准的针对性和系统性强，具有明显的行业特点，其成果在大兴机场航站楼的建设中得到了应用，其发布实施将有助于促进我国机场提升航站楼绿色建设与运行水平，促进机场可持续发展。

2.《绿色机场规划导则》AC-158-CA-2018-01

机场规划是机场建设的重要环节之一，其合理性和科学性将直接影响后期设计和运行，对机场绿色建设和可持续发展具有深远的影响。2014年，受民航局机场司委托，指挥部作为主要参编单位，开始了《绿色机场规划导则》AC-158-CA-2018-01的编制工作。

导则是针对机场规划阶段的指导性文件，适用于新建（迁建）、改建和扩建的民用运输机场（含军民合用机场中的民用部分）。导则借鉴分析了国内外绿色城市、生态园区以及绿色建筑相关标准，提炼总结了近年来机场规划、设计和运行的实践经验，并结合机场特点分析归纳绿色机场规划的重点，侧重"适当借鉴、抓住重点、突出特色、强化引导"的特征，建立符合机场特点的规划导则。创新性地提出了机场与城市发展、机场与周边环境以及机场功能区等绿色规划等内容，注重在总体规划的基础上进行绿色提升，重点关注机场与城市（城市群）协调发展、机场近远期规划、机场各功能区布局、机场交通系统、能源系统、水资源系统规划、机场噪声控制和生态环境规划。通过绿色机场规划，促进不同维度、不同区域、不同系统之间的规划协调与统一，为机场可持续发展提供支持和保障。

导则共分11章，主要内容包括总则、术语、基本规定、总体布局、飞行区规划、航站区规划、交通规划、节能与能源利用、节水与水资源利用、噪声控制与土地相容性规划和生态环境。导则编制工作自2014年6月启动到2018年1月26日正式发布。期间召开了大纲评审会、初审会、审定会及多次专家讨论会，业内外进行了征求意见，共计收到19家单位的64条修改意见。提出意见的单位涉及民航机场相关的各类单位，包括了机场管理局、空管局、机场当局、设计单位、建设单位、监理单位和科研院校等。

导则的发布实施将促进机场绿色规划，实现机场不同维度、不同区域、不同系统之间的规划协调与统一，引导和促进机场绿色实践，为机场可持续发展提供支持和保障，提升我国绿色机场规划建设和运行水平。

3.《民用机场绿色施工指南》AC-158-CA-2017-02

为加快绿色民航建设，贯彻资源节约、环境友好理念，2014年6月，受民航局机场司委托，指挥部牵头承担了《民用机场绿色施工指南》AC-158-CA-2017-02的编制工作。

该指南定位为咨询通告，在充分借鉴已有成果的基础上认真总结近年来机场施工实践的问题与经验，紧密围绕"四节一环保"，提炼出民航专业工程及相关工程的绿色施工重点，针对性地提出具体策略或措施，并形成了机场绿色施工的评价体系，可为机场绿色施工的开展和评价提供技术指导。该指南适用于民用机场（含军民合用机场民用部分）新建和改（扩）建工程中的民航专业工程及相关工程，共分为13章，主要内容包括总则、基本规定、绿色施工管理体系、施工临时设施、土石方工程、飞行区工程、航站区工程、公用配套工程、弱电系统工程、空管工程、供油工程、飞行区不停航施工和绿色施工评价等内容。

指南的编制工作于2014年7月正式启动，经过多轮专家评审和反复修改，2015年8月形成了征求意见稿。同年9月指南正式开展行业意见征集，共计收到19家单位反馈的54条修改意见。2016年经过审定、总校对，于12月由编制组向机场司上报指南报批稿；2017年2月13日咨询通告《民用机场绿色施工指南》AC-158-CA-2017-02由机场司正式发布施行。

指南对大兴机场的绿色施工起到了重要的指导作用，具有较强的示范推广价值。其发布实施对机场行业施工规划科学化、施工工艺合理化、施工管理高效化和先进适宜的新技术、新材料、新设备、新工艺的应用都有重要的促进作用，将实现资源消耗低、环境影响小和以人为本的机场施工目标。

4.《民用机场航站楼绿色性能调研测试报告》IB-CA-2017-01

为了大兴机场绿色建设更加科学合理，指挥部针对国内外主要绿色建筑标准，如美国LEED、英国BREEAM、日本CASBEE、国内绿色建设评价等组织进行了专题学习和深入对比分析，同时，调查研究了世界主要机场绿色建设实践情况，为大兴机场绿色建设提供借鉴。

在民航局机场司的支持下，从2014年5月开始，开展了国内主要机场绿色性能调研和测试工作，共有23个主要机场反馈了调研数据，并对北京、上海、广州、昆明等5大气候区域、7个典型机场的9座航站楼进行了现场测试。

调研测试持续时间2年，分为室内环境、旅客满意度两个维度开展，共获得606个室内环境布点的历史数据、697万余条环境数据记录及4 500份旅客满意度调查问卷。调研测试成果形成了行业信息通告《民用机场航站楼绿色性能调研测试报告》IB-CA-2017-01，向全民航系统发布，也成功运用到《绿色航站楼标准》的编制和大兴机场航站楼的建设之中；形成的9个航站楼诊断报告，为相关机场提供了改进建议，对机场航站楼的绿色建设、节能运行起到了促进作用。

中篇 创新实践

为实现『打造世界一流水准的绿色新国门』的绿色建设目标，大兴机场以绿色机场建设目标方向为指引，以绿色建设指标的落实为重手，依托工程全面开展创新应用与实践，形成了一批绿色建设亮点成果。本篇从大兴机场绿色建设实践落地角度，按照『低碳机场先行者』、『绿色建筑实践者』、『高效运行引领者』、『人性化服务标杆机场』、『环境友好型示范机场』五大定位，精心挑选最具代表性的绿色机场建设典型成果案例，体现引领世界绿色机场建设的辉煌成就。

第 6 章

低碳机场先行者

低碳发展是应对气候变化、生态环境危机的必然选择，也是大兴机场绿色建设的一贯追求。大兴机场以机场能源的低碳转型作为主要抓手，将可再生能源利用、清洁能源推广应用、LED创新应用以及能源精细化管理作为重要着力点，在多方面实现了理念、应用及技术等方面的突破，大力推动了大兴机场的低碳发展。

6.1 多能互补的可再生能源利用

6.1.1 机场能源整体解决方案

大兴机场能源解决方案研究始于2011年，大兴机场先后委托研究单位完成了《北京新机场能源整体解决方案》（2013年8月）和《北京新机场能源综合利用方案》（2015年11月），通过全面统筹、超前规划，指导了大兴机场能源规划和建设顺利进行。

基于我国能源资源具有总量丰富、"富煤、少油、贫气"、人均能源资源量较少、能源资源赋存分布不均衡、能源资源开发难度较大等重要特点，能源系统规划研究通过对国家、地方等相关能源政策的分析（表6-1），得出我国能源政策的两个重要导向，即加快可再生能源产业发展和加强天然气分布式能源的综合利用，从而确定了大兴机场能源系统规划方向。

大兴机场能源政策调研清单 表6-1

分类	政策文件
国家相关能源政策	《"十二五"节能减排综合性工作方案》（国发〔2011〕26号）
	《中国国民经济和社会发展第十二个五年规划纲要》
	《能源发展战略行动计划（2014—2020年）》（国办发〔2014〕31号）
	《中华人民共和国可再生能源法》
	《可再生能源中长期发展规划》（发改能源〔2007〕2174号）
	《产业结构调整指导目录（2011年本）》（发展改革委令2011年第9号）
	《关于发展天然气分布式能源的指导意见》（发改能源〔2011〕2196号）
	《天然气基础设施建设与运营管理办法》（发展改革委令2014年第8号）

续表

分类	政策文件
国家相关能源政策	《能源行业加强大气污染防治工作方案》（发改能源〔2014〕506号）
	《关于促进地热能开发利用的指导意见》（国能新能〔2013〕48号）
	《节能技术改造财政奖励资金管理办法》（财建〔2011〕367号）
	《可再生能源发电价格和费用分摊管理试行办法》（发改价格〔2006〕7号）
地方市区能源政策	《北京市"十二五"时期能源发展建设规划》（京政发〔2011〕43号）
	《大兴新城规划2005年—2020年》

根据大兴机场外部环境能源等条件的全面调研与分析（图6-1），得出"大兴机场电力和天然气供应条件较为成熟，但供热、供水与污水处理可利用条件有限；具备可再生能源的利用条件，较适宜使用地源热泵系统、太阳能光伏和太阳能热水"的基本结论，为能源系统的规划提供了重要的支撑依据。

从规划落实层面，大兴机场能源系统规划研究重点结合机场近远期发展规划情况，预测了大兴机场未来的能源结构和负荷特点，并根据大兴机场的总体布局、负荷特点以及各功能区的能耗预测，提出了能源系统规划的原则：

（1）主和次：根据各功能区用能需要的差异，将航站楼和服务区等供能系统分开考虑。

（2）集与分：综合考虑各负荷中心的用能特点（连续/间歇）、冷热源的效率、输配能耗

图6-1 大兴机场外部整体能源条件

以及调节特性等，合理规划机场供暖、供冷系统。供热系统宜集中布置，供冷系统宜分散布置，尽量靠近主要服务对象，减少服务半径和输配损耗。

（3）高和低：根据能源需求的品位不同（电，冷，热），优化机场能源系统形式，实现能源梯级利用，减少各能源转化环节的损失，提高系统的能源利用率。

（4）峰和谷：采用有效措施降低机场用电、天然气等外部输入能源随季节、昼夜变化的幅度，优化能源供应站点的容量和管网规划。

（5）先和后：遵循统一规划、分期建设的原则，统筹规划机场近远期的能源系统，一次投入，长期运行。各能源系统的土建规模适当考虑发展需要，设备配置分阶段实施，并预留远期发展接口。

大兴机场能源系统规划研究，不仅为大兴机场能源系统的规划指明了方向，提供了数据支撑和系统论证，还将能源规划延展至可再生能源利用，明确指出可再生能源利用的方向是太阳能和地热能，为开展可再生能源的相关研究奠定了重要基础。

6.1.2　机场可再生能源利用总体要求

大兴机场在机场能源整体解决方案研究的基础上，开展了可再生能源利用的政策研究，明晰国家及地方对可再生能源利用的总体要求和对园区的具体要求，同时围绕"可再生能源利用率"重点指标，开展可再生能源应用案例调研，以调研情况为参考，结合机场实际情况科学合理地制定大兴机场可再生能源利用的具体要求，对后续机场能源系统以及可再生能源利用方案的规划形成目标指引。

2011年，《北京市"十二五"时期能源发展建设规划》（京政发〔2011〕43号）首次提出了区域能源系统的新概念，标志着北京市能源建设和管理服务向着更高层次和水平转变。所谓区域能源系统，就是用新的理念、新的技术、新的建设管理模式，统筹一个区域内的电力、燃气、热力等能源设施布局，实现能源供给的高效梯级利用。与传统能源系统相比，它的主要特点是能源利用高效率，充分利用可再生能源，充分体现绿色低碳建设理念等。同时，该规划还提出了功能区内可再生能源利用率10%以上的具体指标要求。

大兴机场作为国家"十二五"时期的国家级重点工程，肩负着树立空港标杆的使命，同时机场能源系统也与政策文件中的区域能源系统概念高度契合，理应全面执行国家及北京市关于可再生能源的指标要求。大兴机场在充分调研中新天津生态城、北京城市副中心等园区可再生能源应用的基础上，综合考虑本场可再生能源利用基础条件、能源可靠性等因素，提出了"全场可再生能源利用率达到10%"的指标要求，并列入"四个工程"的绿色机场样板指标之中，将其作为实现大兴机场绿色建设目标的重要途径。

6.1.3 机场可再生能源利用方案优化

大兴机场以环保、经济为目标，以技术安全为前提，在《大兴机场能源整体解决方案》的基础上，围绕太阳能和地热能等可再生能源开展了专项研究，形成《北京新机场飞行区太阳能光伏项目可行性研究报告》和《北京新机场地热能利用专项研究报告》等专项研究报告，对大兴机场可再生能源利用的资源情况、相关技术可行性、经济性等方面进行了全面的分析与论证，提出了多版全场可再生能源利用方案，通过不断优化最终确定通过建设地源热泵、太阳能光伏、太阳能热水三大可再生能源系统为核心的建设方案并逐步实施，构建了"一主多辅"的能源供给结构，以高效利用可再生能源，低限度地影响环境的方式，实现大兴机场可再生能源利用比例规划16%以上，完成绿色建设指标体系提出的10%既定目标。

大兴机场可再生能源利用专项研究，在利用功能区屋面设置光伏和光热系统等常规方案外，重点围绕大兴机场飞行区及蓄滞洪区等场地优势特点，开展了飞行区光伏系统和地源热泵系统的系统论证和分析，为可再生能源利用率指标的达成提供了重要的科学基础（图6-2）。

图6-2 大兴机场停车楼屋顶光伏系统

1. 飞行区光伏系统可行性论证

机场因其周围无高层建筑、遮挡少、附属建筑多、场地充足、负荷需求稳定、运行时间长等特点，成为光伏系统的理想应用场所。而机场飞行区作为机场最为开阔的区域，可铺设面积巨大，是机场光伏系统应用的最有利区域。但往往飞行区存在多种限制性要求，在全球机场光伏应用中尚无先例，为系统论证飞行区光伏应用对飞行安全、空管及导航台站的影响以及"光污染"等情况，大兴机场联合研究单位对此进行了深入的研究与论证。

（1）飞行安全分析

在飞行区机场跑道附近安装光伏组件，首先需要考虑到，万一飞机出现意外冲出跑道，撞击到光伏系统的风险，要保证对飞机和机上人员的伤害控制到最小。通过相关技术研究，采用可折叠且易碎的光伏支架系统，能够有效保障飞行安全，可使飞机撞击光伏系统时，系统瞬间折叠，且高度低于起落架轮胎高度，避免对飞机和旅客造成损害（图6-3）。

（2）空管及导航台站影响分析

光伏电站由太阳能采集设备（光伏组件）、电能采集（汇流排）、电能转换（逆变器）、升压器等设备组成。光伏系统的电磁辐射主要集中在交流设备部分。光伏组件本身在发电时并不产生任何电磁辐射，但其电力设备和电子器件在运行时会影响电磁环境。根据科学测定，太阳能光伏发电系统的电磁环境低于各项指标限制，同时在工频段甚至低于常用生活家用电器，只要位置不在导航台保护区范围内，不会对导航台站产生影响。本项目选用的并网逆变器通过EMC认证（Electro Magnetic Compatibility，电磁兼容认证），并且采用了金属外

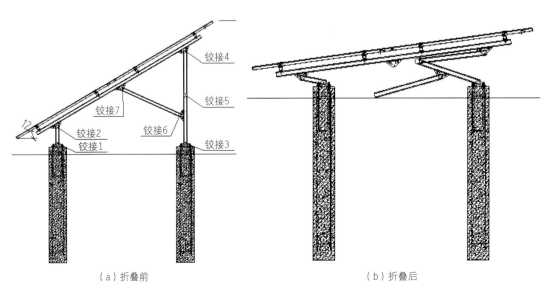

（a）折叠前   （b）折叠后

图6-3　飞行区光伏支架大样图

壳做屏蔽处理，因此，逆变器不会产生超标的电磁辐射，对机场导航及飞行不会产生影响。升压变压器以及其他配电柜设备也以工频辐射为主，其影响也相对较小，难以造成影响。因此，总体来看，只要飞行区光伏系统位置不在导航台保护区范围内，就不会产生对电磁环境的不良影响。

（3）"光污染"情况分析

目前存在三种技术可以有效减少太阳能光伏板光线反射：一是晶体硅片的减反射特性，二是减反射膜，三是太阳能专用玻璃板的减反射特性，均可满足减少反射率的需求。此外，通过专业机构的监测，明晰了人眼可见光312～1 050nm范围内，太阳能电池板的反射率小于5%，优质品牌的电池板反射率甚至仅为2.5%，远远低于幕墙玻璃的反射率值，同时全球多个机场也尚未收到此方面相关的投诉建议，多方证明了其不存在"光污染"情况。

（4）飞行区光伏系统建设方案

大兴机场在全面分析论证的基础上，提出了飞行区光伏系统建设方案：规划利用北一跑道区域建设光伏发电系统（图6-4），采用自发自用余电上网模式进行建设，装机容量约2MW，布置28台80kW的540V逆变器，所发电量通过组串逆变器逆变后集中汇集至一台1 250kVA变压器，就地升压至10kV后直接接入工作区。光伏路径由光伏区首先引接至机场环场路边缘，沿机场环场路直埋敷设至穿过磁大路的管线桥。经过管线桥进入南北向综合管廊，由南北向综合管廊直埋敷设向北进入综合区道路路径中，经过道路路径先向北再转向西延伸敷设进入201开闭站10kV母线。

根据机场跑道周边的建构筑物布置规范要求，跑道中心100m范围内不允许设立任何建构

图6-4 大兴机场飞行区光伏系统

筑物，跑道中心100～150m范围可设置不高于跑道标高的建构筑物，150m范围外至机场边界范围内可设置不高于飞起最小起飞角度的建构筑物。同时考虑论证研究中提出"采用可折叠且易碎的光伏支架系统降低飞机运行安全风险"的建议，在飞行区光伏系统方案中加入易折设计，选用了冷弯薄壁型钢支架，薄壁结构受到冲击时易于折断，满足了《易折易碎杆塔通用技术要求及检测规范》AC-137-CA-2014-01的相关要求。支架所选用材料长度均大于直径的5倍以上，且长度大于1m，钢结构厚度不小于25mm，且直径最大为200mm，充分满足支架高度等限制要求。此外，光伏支架由多个小型部件组成且全部采用螺栓连接，没有焊接点，避免撞击后的二次损伤。

为进一步加强飞行区光伏系统的可靠性和安全性，设计方案中加强了对北一跑道光伏系统的监测。一方面配备了光伏发电环境监测系统，实现环境监测功能，主要包括总辐射量、直接辐射量、散射辐射量、最大辐照度、气温、温度风速、风向、环境温度、组件背板温度等参量，保障系统的有效运行；另一方面配备了火灾自动报警系统和视频安防监视系统，当出现火情等突发状况时及时获取报警信息，实施紧急处理。

2. 地热能利用专项研究

2016年，为了更好地利用地热资源，提升大兴机场可再生能源利用比重，打造绿色低碳、智慧高效的机场能源供应系统，大兴机场联合研究单位开展了地热能利用专项研究。该研究开展了地热能利用专项调研，并详细分析了国家和地方地热能利用的相关政策、大兴机场区域的地热资源条件，全面而系统地开展了论证分析，最终形成了《北京新机场地热能利用专项研究报告》，用于指导大兴机场可再生能源系统规划。

（1）地热能政策研究

地热能因其低碳环保节能等优点得到国家政策的扶持，在国家和地方的政策中，都将发展地源热泵列入规划任务中。

国家政策层面，自2006年，作为可再生能源新技术的水源热泵技术被建设部列入《建设事业"十一五"重点推广技术领域》（建科〔2006〕315号）目录起，地热能利用不断在国家规划和政策文件中被提及，从"十一五"贯穿至"十三五"期间。2017年，在国家发展和改革委员会、国家能源局和国土资源部的共同参与下，更是发布了地热能利用的国家专项规划《地热能开发利用"十三五"规划》（发改能源〔2017〕158号）。该规划提出的目标是："在'十三五'时期，新增地热能供暖（制冷）面积11亿平方米，其中：新增浅层地热能供暖（制冷）面积7亿平方米；新增水热型地热供暖面积4亿平方米。新增地热发电装机容量500MW。到2020年，地热供暖（制冷）面积累计达到16亿平方米，地热发电装机容量约530MW。

2020年地热能年利用量7 000万吨标准煤，地热能供暖年利用量4 000万吨标准煤。京津冀地区地热能年利用量达到约2 000万吨标准煤。""在'十三五'时期，形成较为完善的地热能开发利用管理体系和政策体系，掌握地热产业关键核心技术，形成比较完备的地热能开发利用设备制造、工程建设的标准体系和监测体系。"该规划提出的重点任务含有"积极推进水热型地热供暖"和"大力推进浅层地热能利用"。

地方政策层面，北京市在多项规划性政策文件中明确鼓励推广地热能利用技术，此外地方还陆续出台利好地热能技术发展与应用的财政补贴政策，如2006年7月正式实施的《关于发展热泵系统的指导意见》（京发改〔2006〕839号）中明确补助标准为：地下（表）水源热泵35元/m^2，地源热泵和再生水源热泵50元/m^2；2013年12月，北京市发展改革委联合市财政局、市国土局、市环保局等部门联合印发的《北京市进一步促进地热能开发及热泵系统利用实施意见》（京发改规〔2013〕10号），决定加大资金支持力度，简化项目审批程序，推动北京市地热能的开发和热泵系统利用。具体到各个领域，新建的再生水（污水）、余热和土壤源热泵供暖项目，对热源和一次管网给予30%的资金补助；新建深层地热供暖项目，对热源和一次管网给予50%的资金支持；既有燃煤、燃油供暖锅炉实施热泵系统改造项目，对热泵系统给予50%的资金支持。地热能政策研究，尤其是补贴政策的研究，为后续大兴机场地热能项目的启动决策提供了重要的参考价值。

（2）机场区域地热资源分析

2008年，北京市水文地质工程地质大队在《北京平原区浅层地温能资源专项地质勘查报告》中，提出在北京市适宜发展区内，浅层地温能可以借助土壤源热泵技术供暖制冷的面积为7.96亿m^2，扣除目前已发展的土壤源热泵服务面积，未来的发展潜力为7.92亿m^2。大兴和顺义的发展潜力最大，占全市发展潜力的43.1%（约合3.41亿m^2）。在河北省的相关探测文件中也显示大兴机场位于河北平原地下热水区，具备较好的地热资源。

从浅层地热能资源条件来看，大兴机场位于永定河中下游，本区域地层可钻性强，地层厚度大，地下水较活跃，有利于地下温度场恢复，浅层地热资源丰富，从资源角度讲比较适宜采用地埋管式地源热泵。

从中深层地热能资源条件来看，大兴机场所在区域在地质构造上位于廊固凹陷，受大兴断裂控制下第三系呈典型的箕状凹陷，断陷内次级断层十分发育。所处礼贤断裂带为深部热流上升运移提供了良好的通道。同时新生界第四系和第三系地层在本区广泛分布，第四系岩性主要为黏性土夹中粗砂、砂质黏土；第三系主要岩性为砂岩、砾岩，因其热导率低，具有一定的隔热保温效应，构成了该区较好的热储盖层。根据北京市地质矿产勘查局提供的资料，大兴机场周边区域现有地热井的情况：埋深2 000～3 000m，出水温度为60℃，单井出水量1 500m^3/d。单口井的供热面积约为2万m^2，中深层地热能资源同样较为丰富。

（3）地热能专项实地调研

大兴机场会同研究单位以及相关咨询设计单位，对北京市城市副中心、通州区文化中心、大兴区拆迁指挥部、红金龙国际企业港和河北省雄县等地热能利用示范地开展了深入调研。

其中，北京城市副中心打造了深层地热、浅层低温能、太阳能、燃气分布式能源互为融合的供能系统，实现可再生能源与常规能源的智能耦合运行。北京城市副中心耦合式地源热泵系统的应用实践，为大兴机场后续集中式地源热泵系统方案的规划提供了重要参考和支撑依据。

河北省雄县地热开发形成了特色鲜明的"雄县模式"。一是政府主导，政企合作。即政府制定地热资源统一管理办法等政策，公司负责"投资、建设、运营服务"，统一开发地热资源。二是整体规划，科学地、保护性地实施开发雄县地热资源。三是通过引进、吸收和开展先进技术的攻关保障项目开发。在雄县的地热资源开发利用中，采取了先进的热储评价、采灌均衡、定向钻井、间接换热、有效集输、梯级利用、动态监测、高效运营等技术，大大提高了热利用效率，并降低了运营成本。雄县的地热资源开发实践证明，地热资源开发利用技术体系基本成熟，"雄县模式"具有较强的推广性，为后续大兴机场地源热泵系统的开发模式提供了重要的借鉴。

（4）地热能可行性论证

大兴机场地热能利用专项研究在调研、政策分析、地热资源分析的基础上，从水文地质条件、占地需求、冷热负荷平衡、技术发展、经济效益、环境效益等多方面进行了论证分析，最终对大兴机场应用地热能的可行性进行了肯定，并提出了围绕蓄滞洪区开展地源热泵系统的设计方向。

（5）耦合式地源热泵系统建设方案

大兴机场以打造成"安全可靠、环保节能、运行经济、均匀平衡"的能源供应体系为目标，在机场供冷供热系统的规划设计中积极推动可再生能源利用，围绕蓄滞洪区开展地源热泵系统的设计，同时结合冰蓄冷系统、常规电制冷系统、区域锅炉房和锅炉房烟气余热回收系统，集中解决周边近257万 m^2 配套建筑的冷热需求，形成了耦合式地源热泵系统的建设方案（图6-5）。

耦合式地源热泵系统将机场北部的蓄滞洪区作为地埋管敷设的区域（图6-6），按照5m间距进行排布，布孔面积达26.7万 m^2，布孔数量达10 680个，其中北区布孔7 560个，单孔深度140m，南区布孔3 120个，单孔深度120m。换热孔线汇聚在20个地埋管管控井室，最终合流进入能源站。为更好地实时了解地埋管系统的运行情况以及地埋管换冷换热对土壤层的影响，地埋管系统对其主要参数进行了监控，如对土壤源侧的总流量、温度、压力以及每个分集水器的温度、流量、压力进行监测，以实时了解土壤层的变化，根据其变化调整运行模式，并对系统是否正常运行进行判断，如根据总流量计和各分集水器流量的对比判断是否发生泄漏等。

耦合式地源热泵系统设置两个地源热泵站，其中地源热泵1号站位于热源厂主厂房内

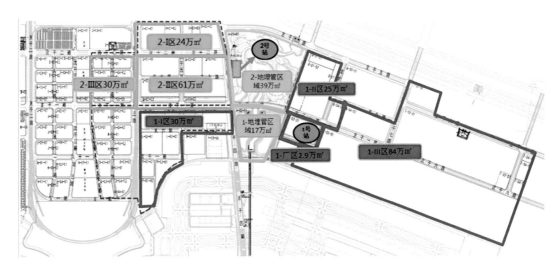

图6-5 大兴机场耦合式地源热泵系统供应范围

图6-6 大兴机场蓄滞洪区—地源热泵系统地埋管敷设区域

（图6-7），占地面积为3 726.40m²，建筑面积为8 738.28m²，由南侧蓄滞洪区提供地热能，为蓄滞洪区西侧主干一路以南和蓄滞洪区东侧的功能用房提供冷热量。本期供能面积为51.0万m²，远期供能面积约为142万m²。站内设置了2台制热量7.1MW、制冷量6.1MW的地源热泵（夏季2台供冷），5台制热量6.89MW、制冷量5.4MW的烟气余热利用热泵（夏季1台供冷）和3台15MW的市政板换，并预留2台烟气余热利用热泵（图6-8）。

　　1号站冬季运行时，供热运行策略采用地源热泵+烟气余热利用热泵+市政热力的耦合型供热方式，由地源热泵系统负担基础负荷，烟气余热利用热泵和市政热力作为调峰热源。在供热初末期等未启用锅炉时，优先使用地源热泵进行供热。启用锅炉后的部分负荷时段，优先使用烟气废热，再使用地源热泵系统供热。若存在地源热泵系统供热不足的情况，则利用市政热力予以补充（图6-9）。

图6-7 大兴机场地源热泵1号站

图6-8 大兴机场地源热泵1号站地源热泵系统设备

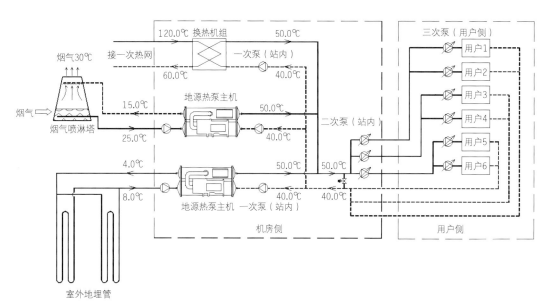

图6-9 地源热泵1号站冬季供热流程图

1号站夏季运行时,供冷运行策略采用地源热泵+烟气余热利用热泵的复合型供冷方案,由地源热泵系统负担基础负荷,烟气余热利用热泵系统冷却塔模式作为调峰冷源。由于1号能源站供能区域供冷需求负荷较小,且烟气余热利用热泵可利用冷却塔满足夏季供冷,因此未考虑蓄冷系统的并入。部分负荷时段,为节约运行费用,优先使用地源热泵系统供冷(图6-10)。

地源热泵2号站位于蓄滞洪区西北侧地下一层(图6-11),占地面积为7 151.06m²,总建筑面积为9 047.90m²,由北侧蓄滞洪区提供地热能,为蓄滞洪区西侧主干一路以北的功能用房提供供冷热量。本期供能面积为46.15万m²,远期供能面积约为115万m²。站内设置了6台制热量7.1MW、制冷量6.1MW的三工况地源热泵机组和总蓄冰量26 964RTH的钢制蓄冰槽,并预留4台电制冷机组(图6-12)。

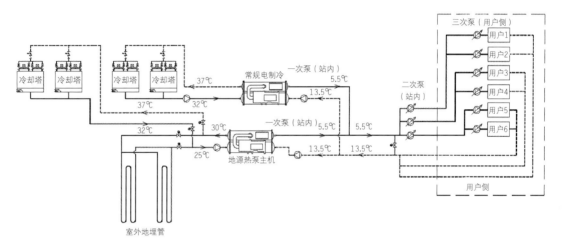

图6-10 地源热泵1号站夏季供冷流程图

图6-11 大兴机场地源热泵2号站

图6-12 大兴机场地源热泵2号站地源热泵系统设备

2号站冬季运行时，供热运行策略采用地源热泵+市政热力的复合型供热方式，由地源热泵系统负担基础负荷，市政热力作为调峰热源。同1号站一样，在部分负荷时段，优先使用地源热泵系统供热（图6-13）。

2号站夏季运行时，供冷运行策略采用4台三工况运行地源热泵+2台双工况运行地源热泵+冰蓄冷的复合型供冷方案。4台地源热泵机组按照三工况运行，夜间蓄冰、白天制冷，并在白天与冰蓄冷一同负担主要负荷；2台地源热泵按照双工况运行，夜间负担夜间负荷，并在白天负责调峰；部分负荷时段，优先使用冰蓄冷系统供冷（图6-14）。

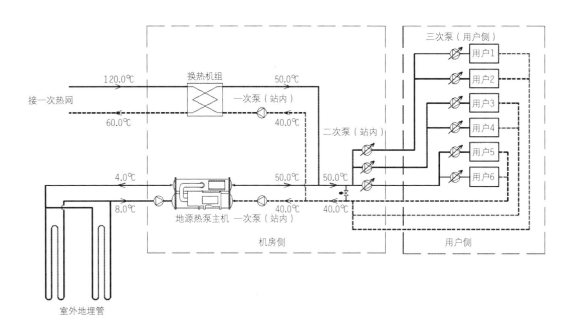

图6-13 地源热泵2号站冬季供热流程图

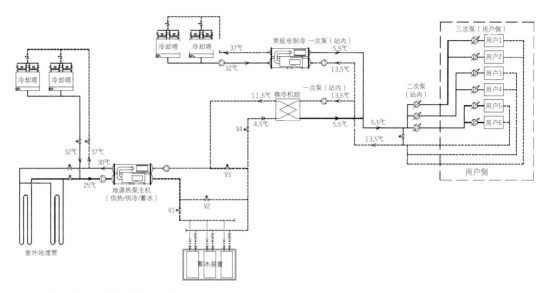

图6-14　地源热泵2号站夏季供冷流程图

从两个能源站的运行策略考虑上可以看出，大兴机场在设计耦合式地源热泵系统时，考虑了在运行中如何充分利用可再生能源以及发挥电力移峰填谷的作用，充分响应了打造"安全可靠、环保节能、运行经济、均匀平衡"的能源供应系统的目标要求。

6.1.4　多能互补能源利用

大兴机场通过对可再生能源利用的论证和应用，构建了一套可再生能源与常规能源高度融合的系统。

1. 耦合式地源热泵系统

大兴机场经审慎研究，在借鉴北京城市副中心等经验的基础上，创新型地提出了大兴机场集中式地源热泵系统方案，建成了全球规模最大的耦合式地源热泵系统。创造性地以蓄滞洪区（景观湖）为地埋孔区域，通过耦合设计，实现地源热泵与集中锅炉房、区域锅炉余热烟气回收系统、常规电制冷、冰蓄冷等的有机结合，辅以区域燃气锅炉调峰，形成稳定可靠的复合式系统，可集中解决周边近257万m²配套建筑的冷热需求，并实现年减排1.81万t标煤，完成大兴机场可再生能源利用比例15%。大兴机场地源热泵系统已成为地热能应用的标志性项目，开创了机场可再生能源利用的全新模式，为提升机场可再生能源利用比例提供新的范例。该项目还成功获得北京市1.75亿元额外建设资金补贴，取得显著的经济效益和社会效益。

2. 太阳能光伏发电系统

大兴机场在航站楼综合体停车楼屋顶、货运区屋顶、能源中心屋顶、公务机楼工程、飞行区侧向跑道、近端停车场等区域开展太阳能光伏发电建设，总装机容量达8MW，以满足大兴机场可再生能源的指标要求。其中飞行区北一跑道铺设的光伏系统，是国内首个民航系统跑道周边的光伏系统，该系统开辟了机场光伏应用新天地，对未来民航领域进一步推进光伏系统建设和可再生能源应用的创新具有强有力的示范效应。

3. 太阳能热水系统

大兴机场将太阳能光热广泛应用于全场区域内，太阳能集热器设置在各个建筑的屋顶。生活热水优先使用太阳能进行加热，供暖季采用市政热力作为辅助热源，非供暖季采用电蓄热锅炉，利用夜间低谷电作为辅助热源进行补充。大兴机场生活热水系统中太阳能光热部分的供热量可达15.2MW，达到系统总供热量的34%，有益推动了场内建筑的绿色低碳运行。

4. 烟气余热回收系统

大兴机场在提升可再生能源比例的同时，注重传统能源的高效利用，在热源工程中引入烟气余热回收技术，完善、优化余热利用系统，使烟气排放温度由90℃降到30℃，提高能源利用率5%～10%，年可节约天然气约100万m^3，年可减排二氧化碳约1 885t，并有效降低烟气的抬升高度，明显降低对飞机起降的干扰，形成了良好的经济和环境效益，在机场系统节能方面起到引领和示范作用。

大兴机场在建设过程中将光伏、光热、地源热泵、烟气余热回收技术与常规能源进行了有机结合，可再生能源建设在保障机场供能安全可靠的前提下，实现多能互补，将环保、节能的社会效益与降低能源成本的经济效益有效统一，探索和开拓了机场未来的绿色能源新模式。

6.2 高比例的清洁能源利用

6.2.1 清洁能源利用构想

传统能源的使用一般伴随着排放和污染的产生，清洁能源利用一直是国家鼓励推广的政策导向，也将是未来能源发展的趋势。为了减少能耗与排放，同时改善空气质量，大兴机场在绿色建设指标研究的前期阶段便将其考虑在内，开展了全球范围内的相关指标调研。

根据调研结果，国际上机场方面采取清洁能源利用改善场内空气环境的措施主要有两项：一是将清洁能源车购置作为改善机场飞行区空气质量，降低能耗与排放的重要途径。洛杉矶国际机场是环保车最多的机场，2006年便拥有环保车30多辆，包括燃料电池车、天然气瓦斯车、液态天然瓦斯车、混合双动力车、太阳电池车等高环保替代能源车等。机场内设有氢燃料的补充站，或者由英国石油公司所经营的加气站补给。同时清洁能源车辆所占比例也在逐年递增，机场甚至提出了未来清洁能源车比例100%的目标。法兰克福机场也在不断开展对清洁能源车辆的测试，2020年将清洁能源车比例提升至60%以上。二是将配置使用辅助动力装置（Auxiliary Power Unit, APU）替代设施作为降低机场能耗、减少飞行区排放的实施路径。原有空调车、电源车在为航空器供应电力和冷量时均通过柴油发电机工作，对环境存在一定污染，而地面电源装置（Ground Power Unit, GPU）具有低成本、无噪声、无排放、更安全舒适等优点，是低碳环保的绿色能源设备，能够减少APU在地面使用期间产生的碳氢化合物、一氧化碳和氧化氮等气体的排放量，同样飞机地面空调（Pre-conditioned Air, PCA）也能帮助减少航空煤油消耗。GPU与PCA已在世界大中型机场普遍应用，同时在国内如上海浦东机场、昆明长水机场等也陆续得到了全面的推广使用。

大兴机场经过慎重研究，将"空侧通用清洁能源车比例100%、特种车辆清洁能源车比例力争20%"与"站坪近机位和设置登机桥的远机位，GPU与PCA配置率100%，不设置登机桥的远机位根据经济、环境效益的综合比较，选择配置GPU或使用车载式电源（电源车）"的指标要求纳入绿色建设指标体系之中。

6.2.2 充电桩全场规划配置

为加快推动大兴机场清洁能源的推广应用，深入贯彻民航局节能减排政策，落实《打赢蓝天保卫战三年行动计划》工作，大兴机场在建设过程中积极推动充电桩的全场配置，完善机场充电基础设施，为大兴机场清洁能源车辆及相关设施设备提供了重要的充电设施保障。

陆侧充电桩的规划配置上，大兴机场考虑陆侧新能源车辆充电需求，在停车楼、近端场、机场办公楼、武警用房、航空公司办公区、机务区、货运区、能源场站等集中停车区域规划充电桩，配置通用充电桩区域和多家新能源车充电专用区域（图6-15），至2020年10月共建成充电桩400余个，全面满足陆侧旅客与员工的充电需求。

空侧充电桩的规划配置上，由于机场飞行区场地的特殊性，场内充电桩的建设需要考虑飞机的运行安全及航班作业对充电设施设置的影响，因此大兴机场在开展充电桩全场配置之初便设立了飞行区充电桩位置的规划原则，具体如下：

（1）不影响飞机进出机位，不影响机下设备航班保障作业；

（2）不得设置在机位与登机桥之间的位置，车辆进出尽量不影响等待作业区内的通行；

（3）不影响登机桥出口正常使用；

（4）针对摆渡车、通勤车等通用车辆充电桩，建在车辆集中停放区域、办公场所附近；

（5）行李拖车所用充电桩，集中建在行李出口附近；

（6）针对飞机牵引车、升降平台车、客梯车等的充电桩采用分散式建设，建设在廊桥机位、航站楼及远机位附近，减少车辆移动距离，以方便车辆及时充电。

图6-15 大兴机场停车楼充电桩

在空侧充电桩的位置规划上，大兴机场按照充电桩位置的规划原则，根据各功能分区及场内充电车辆的预测及分布情况，将飞行区内的充电桩集中设置在航站楼边、登机桥下的近机位处，4个道口，摆渡巴士中间站点以及远机位。其中在航站楼幕墙行李出口、办公室出口两侧利用幕墙外至服务车道之间硬化道面处设置的充电桩，主要为办公车辆、通勤车辆、要客车辆以及行李拖车使用；在近机位右侧靠近登机桥固定端处设置的充电桩，主要为飞机牵引车、行李传送带车、升降平台车等机下作业的特种车辆使用；在远机位处设置的充电桩，主要为客梯车、巡场车、通勤车使用；在飞行区道口附近设置的充电桩，主要为摆渡巴士使用；在服务车道附近的厂内员工摆渡巴士中间点旁设置的充电桩，主要为员工摆渡巴士车、寻常车、通勤车使用。

在充电桩设备的选择上，大兴机场考虑到场内不同车辆在电池类别、容量、电压等级等方面的差异，在不同充电区域，根据其运行车辆的电池特性配置了高压、低压两种直流快速充电桩。其中，在登机桥旁近机位设置的充电桩主要以低压充电桩为主，可满足锂电池及铅酸电池车辆的充电需求；在道口及员工摆渡巴士站点设置的充电桩主要以高压充电桩为主，考虑了大容量电池车辆的充电需求。

在充电桩的数量配置上，大兴机场充电桩规划根据不同位置，按照场内充电口与车辆配比1∶4~1∶3进行配置，同时为减少充电桩占地，提高充电桩使用效率，一些充电桩按照了双枪设计。至2020年底，大兴机场场内共建有充电桩542个，充电桩总功率达到20 021kW，其中远机位充电桩达到152个，使大兴机场成为首个在远机位大规模布置充电桩及自建充电桩100%直流快充的机场。此外，充电桩还采用车辆识别号码（Vehicle Identification Number，VIN）识别技术，大大提升各单位使用的便利性。自开航至2021年5月，场内充电桩实现为车辆充电30万次，累计电量达到355万kW·h，为大兴机场低碳发展发挥了重要支撑作用（表6-2、图6-16）。

大兴机场飞行区充电桩配置情况   表6-2

建设单位	类别	数量（个）	总额定功率（kW）
大兴机场	近机位一期充电桩	106	6 360
	近机位二期充电桩	160	4 800
	远机位充电桩	152	5 280
东航	东航自建充电桩	82	2 345
南航	南航自建充电桩	42	1 236
	合计	542	20 021

图6-16 大兴机场飞行区充电桩

6.2.3 清洁能源车配置

大兴机场绿色建设指标中提出的指标要求为"空侧通用清洁能源车比例100%、特种车辆清洁能源车比例力争20%",在实际的执行中,特种车辆清洁能源车比例也原则上按照100%进行采购(除没有合适产品的除外),符合国家和民航提出的"打赢蓝天保卫战三年行动计划"的要求。建设阶段,空侧通用车辆共配置598辆,全部采用清洁能源车辆,实现空侧通用清洁能源车比例100%;特种车辆共配置972辆,其中清洁能源车574辆、燃油车398辆,实现特种车辆清洁能源车比例59%,超额完成指标要求,综合清洁能源车比例接近75%(表6-3、图6-17)。

机场投入运行后,大兴机场对于新增车辆的采购和配置上,严格采取清洁能源车应用尽用的原则,促进场内车队结构不断升级。截至2021年5月,空侧通用车辆共配置714台,全部采用清洁能源车辆,实现空侧通用清洁能源车比例100%;特种车辆共配置1 258辆,其中清洁能源车828辆、燃油车430辆,实现特种车辆清洁能源车比例66%,综合清洁能源车比例达到78%,使得大兴机场成为我国乃至全世界场内同时运行新能源车辆种类最多、比例最高的机场。

大兴机场建设阶段飞行区清洁能源车配置情况　　　　　　　　　　　　　表6-3

分类		序号	车辆类型	清洁能源车数量	燃油车数量	小计	合计
通用车辆	载客汽车	1	小型客车	215		215	366
		2	中型客车	102		102	
		3	大型客车	49		49	
	运营载客汽车	4	运营载客汽车	6		6	6

续表

分类		序号	车辆类型	清洁能源车数量	燃油车数量	小计	合计
通用车辆	载货汽车	5	纯电动多用途货车	124		124	226
		6	纯电动厢式运输车	100		100	
		7	纯电动货车	2		2	
特种车辆	机场特种车	8	飞机食品车		100	100	742
		9	残疾旅客登机车		8	8	
		10	传送带车	83		83	
		11	飞机充氧车		2	2	
		12	飞机电源车		13	13	
		13	飞机客梯车	33		33	
		14	飞机空调车		6	6	
		15	飞机气源车		8	8	
		16	飞机牵引车	12	11	23	
		17	飞机清水车	12		12	
		18	飞机污水车	12		12	
		19	飞机垃圾车		18	18	
		20	管线加油车		53	53	
		21	罐式加油车		6	6	
		22	行李牵引车	320		320	
		23	旅客摆渡车	36		36	
		24	平台车		5	5	
		25	飞机接驳车		2	2	
		26	生产辅助车 (航油)		2	2	
	消防特种车辆	27	主力泡沫车		10	10	28
		28	通信指挥车		5	5	
		29	升降救援车		2	2	
		30	破拆抢险车		3	3	
		31	快速调动车		2	2	
		32	应急保障车		6	6	
	专项作业车	33	灯光应急抢修车		2	2	202
		34	多功能清洗车		4	4	
		35	多功能油料作业车		3	3	
		36	摩擦系数测试车		4	4	
		37	起重车		3	3	
		38	冷藏车	1		1	
		39	叉车	64	3	67	

续表

分类		序号	车辆类型	清洁能源车数量	燃油车数量	小计	合计
特种车辆	专项作业车	40	前置滚刷扫雪车		32	32	202
		41	除胶车		2	2	
		42	除雪车		8	8	
		43	大型跑道除雪车		14	14	
		44	飞机除冰车		18	18	
		45	除冰液撒布车		22	22	
		46	飞机维修升降平台车		7	7	
		47	除冰液加液罐车		3	3	
		48	除冰液废液回收车		5	5	
		49	牵引车	1		1	
		50	扫道车		6	6	
总计				1 172	398	1 570	1 570

（a）旅客摆渡车

（b）残疾旅客登机车

（c）飞机客梯车

（d）行李牵引车

（e）飞机牵引车

（f）平台车

（g）飞机食品车

（h）飞机垃圾车

图6-17 飞行区部分清洁能源车

6.2.4 地井式岸电设施创新应用

飞机停靠廊桥时使用的空调不是来自飞机自身，而是由廊桥提供的PCA，这在国外应用已有将近20年的历史。我国随着环境保护和绿色发展理念的逐步推进，行业陆续开展油改电专项行动和APU替代设施的试点应用，PCA在机场开始了投入应用的阶段。大兴机场秉承低碳绿色发展的理念，在2012年按照最高要求、最高比例，设定了"站坪近机位和设置登机桥的远机位PCA配置率100%"的指标要求，并按照该要求实施规划设计。

在规划设计阶段推动指标落地的过程中，大兴机场针对PCA的应用情况开展了大量的调查研究工作。调研发现机场常用的桥载式PCA存在三方面问题：一是桥载式PCA一般采用风冷式低温机组，其在高温高湿环境下制冷效率较低，节能效果不理想；二是桥载式PCA到飞机入口的输送软管距离较长，一般在20~30m，导致冷量过程损耗较大，根据首都机场监测数据，PCA出口温度与飞机入口温度相差10余摄氏度，无法满足飞机内的空调需求；三是桥载式PCA设备重量一般在4~5t，长期运行中使廊桥的行走机构产生较大磨损，不利于廊桥的安全运行。

基于以上运行中存在的问题，大兴机场在设计过程中开展了深入的思考。受到冷链产业冷库等制冷技术应用的启发，大兴机场构想了一套采用"通用空调系统集中供冷方式+地井式送风"的解决办法。采用蒸发式低温冷水机组结合高温新风机组的集中供冷形式，提升制冷效率，减少装机容量，解决风冷式低温机组效率低下的问题；采用地井式替代桥载式，在消除桥载式PCA对廊桥磨损的不利影响的同时，将输送软管长度缩短至10m以内，有效解决过程冷量损耗问题。

该构想能够有效解决桥载式PCA运行中存在的问题，但其对制冷和新风设备的要求也更为严格。根据机舱内0~2℃的温度标准要求进行推算，低温冷水机组冷媒控制要求需保证供水温度在−5℃，回水温度在5℃，高压新风机组在5 500m³和11 000m³等送风量下需保持机外余压在8 500Pa，送风温度也需要保持在0℃，这在国产设备中均没有成熟的设备可用。

为解决设备的问题，大兴机场联合设备厂家开展了技术攻关，并申请了首都机场集团公司科技项目——"飞机地面空调系统关键技术研究"。基于大兴机场建设项目的特点，针对机舱内热舒适度和空气品质的要求，研究适合机舱空气需求的地井式PCA系统，开展低温制冷机组、高压新风机组等系统关键设备的研发。项目最终成功研发出了适合大兴机场地井式PCA系统应用的关键设备，实现了"−5℃冷冻水供冷能力""0℃低温送风""机组耐压10 000Pa"等关键指标，为构想的实现提供了技术和设备支撑（图6-18）。

大兴机场如期完成了PCA配置率100%的指标要求，并以创新引领为导向，通过科研技术攻关，在国内首创了地井式飞机地面空调系统（PCA），使大兴机场PCA系统效率较常规桥

载式系统总能效提升50%以上，推动了行业
PCA系统设计和技术发展的革新，同时仍在
继续推动远机位APU替代设施应用，为旅客
提供更舒适的机内空气环境。未来，随着民
航蓝天保卫战的不断推进，该系统也将得到
更大范围的推广应用，同时，大兴机场用科
技创新推动技术发展和设备研发的示范意义
也将进一步发酵，推动行业的绿色创新发展。

图6-18　大兴机场地井式飞机地面空调

6.3　国内首条全 LED 助航灯光跑道

6.3.1　LED助航灯光跑道应用论证

机场助航灯光系统是保障飞机安全起飞、着陆和场内安全运行的重要保障设施，在夜
间、低能见度条件下或天空中存在低空云时发挥着不可替代的作用，犹如飞机的"眼睛"一
样，为每一架飞机保驾护航。

机场为确保助航灯光系统能有效保障飞行安全，对助航灯光光源提出了较高要求，包括
标志明显、发光效率高、光线柔和、光强可调节、灯具防水及散热性能良好、坚固耐用、有
一定的机械强度等。此外，考虑到安装和维修成本等因素，理想的助航灯光光源还应价格低
廉、构造简单、便于拆装维修。国内的助航灯光最常选用的卤素灯，可以比较好地满足这些
要求。但卤素灯存在光效低、耗能大、使用寿命短、结构复杂、强度低等缺点。随着新一代
光源的发展，在各个行业中用更加节能高效的光源替代卤素灯光已经逐渐成为趋势。

LED（Light-Emitting Diode，发光二极管）是世界公认的新一代光源，具有光效率高、
寿命长、节能等优良特性，目前已经应用于诸多行业和领域。LED灯具用于助航灯光时，相
比于卤素灯还具有抗震、可低温运行、维护少、节省部件、开关快速等优势，不仅可以提高
飞行安全保障能力和应急保障能力，而且可以实现节能减排、降低机场运行维护成本。

大兴机场在飞行区的初步设计阶段，提出了"建设助航灯光系统光源全部使用LED的跑
道"的设想，进一步助力绿色低碳机场建设。一方面启动"LED助航灯光跑道"专题研究；
另一方面在招标文件中列入LED灯具技术要求，为最终实现全LED助航灯光跑道建设提前做
准备。

1. LED助航灯光应用调研

专题研究调研了国内外机场在助航灯光系统中应用LED的实际情况。国内，LED已经广泛用作机场滑行道光源，包括滑行道边灯、低光强障碍灯、滑行引导标记牌、助航灯光监控系统模拟屏等，但还没有全面应用于机场跑道。国际上，已有超过1 000座机场将LED应用于滑行道或跑道助航灯光光源，其中，美国亚特兰大国际机场、英国伯明翰机场、南非开普敦国际机场、英国盖特威克国际机场和英国西斯罗国际机场5家机场建设了全面应用LED助航灯光的机场跑道。

专题研究经分析得出了LED应用于机场跑道助航灯光时的四个主要问题：光强无法满足部分高亮度跑道灯具的标准要求、进行光强调节会产生巨大能耗、防潮防水需求较高以及在出现电流或电压过强事故时寿命会受巨大影响。

2. 大兴机场全LED助航灯光跑道应用论证

专题研究借鉴国外全面应用LED助航灯光跑道的经验，针对上述问题论证在大兴机场建设全LED助航灯光跑道的可行性。

（1）LED灯具光强

LED的发光特性不同于卤素灯，普通LED单管功率小、光强低，必须多管组合以提高光强。机场助航灯光系统中，滑行道边灯、滑行道中线灯、停止排以及A型进近灯等低亮度灯具，通过采用LED多管组合的方式可以满足光强要求。但是，对于机场跑道上的高光强跑道边灯、跑道中线灯、接地带灯、高光强进近灯等高亮度灯具，即使采用LED多管组合方式也无法满足高光强要求。专题研究调研了国外机场跑道LED高亮度灯具，发现在多管组合的基础上进行二次光学设计，能够进一步提升光强，使其达到相应的光强标准。部分公司设计的LED灯具已经可以满足助航灯光跑道的高亮度要求，且已经投入使用。

（2）LED调光与控制系统

机场助航灯光系统中的部分灯具需要具备多级调光的能力。卤素灯通过电阻丝发光，改变电流大小即可调节光强。LED也可以通过改变电流大小并设置孔度比的方式来实现光强调节。但是，这种调光方式会在助航灯光系统的电缆处造成巨大的能耗，甚至会大于LED本身的能耗，严重制约LED的节能效果。专题研究调研了国外助航灯光系统中LED的调光方式，发现通过采用PWM（Pulse Width Modulation，脉宽调制）调光技术能够解决上述问题。该技术可以通过改变恒流源的脉冲宽度来改变经过LED的平均电流，实现对亮度的调节（图6-19）。这使得LED助航灯光系统可以在恒定电流的条件下调节亮度，在很大程度上降低了助航灯光

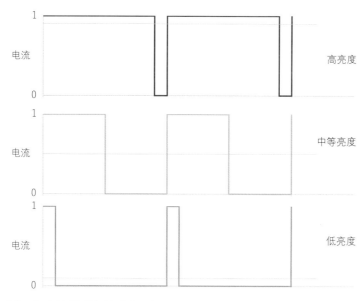

图6-19 PWM调光脉冲与亮度示意图

系统在电缆上的能耗，充分发挥了LED的节能优势。

LED调光与控制系统融合了PMW技术后，其回路结构和现有卤素灯助航灯光系统基本相同，分为控制系统、调光器、控制器和LED和四个部分。塔台控制人员通过控制系统远程控制调光器，调光器根据收到的指令控制灯光回路的功率输出并发出不同光强信号，控制器检测出光强信号，利用PMW技术控制LED发出相应等级的光强。同时，各LED通过隔离变压器串联，以确保在单个灯具出现故障的情况下，整个回路保持恒定的电流。

（3）LED灯具防潮防水

LED需要电路板进行驱动，因而LED封装电路板的使用环境和使用寿命直接影响LED灯具的使用寿命。影响电路板使用寿命的最大隐患是潮湿和漏水。专题研究经调研发现LED灯具在防潮防水方面的较高需求已经可以通过设计满足。以某厂家生产的LED灯具为例，其在防潮防水方面的大量技术研发和革新工作，设计了防水电缆接口、分体式灯具线缆、光源电路隔离式灯具等技术，如以保证外部的水或潮气不会影响到LED灯具的核心元器件，保证LED灯具寿命。

（4）LED灯具受强电流、过电压影响

在出现回路过流或过压的事故时，LED及封装电路板的寿命也会受到重大影响，专题研究经调研发现该问题能够通过增加过流保护和过压保护模块解决。

专题研究同时在使用寿命、功耗、运行维护的需求和具体措施等方面进行了调研，充分论证了LED在这些方面的优势。

进一步调研发现，LED在调光和供电回路设置与卤素灯完全一致，可在现有变压器和调光器下工作，不需改动现有供电回路。LED在技术上与单灯控制装置或是其他灯光控制装置的配合使用没有技术或规范上的障碍。这论证了助航灯光跑道从卤素灯改造为LED的可能性，为大兴机场的跑道助航灯光建设的选择提供了更大的空间。

6.3.2 全LED助航灯光跑道方案设计

根据LED助航灯光跑道调研成果和建设条件，大兴机场决定将西一和西二两条跑道建为全LED助航灯光跑道，并保留了东一、北一跑道改造为全LED助航灯光跑道的可能性。

西一和西二两条跑道建设了LED进近灯、跑道灯和滑行道灯。除选用LED替代卤素灯作为助航灯光外，西一、西二两条跑道和东一、北一跑道的灯光系统相似，均设置灯光站为助航灯光系统供电，设置灯光运行维修管理中心作为整个助航灯光系统的监控中心和设施设备维修中心，设置助航灯光计算机监控系统、灯光变电站和塔台对整个机场助航灯光系统进行控制、监视、维护、管理（图6-20），设置监控系统满足高级地面引导及控制系统的要求。

图6-20　助航灯光计算机监控系统

6.3.3 全LED助航灯光跑道

大兴机场在国内率先建成两条LED灯光跑道，成为国内首个LED助航灯光跑道机场（图6-21）。单条LED光源跑道助航灯光日均能耗降低至600kW·h，较传统光源降低近30%，二氧化碳的

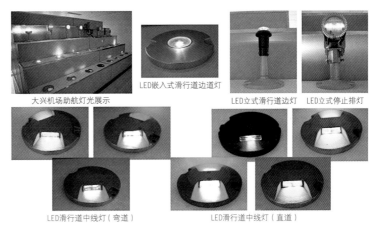

大兴机场助航灯光展示　　LED嵌入式滑行道边道灯　　LED立式滑行道边灯　　LED立式停止排灯

LED滑行道中线灯（弯道）　　　　LED滑行道中线灯（直道）

图6-21　飞行区部分LED灯具

排放量每年减少237t。

　　LED灯具的采购成本会超过卤素灯具的采购成本，但是由于光效高、寿命长，每年的能源消耗成本和维护成本远低于卤素灯具。据测算，一条3 600m长、50m宽的一类跑道使用LED作为助航灯光，2年后总成本就低于卤素灯，按照5年的设备周期，最终的总成本能够大大降低。

　　大兴机场全LED助航灯光跑道，在降低能耗的同时节省了长期运营成本，取得了良好的环境、经济效益；通过实践证明了LED技术已足够成熟，可满足机场跑道助航灯光的使用需求，为行业进一步全面推广LED助航灯光提供了借鉴参考。

6.4　一体化的机场智慧能源管理平台

6.4.1　能源精细化管理需求

　　机场能源的精细化管理微观上是机场主体的管控诉求，宏观上是行业调控与管理需要。

　　对机场而言，机场系统及设备种类繁多、分散，运行复杂，且行政划分相互独立，管控难度大，以往机场的能源计量水平远远低于实际能源管理的需要，有些计量表具配备情况不符合标准要求，有些即使设置了计量器具，也难以确定其计量的范围，通常机场可以掌握整个航站楼的用能量，但具体分项往往不得而知，其他区域则常常需要从冷热量、用电、用气等具有收费计量的端口进行粗略推算，导致机场无法根据准确的能耗分项数据找到能耗的核心问题，挖掘节能潜力并制定切实有效的节能策略，严重制约了机场绿色运行水平的提升。

　　从行业来看，为了引导航站楼节能，规范机场能源管理，行业分别发布了《民用机场航站楼能效评价指南》MH/T 5112—2016和《民用机场能源资源计量器具配备规范》MH/T 5113—2016，以统一机场能源管理架构和能效指标，我国机场能源管理工作逐渐步入精细化、系统化阶段，促进行业节能减排工作向快、向好发展。

　　大兴机场作为绿色机场建设的先驱者和引领者，既要积极落实行业关于绿色发展的最新要求，也要结合自身需要进行超前规划，率先实施创新应用，以带动行业绿色机场发展。为此，大兴机场将"全场实现独立分项二级计量100%，航站楼等重要建筑实现用能、用水三级计量"的指标要求纳入绿色机场指标体系之中，并着手开展智慧能源管理平台的规划建设。

6.4.2　智慧能源管理平台建设

大兴机场智慧能源管理平台设计时参考了国家相关技术标准，包括《国家机关办公建筑和大型公共建筑能耗监测系统分项能耗数据采集技术导则》（建科〔2008〕114号）、《国家机关办公建筑和大型公共建筑能耗监测系统分项能耗数据传输技术导则》（建科〔2008〕114号）、《国家机关办公建筑和大型公共建筑能耗监测系统软件开发指导说明书》（建办科函〔2009〕70号）、《智能建筑设计标准》GB 50314—2015等，并在此基础上，结合大兴机场能源管控的需求，明确了系统的建设目标：建立一个集运行状态监视、能耗和产能数据统计分析、运行趋势预测、运行效率评估和辅助决策等功能为一体的综合型运行数据共享、协调的能源管理平台，为大兴机场能源运行优化提供动态数据支持，为应急保障提供相关基础信息。

在该建设目标的引导下，大兴机场能源管理系统设计以对用能情况实行分类、分项计量的重点原则，以用电计量时实现总量及分项、分户计量，用水、用热部分实现总量及分户计量，航站楼等旅客重点场所室内环境实现实时监测为具体目标，详细研究了平台的系统架构，最终采用集中管理、分散布置的模式和分层、分布式系统结构。

大兴机场智慧能源管理平台在功能设计上，根据相关技术标准及运行需求，制定了涵盖17个方面的功能模块，包括基于大数据的能源指标动态管理、系统监控、能源在线监测、生产运营监测、能源统计分析、负荷预测、能量平衡、能效对标、排名公示、在线调度、设备管理、日志管理、GIS系统、气象信息共享、诊断分析、基础信息库、数据接口等。

其中在能源在线监测功能方面，系统设计实现了能源全流程监控，在能源输入侧（生产侧）实现电、水、燃气的输入总量监控以及热力、制冷等能源生产转换监测。在能源消费侧统计分析各建筑物或者机构、各个系统及设备的用能情况，并可按照建筑、机构等层次结构进行能耗的分级统计，整体实现了能源从输入侧（生产侧）到消费侧的全流程监控（图6-22）。

在能源指标动态管理功能方面，为挖掘节能潜力，压实机场单位及部门节能减排责任，系统设计嵌入了节能减排指标管理功能，机场能耗管理部门可依据用能单位能源统计数据，计算其总能耗、单位面积能耗、人均能耗等指标，根据实际情况科学设定和指定各用能单位的节能考核指标，实现机场节能减排工作的落实落细。

在能源在线调度方面，大兴机场具有能源种类繁多、能源用途多样的特点，其能源供应、存储及消耗的管理是个复杂的难题。针对该问题，系统设计时利用计算机技术和现场能耗计量设备组成一个综合的能源管理网络，建设了EMS（Energy Running Network Monitoring System，能源运行网络监控系统），将用能化繁为简，实现了现代化机场在能源方面的科学化管理和智能调度，取代了原始的人工能耗统计和能源配给。与此同时，系统设计还嵌入了大数据计算模型，利用大数据计算分析可实现能源系统的节能、经济运行。系统

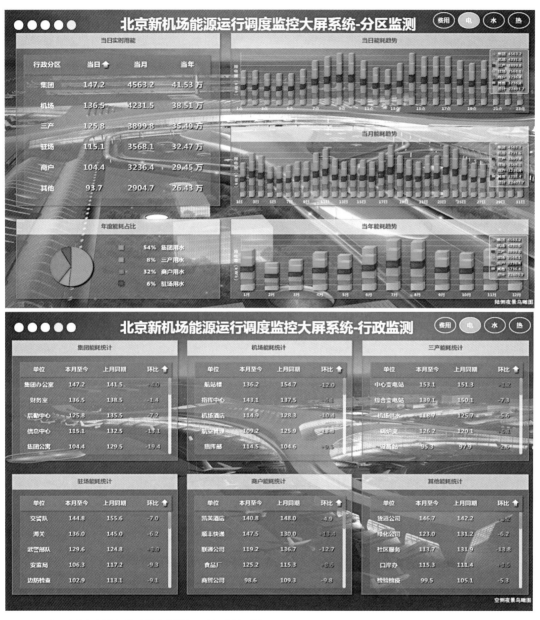

图6-22　大兴机场智慧能源管理平台能耗分区分级监测示例

可在节能和经济两种运行方式中自由切换：以供热系统为例，机场供热系统采用地源热泵、烟气余热热泵和燃气锅炉供热，当选择节能运行时，优先采用地源热泵供热；当选择经济运行时要先计算末端负荷，再依据负荷分析热泵电力转换和锅炉燃气转换哪种方式运行更经济，再决定采用哪种供暖方式，有效提升了机场能源的精细化管理水平。

在负荷预测方面，系统可协助能源供给侧实施精准的负荷预测，根据气象预报以及生产负荷、换热站运行参数、用户室内温度等影响参数的实时监测数据，对未来三天至一周的全网热负荷消费需求进行客观的预测，从而对热源实时生产优化调度起到数据支撑作用。同时，协助能源配给侧实施分时分区控制，将航站楼根据功能定位划分成不同区域，通过对区域内旅客密度、空侧门状态、陆侧门状态、航班信息、出入境旅客数量等核心信息的实时采集，制定区域能源供应策略，实现能源供应分区调控。此外，还可根据旅客进出港路径优化，实施航班联动控制，调控楼宇照明模式，真正实现按需供能。

在能效对标功能方面，机场可利用系统的分析功能实现机场区域、设备运行指标的多种对标，包括限额对标、先进值对标、同比变化对标、竞争性对标、行业对标、国家对标等，明晰机场整体能耗水平，挖掘节能潜力，突破节能瓶颈。

6.4.3 智慧能源管理平台

大兴机场通过创建智慧能源管理平台（图6-23），整合了供热、制冷、供水、污水、中水、雨水、燃气、电力、管廊等系统的重要生产数据，实现了能源系统运行状态监视、数据统计分析、趋势预测、效率评估和辅助决策等功能，为机场能源运行优化提供了动态数据支持，为应急保障提供了相关基础信息，大幅提升了大兴机场能源管理的智能化水平和科技含量。

图6-23 大兴机场智慧能源管理平台

大兴机场智慧能源管理平台形成了八大亮点：一是实现多能源全流程监控和节能减排指标管理；二是实现综合能源智慧调度；三是实现机场能源分时分区按需供能；四是实现机场从能源需求分析、指导、运行、统计到维修全链条的能源精细化管理；五是17个模块全面满足能源管理需求，通过软件对能耗设备的实时监测、对数据的诊断处理、对运行参数的诊断评估，建立了对能源系统能效信息完整的评估和考核体系；六是强化信息交互，实现系统高效稳定运行；七是运用"互联网+"创新模式，提升供能水平，充分发挥互联网在能源管控、资源配置中的优化和集成作用；八是研发移动式终端，助力高效便捷管理，系统在移动端实现包括巡检、运维、报警等所需的监控功能。

大兴机场智慧能源管理平台建设，大幅提升了机场能源管控的基础能力，为大兴机场绿色运行提供了强有力的支撑工具，同时平台建设的成功经验也在编制行业标准《民用机场智慧能源管理系统建设指南》MH/T 5043—2019的过程中发挥了积极作用，为行业其他机场提升能源管理手段提供了借鉴案例，发挥了示范引领作用。

第 7 章

绿色建筑实践者

　　绿色建筑是将可持续发展理念与建筑业有机结合的产物，长期以来一直是我国城乡建设中践行绿色发展理念的重要基础和抓手，也是国家推动绿色发展过程中支持和鼓励的行动举措之一。大兴机场以推动全场绿色建筑建设、打造绿色节能双认证航站楼以及推广应用绿色建筑技术作为重要着力点，有效提升了大兴机场建筑的绿色品质和性能，率先在机场行业完成了绿色建筑单体向区域发展的新探索，为机场绿色建筑发展提供了生动的实践案例。

7.1 全场绿色建筑策划与管控

7.1.1 机场主体绿色建筑

2013年，国家发展改革委、住房城乡建设部两部委共同出台《绿色建筑行动方案》（国办发〔2013〕1号），对"十二五"期间新建建筑以及既有建筑的绿色行动提出了量化目标："十二五"期间，全国完成新建绿色建筑10亿m^2；到2015年末，20%的城镇新建建筑达到绿色建筑标准要求。为达到该目标，行动方案聚焦公建设施领域，要求单体建筑面积超过2万m^2的机场、车站、宾馆、饭店、商场、写字楼等大型公共建筑，自2014年起全面执行绿色建筑标准。

为响应国家关于绿色建筑推广的政策要求，大兴机场综合考虑国家和北京市绿色建筑综合发展进程，秉承高标准建设、高质量发展的建设要求，决定将大兴机场建设成为首个全面实施绿色建筑整体规划的机场园区，并在绿色建设指标体系中明确了"机场区域内所有建筑必须满足北京市绿色建筑设计标准，绿色建筑比例为100%，其中旅客航站楼及综合换乘中心、核心区所有建筑、办公建筑、商业建筑、居住类建筑、医院建筑、教育建筑等七类建筑均为三星级绿色建筑"的绿色建筑规划要求。

大兴机场在各功能区的绿色专项设计任务书中均对绿色建筑提出了具体要求，统筹推进绿色建筑实施。具体要求详见表7-1。

大兴机场绿色设计任务书中关于绿色建筑的相关要求   表7-1

绿色专项设计任务书	绿色建筑要求
《北京新机场控制性详细规划绿色设计任务书》	机场区域内所有建筑应满足北京市绿色建筑设计标准，绿色建筑比例为100%，其中三星级绿色建筑比例超过20%、二星级以上绿色建筑比例不低于65%，航站楼获得绿色建筑三星级设计、运行标识
《北京新机场航站楼工程绿色设计任务书》	航站楼应达到国家绿色建筑三星级标准
《北京新机场生产辅助及办公设施工程绿色设计任务书》	生产辅助及办公设施工程中的有关建筑应达到国家和北京市的绿色建筑标准，绿色建筑比例100%，其中，航站楼前核心区内所有建筑，工作区内所有办公、商业、居住、医院、教育等类建筑，均应力争达到三星级要求

续表

绿色专项设计任务书	绿色建筑要求
《北京新机场货运区工程绿色设计任务书》	货运区建筑应满足绿色建筑二星级（含）以上要求 货运区办公建筑应满足绿色建筑三星级要求
《北京新机场公务机楼工程绿色设计任务书》	公务机候机楼满足绿色建筑三星级要求
《北京新机场航空食品配餐工程绿色专项设计任务书》	航食配餐楼应满足《绿色建筑评价标准》GB/T 50378—2014中不低于一星级的要求

      最终，大兴机场实现全场建筑项目按照建筑面积计算，一星级绿色建筑比例100%，三星级绿色建筑比例超70%，在全国同等尺度园区建设中尚属首例，远超国家《绿色生态城区评价标准》GB/T 51255—2017中"绿色建筑三星级达到50%以上"的指标要求（表7-2）。

大兴机场绿色建筑实施情况   表7-2

序号	名称	面积（m²）	绿色星级
1	航站区建筑	1 411 816	三星级
2	机场能源中心	23 320	二星级
3	ITC、AOC	60 273	一星级
4	行政综合业务设施和工程档案、展示馆	69 116	三星级
5	机场轮班宿舍、生活服务中心、职工宿舍	66 000	三星级
6	工作区物业工程	8 969	一星级
7	工作区车辆维修中心工程	9 925.2	一星级
8	安防中心	28 608	三星级
9	公安用房	22 035	三星级
10	航站区派出所	4 880	一星级
11	消防训练中心	2 463	一星级
12	急救中心	6 612	三星级
13	武警用房	16 600	三星级
14	业务用房	24 105	三星级
15	旅客过夜用房	50 000	三星级
16	公务机楼、附属用房、塔台	9 432	三星级
17	包机楼	2 050	三星级
18	货运综合业务楼	50 450	三星级
19	临空高指向性企业用房	48 985	三星级
20	教育科研基地	132 555	三星级

7.1.2 驻场单位绿色建筑

大兴机场绿色建设是一项全场性、全局性工作，绿色发展理念是全场所有参建单位的共同指导思想。为营造全场绿色建设氛围，齐心协力、共同推动大兴机场绿色建设总体目标的顺利实现，大兴机场向各驻场单位发布了《关于共同推进大兴机场绿色建设的函》和《北京新机场驻场单位绿色建设要求》，在其中明确了关于全场绿色建筑规划的相关要求——"全场绿色建筑100%，红线内所有建筑均应达到《绿色建筑评价标准》GB/T 50378—2014一星或以上等级要求。航站楼前核心区内所有建筑达到绿色建筑三星级要求；工作区内所有办公、商业、居住、医院、教育等类建筑均应达到绿色建筑三星级要求"。

大兴机场驻场单位大力配合绿色建设工作，通过规划、设计、建设阶段的不断努力，最终全面满足全场绿色建筑星级规划的要求，体现了大兴机场"统一管理，共同实施"的建设原则，共同推进了全场绿色建筑星级规划目标的顺利实现（表7-3）。

驻场单位绿色建筑实施情况　　　　　　表7-3

序号	名称	面积（m²）	绿色星级
南方航空			
1	南航基地航空食品设施项目	69 380	二星级
2	南航基地生产运行保障设施车辆维修及勤务区项目	25 960	二星级
3	南航基地生产运行保障设施单身倒班宿舍项目一期	216 900	三星级
4	南航基地运行及保障用房项目（Ⅰ期）	364 543	三星级
5	南航基地运行及保障用房项目（Ⅱ期）（待建）	137 957	三星级
6	南航基地项目货运区工程	80 760	二星级
7	南航基地机务维修设施项目	200 653	二星级
东方航空			
1	东航基地项目航空食品及地面服务区一期	62 782	二星级
2	东航基地核心工作区项目	162 705	三星级
3	东航基地生活服务区一期工程	72 911	三星级
4	东航基地项目货运区工程	76 587	二星级
5	东航基地机务维修及特种车辆维修区一期工程	154 830	二星级
政府口岸办			
1	海关国检综合办公楼项目	94 131	三星级
2	国检口岸疾控中心项目	10 178	三星级
3	边检项目	65 842	三星级

7.1.3   绿色建筑实践成果

绿色建筑的全场实践是大兴机场打好全场绿色基础的重要保障，大兴机场绿色建筑实践通过科学系统的策划、坚决缜密的实施、全面统筹的管理，克服了管理、技术、资金等多方面的种种困难，最终实现了最初的规划设想，大兴机场在成为名副其实的绿色建筑实践者的同时，为大兴机场绿色运行打下了良好的基础。

大兴机场作为国内首个通过顶层设计、全过程研究实现内部建筑全面绿色的机场，最终以三星级绿色建筑比例超过70%的成绩超额实现既定目标，为绿色建筑在机场行业的推行，为行业绿色机场建设发挥了重要的示范作用。一方面为其他新建机场提供了借鉴案例；另一方面，全场绿色建筑指标纳入《绿色机场规划导则》AC-158-CA-2018-01、《绿色机场评价导则》(在编) 等行业绿色建设标准之中，推动了行业的绿色发展。

7.2   国内首个绿色节能双认证的航站楼

在绿色建筑全面推广的过程中，机场航站楼作为大型公共建筑成为机场行业推动绿色发展的重点。2012年5月，昆明长水机场航站楼和能源中心荣获三星级绿色建筑设计标识，成为首个获得三星级绿色建筑设计认证的航站楼。为了实现"绿色建筑实践者"目标定位，大兴机场决定将航站楼的绿色建设作为主要抓手，推动全场绿色建筑规划目标的实现。

7.2.1   航站楼绿色建筑设计方案优化

为推进机场航站楼的绿色建设并达到三星级要求，大兴机场统筹设计单位与研究单位开展了绿色航站楼设计的研究工作，将"瞄准三个第一"作为航站楼的绿色设计目标——"第一个按照《绿色建筑评价标准》GB/T 50378—2014最高要求（三星）进行设计的航站楼；第一个按照《公共建筑节能标准》DB 11/687—2015的要求进行设计的航站楼，建筑节能目标不低于65%；力争成为第一个同时获得绿色建筑三星级与节能建筑'AAA'级认证的航站楼"。

与此同时，根据绿色设计目标确立了航站楼绿色设计思路：采用"减少、替代、提升"的三步策略，重点从建筑围护结构、暖通系统、设备与照明、可再生能源利用、自然采光、自然通风、非传统水源利用、室内环境等方面进行综合优化提升，综合采取创新型节能举措，促使航站楼绿色设计符合绿色建筑与节能建筑标准。实施的具体优化举措如图7-1所示。

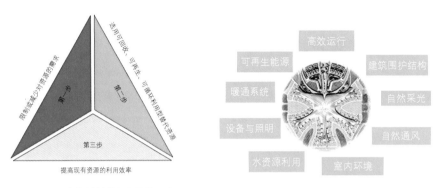

图7-1　大兴机场航站楼绿色设计思路

（1）建筑围护结构：为降低建筑能耗负荷，大兴机场开展了航站楼围护结构的专项研究，最终创新性地采用了双层屋面系统和超低能耗的围护结构。通过对屋面、外墙、幕墙、开窗等外围护结构的集成优化设计，实现传热系数比《公共建筑节能设计标准》DB 11/687—2015的要求进一步提升20%，幕墙遮阳系数提高12.5%。屋面夏季实测上下表面温差达到10℃，利用DEST软件进行全年能耗模拟得出全年能耗为参照建筑的96.95%（图7-2、图7-3）。

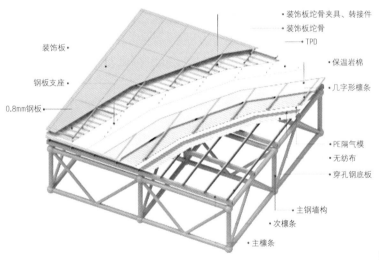

图7-2　大兴机场航站楼屋面构造

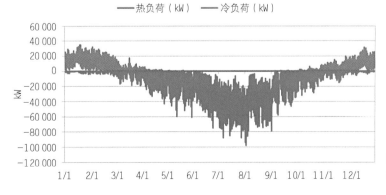

图7-3　大兴机场航站楼年逐时负荷曲线变化图

（2）暖通系统：为降低建筑空调能耗，航站楼设计时将高度控制在50m，以减少高大空间上部能源损失，并采用分层空调技术，仅对人员活动区域加热和制冷；为减小输配距离、降低输配能耗，供冷站设计时将制冷站置入停车楼，充分靠近负荷中心；为降低一次投资和运行费用，设计时充分利用冰蓄冷供水温度低的特点，将空调水系统供回水温度设置为4.5℃/13.5℃，按9℃大温差运行；为降低电力输配过程的损耗，设计时将高压配电房深入负荷中心，同时采用高效变配电设备；在安检、联检及行李提取区域采用对流与辐射相结合的空调系统形式，即除配置常规的全空气空调系统外，还设置吊顶辐射板供冷系统作为常规空调系统的补充，以应对这些区域人流波动大、瞬时人流密度较高的情况，将辐射系统作为部分基础空调系统，常规空调系统采用变风量运行，减少常规空调系统的容量，以期达到节能及改善局部区域热舒适度的目的。

（3）设备与照明：为减少照明能耗，航站楼设计时采用了下射反射结合的照明系统，对吊顶的反射率要求由常规白色氟碳喷涂的85%提升至95%，经过调查研究，选择了采用高漫反射预辊涂铝卷作为面层制作蜂窝复合板的方案，实现更好的光下射反射效果。此外，在航站楼照明设计中全面应用LED光源，降低照明系统整体能耗（图7-4）。

（4）可再生能源利用：为提升可再生能源利用比例，机场在停车楼屋面采用光伏发电系统为停车楼及航站区供电，安装容量2 000kW。安装初期年发电量可达245万kW·h。按照光伏板寿命25年并考虑一定的效率，降低年平均发电量可达215万kW·h，总发电量达5 375万kW·h。北部2个指廊屋面共计安装536块2m²太阳能集热板。

（5）自然采光与自然通风：为充分利用天然光和自然通风，设计时开展了集成优化被动式设计，利用BIM技术对自然采光进行分析，设计天窗布局，从而使室内充分利用自然光线（图7-5）。过渡季节充分自然通风，经过机场噪声实测和传声原理分析，在指廊多处设置了中庭，且在一层四周设置百叶窗口为进风口，屋顶侧窗和天窗的风口作为排风口，形成有效的热压通风效应，通过自然通风策略使指廊自然通风换气次数达到5次/h（图7-6）。

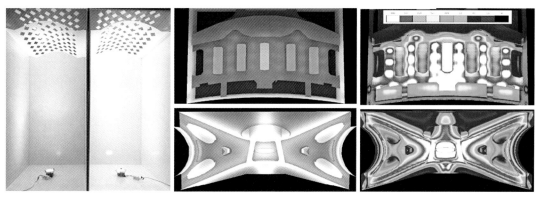

图7-4　高漫反射材料与普通白色铝板照明对比与航站楼室内照明模拟分析

室内自然采光模拟　　　　　航站楼天窗布局

带状天窗　　　　　点式天窗　　　　　中央天窗

图7-5　航站楼室内自然采光模拟分析及天窗布局

（6）非传统水源利用：为提升非传统水源的利用，设计方案在C、G指廊地下结构空间内分别设置雨水利用水池（每个水池容积为6 000m³，共计12 000m³），收集航站楼陆侧屋面雨水，收集后净化处理用于制冷站冷却塔补水和航站楼各指廊庭院绿化用水，减少对城市供水需求，实现非传统水源利用率38.7%，年节约64.7万t水，相当于北京市5 500人一年的生活用水（图7-7）。

（7）室内环境：为提升室内光环境的

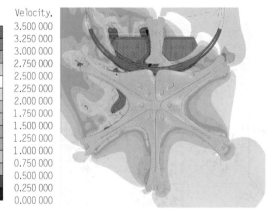

图7-6　航站楼夏季室外风环境模拟

同时保障室内热湿环境，大兴机场在航站楼大型采光顶的设计中，根据多方位、多角度模拟优化，设计了中置遮阳的参数化形式，减少了采光情况下直射阳光的进入，更好地实现了遮阳与采光的双重效果，夏季综合工况直射光遮挡率59%，采光系数折减率37%（图7-8）。

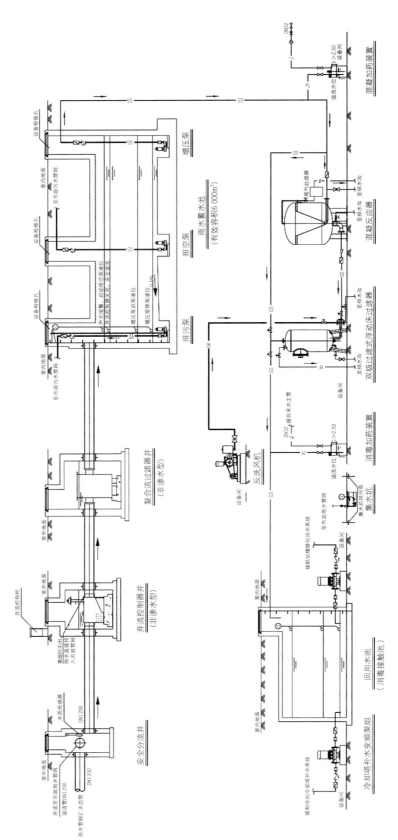

图7-7 航站楼雨水收集池处理工艺流程图

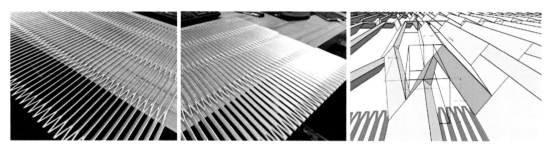

图7-8　航站楼中置遮阳网

7.2.2　航站楼绿色建筑评价

以"打造首个获得绿色建筑三星级、节能建筑AAA级的航站楼样板"为目标导向，大兴机场要求设计单位在航站楼设计过程中，参照《绿色建筑评价标准》GB/T 50378—2014和《节能建筑评价标准》GB/T 50668—2011，开展航站楼绿色建筑和节能建筑自评价工作，不断校核航站楼设计方案能否满足控制项要求和评价总分要求，并保证一定冗余度，以确保绿色建筑三星级和节能建筑AAA级的顺利实现。最终，在绿色建筑评审中以总分89.60分（要求不低于80分），在节能建筑评审中以一般项数达标39项（要求不少于30项）、优选项数达标18项（要求不少于14项）的成绩，顺利通过评审（表7-4、表7-5）。

大兴机场航站楼绿色建筑三星级评分表　　　　　　表7-4

	评分项（共100项）					创新	总分
	节地与室外环境	节能与能源利用	节水与水资源利用	节材与材料资源利用	室内环境质量		
	共100分	共100分	共100分	共100分	共100分	共10分	110分
申报星级达标要求(分)	40	40	40	40	40	—	89.60
可得分	70.00	86.00	78.00	62.00	73.00	5.00	
不参评得分	4.00	0	10.00	26.00	20.00	0	
折算得分	72.92	86.00	86.67	83.78	91.25	5.00	
权重	0.16	0.28	0.18	0.19	0.19	1	

续表

	评分项（共100项）					创新	总分
	节地与室外环境	节能与能源利用	节水与水资源利用	节材与材料资源利用	室内环境质量		
	共100分	共100分	共100分	共100分	共100分	共10分	110分
主要应用技术	·交通方便； ·公共服务设施共享； ·合理规划地表径流； ·屋顶绿化	·采用效率高的空调系统； ·供暖、通风和空调能耗降低23.86%； ·可再生能源供电量比例达到3.79%	·一级节水器具； ·按用途设置用水计量； ·收集雨水满足绿化灌溉、道路浇洒和车库冲洗	·公共部位土建与装修一体化设计； ·100%采用预拌混凝土与砂浆； ·采用高强度钢	·具有良好的视野； ·可调节空调末端； ·设置CO_2监测装置并与新风联动； ·气流组织合理	·一级节水器具； ·安装PM2.5装置； ·采用效率高的空调系统； ·采用BIM技术； ·采用资源消耗少的结构体系	

大兴机场航站楼节能建筑AAA级评分表　　　　　　　表7-5

等级	一般项数							
	建筑规划（共5项）	围护结构（共8项）	暖通空调（共15项）	给水排水（共6项）	电气与照明（共12项）	室内环境（共4项）	运营管理（共8项）	一般项数（共58项，折算后3A要求达标30项）
A	2	2	4	2	3	1	3	
AA	3	4	6	3	5	2	4	
AAA	4	6（3）	10（9）	4	8	3（2）	6（0）	
达标情况	4项达标	4项达标，3项不参评	14项达标，1项不参评	6项达标	9项达标	2项达标，1项不参评	设计阶段不参评	39
等级	优选项数							
	建筑规划（共3项）	围护结构（共6项）	暖通空调（共14项）	给水排水（共2项）	电气与照明（共4项）	室内环境（共2项）	运营管理（共3项）	优选项数（共34项，折算后3A要求达标14项）
A	6（4）							
AA	12（9）							
AAA	18（14）							
达标情况	2+2+7+2+3+2=18 围护结构2项不参评，暖通1项不参评，电气1项不参评，运营管理3项不参评							18
结论	一般项数达标39项，要求30项；优选项数达标18项，要求14项。其中围护结构优选项达标2条，折算达标要求2条；暖通空调优选项达标7条，折算达标要求3条；电气与照明优选项达标3条，折算达标要求1条。综上所述，项目达到AAA标准要求							

7.2.3 绿色航站楼建设成果

通过大兴机场、航站楼相关设计单位以及研究单位的共同努力，大兴机场旅客航站楼及停车楼工程于2017年9月11日获得三星级绿色建筑设计标识，于同年9月18日获得节能建筑AAA级设计标识，成为国内单体体量最大的绿色建筑三星级项目和首个通过节能建筑AAA级评审的建筑，树立了绿色节能全新标杆（图7-9、图7-10）。

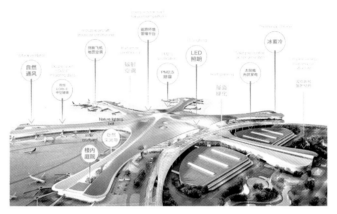

图7-9　大兴机场三星级绿色建筑设计标识证书与AAA级节能建筑设计标识证书　　图7-10　大兴机场航站楼绿色建设

7.3 适宜的绿色建筑技术应用

大兴机场在全面推广绿色建筑的过程中，结合机场特点和绿色建筑技术的推广要求等，在航站楼及其他场内建筑的规划和建造中创新性地运用了搪瓷钢板、中置铝网遮阳玻璃、单屋面系统、BIM信息管理等一系列绿色建筑技术，取得了良好的应用效果，为国内后续其他航站楼及大型公共建筑的建设提供实际案例和参考。

7.3.1 冰蓄冷

冰蓄冷技术起源于20世纪初的美国，其基本原理是将谷电制备的冷量通过冰介质储存起来，并在峰电段释放，满足或部分满足空调冷负荷的要求（图7-11）。该技术到20世纪80年代才得到广泛的推广应用，目前已成为国际上很多发达国家解决电网供电压力不平衡的重要手段。

在国内，随着现代化的飞速发展，城市峰谷电用量差距不断拉大，调峰问题日益加剧，同时随着国家对大气污染防治的重视，煤改电的实施范围和力度不断增大，这为冰蓄冷技术的发展应用提供了客观条件，冰蓄冷技术已在相关领域得到广泛应用（图7-11）。

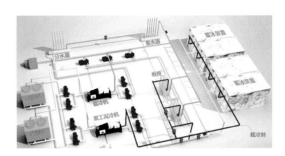

图7-11　冰蓄冷系统原理图

对于机场而言，能源系统运行面临节能和经营成本的双重压力，机场能源系统的规划设计重点也是实现节能性与经济性的统一，而冰蓄冷技术在节约能源费用、均衡能源供需关系的优势，与机场的诉求不谋而合。此外，其在优化资源配置、保护生态环境等方面发挥的作用，也将进一步促进绿色机场建设的发展。

大兴机场在航站楼制冷站的规划设计中，根据航站楼昼夜负荷梯度较大的负荷特性，综合考虑北京地区分时电价政策、冰蓄冷系统与水蓄冷、常规电制冷系统对比的经济性分析结果，最终采用了部分蓄冷的策略。基于《北京新机场能源整体解决方案》中提出的冷源应尽可能靠近负荷中心的原则，大兴机场在前期规划论证中，提出并确定将冰蓄冷装置设置于航站楼东、西两侧停车楼B2层，以最大限度地减少冷媒输送距离。

大兴机场航站楼制冷站（图7-12、图7-13）总装机容量28 000Rt，采用双工况制冷主机上游串联的内融冰冰蓄冷方式。制冷站蓄冷装置总蓄冰量为91 200Rt·h。制冷系统能实现主机蓄冰、主机蓄冰同时供冷、主机单独供冷、蓄冰装置单独供冷及联合供冷共5种工况（图7-14）。

为了进一步降低系统输送能耗，设计单位在制冷站设计时考虑降低冷冻水系统的设计流量，加大冷冻水系统供、回水温差。与常规冷冻水系统设计供、回水温度7/12℃的5℃温差制冷系统不同，大兴机场制冷系统的冷冻水设计采用4.5/13.5℃的9℃大温差运行，降低了系统运行流量，节省了50%以上的输送能耗。

大兴机场制冷站设计选择采用内融冰蓄能系统，较常规电制冷系统不仅减少了制冷及电

图7-12　大兴机场航站楼制冷站制冷机房

图7-13　大兴机场航站楼制冷站监控室

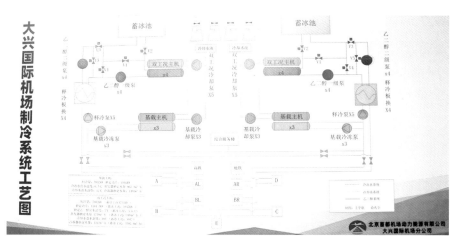

图7-14 大兴机场航站楼制冷站制冷系统工艺图

气设备的装机容量，同时可以节约运行费用，体现了绿色经济的设计理念，也为航站楼绿色建筑三星级认证目标的达成贡献了力量。

7.3.2 辐射空调

辐射空调作为一种新型空调技术，相比传统空调技术而言，其换热效率高、节能环保、舒适性好的优势特点已被国内外许多研究所证实。鉴于该技术节能、舒适性高的特点，大兴机场在航站楼空调系统设计中局部应用了该技术，并在飞行区建筑开展了进一步的探索应用。

辐射空调系统主要是以顶板为辐射表面,通过辐射与对流的方式与室内进行热、湿交换，其中辐射换热量达50%以上。由于辐射顶板无法解决房间的通风换气问题，因此其通常与通风设备结合使用。为防止顶板结露，通风设备还承担必要的除湿任务，同时实现室内温湿度独立控制。

大兴机场在飞行区综合服务楼空调系统的规划设计中，经过多番研究与论证，采用了地源热泵—辐射吊顶空调系统（图7-15）。冷热源采用地源热泵技术，通过输入少量的高品位

图7-15 大兴机场飞行区综合服务楼辐射吊顶板

能源实现低品位热能向高品位热能转移，夏季供应7/12℃的供回水，冬季供应45/50℃的供回水。空调系统末端采用低温吊顶辐射板和新风技术，实现自动控制且房间单独控制的同时，夏季可直接采用地源热泵系统提供的7℃冷水和45℃热水，显著降低了所需空调、供暖水的品位，完美契合了地源热泵系统低品位能源的消纳需求。地源热泵系统与低温吊顶辐射板的结合使用具有高效节能、稳定可靠、无环境污染、一机多用、维护费用低、使用寿命长、节省空间、实现了水资源的循环利用等特点，较传统空调节能40%以上，实现了更高的节能效果。

目前，该系统在大兴机场投运后已经经过两个夏季和两个冬季的运行，夏季最热天和冬季最冷天只开1台主机，且主机负载率只有75%，即可满足使用需求，运行能耗显著低于设计能耗值（50%以上），具有显著的节能效益。此外，为深入研究该系统的节能机理和效果，大兴机场已启动实施"低温吊顶辐射空调系统的全年运行监测与节能评估"科研项目，并获得首都机场集团公司科研经费资助。课题将对该系统的运行和节能情况开展进一步评估，并为大兴机场后续建设项目推广应用该技术提供借鉴和指导。

7.3.3 绿色建材

绿色建材是指在全生命周期内可减少对天然资源消耗和减轻对生态环境影响，具有"节能、减排、安全、便利和可循环"特征的建材产品。自20世纪90年代全面展开绿色建材研究以来，我国绿色建材技术研发、应用和推广取得了一定的成果，绿色建材的理念也备受关注。《建筑节能与绿色建筑发展"十三五"规划》（建科〔2017〕53号）对绿色建材提出了具体的目标，即到2020年，城镇新建建筑中绿色建筑面积比重大于50%，绿色建材应用比重大于40%，并要求开展绿色建材产业化示范，在政府投资建设的项目中优先使用绿色建材。

大兴机场作为国家投资建设的重大项目，同时也是绿色机场建设的引领者，积极响应国家对绿色建材推广应用的要求，在建设过程中持续关注绿色建材方面技术和材料的发展，因地制宜地选取了多种类的新型环保建材，推动绿色建材在机场的推广应用。

1. 中置铝网遮阳玻璃

机场航站楼由于体量庞大，往往通过屋面设置玻璃采光顶来改善室内光环境。由于玻璃表面具有换热性强和热透射率高的特点，玻璃采光顶、幕墙已成为机场建筑物热交换和热传导最活跃、最敏感的部位，其墙体失热损失往往是传统墙体的5～6倍。因此，玻璃节能措施至关重要。

采用遮阳措施是航站楼等玻璃幕墙建筑节能设计的必要手段。目前，遮阳的主要方案是

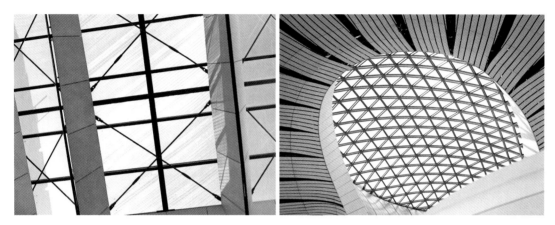

图7-16 大兴机场航站楼中置铝网遮阳玻璃安装效果

在玻璃内侧或外侧设置遮阳装置。内遮阳便于安装，但由于阳光的热量已经进入室内，热工性能较差；外置遮阳装置由于位于室外，其耐候性、抗风性、维护性一直是难以解决的问题。

　　大兴机场航站楼基于舒适性和节能考虑，充分利用天然光，设置了大规模的采光顶，需要开展遮阳设计实现自然采光和节能性的统一。为避免传统遮阳装置的上述问题，大兴机场开展了遮阳产品的广泛调研和研究。在其基础上，最终选取了中置铝网遮阳玻璃产品（图7-16），该产品通过将铝制遮阳网置于中空玻璃空气层中，巧妙地回避了内、外遮阳各自的缺点：遮阳网置于玻璃内，与玻璃一同安装，不增加安装难度；阳光热量只进入中空层，不会直接进入室内；安装后遮阳网与玻璃同寿命，无需维护。

　　在该产品研发应用的过程中，大兴机场设计团队根据北京地区的纬度特点，选取了不同孔隙和宽度的金属网，建立遮阳网、天空和日照模型，进行参数化控制，利用遗传算法对采光顶铝制遮阳网的方向和角度进行了智能优化，有效保证了在60.2%的漫射光进入室内的情况下，只允许37.8%的直射阳光进入室内，找到了遮阳和采光双重因素的契合点，实现了保证遮阳效果的同时让更多的自然漫射光进入室内。

　　根据大兴机场最终应用产品的测试结果显示，航站楼采光顶大面积应用中置遮阳，可以实现夏季综合工况直射光遮挡率59%，采光系数折减率37%。中置铝网遮阳玻璃的应用，帮助航站楼实现了采光与降低辐射的完美平衡，并为大兴机场航站楼绿色建筑三星级的达成提供助力。

2. 搪瓷钢板

　　搪瓷钢板，也称珐琅板，是一种新型的金属装饰板材。搪瓷钢板是在金属表面涂覆了珐琅质釉料后经过约800℃以上的高温烧制，珐琅釉料和金属表面发生了连续的物理和化学反应后形成的一种新的化学键复合体。这层玻璃质釉层牢固地密着在金属的表面，形成了以下优点：

（1）耐久——搪瓷钢板可以保持30年、50年甚至100年的物理和化学属性不发生变化。表现为不变色、不褪色、不失光和不剥落。

（2）防火——A1级不燃。

（3）耐磨——搪瓷钢板釉层的表面硬度达到莫氏硬度6级（蓝宝石硬度9级）。

（4）耐盐耐酸碱——珐琅玻璃质釉层经常用于化工、医药行业进行各种化学试剂合成的

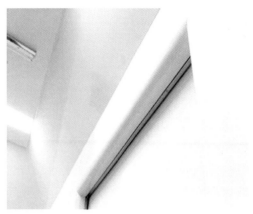

图7-17　搪瓷钢板室内使用效果

反应釜的内表涂层，具有超强的耐盐耐酸碱腐蚀性能。

（5）自洁性能——致密性极高且表面光滑，具有高度自洁功能，表面纳米釉层在户外条件下可以保持建筑物外表免清洗维护，长期保持版面洁净如新（图7-17）。

大兴机场在航站楼墙面装修的选材过程中，通过大量调研发现了搪瓷钢板可以能够保证墙面维持美观的外表形象，同时不受环境的各种侵蚀、光彩夺目的特点，将搪瓷钢板应用于航站楼地下一层墙面及柱面系统中，提升了航站楼装修的室内效果。

3. 单层屋面系统

大型机场航站楼常用金属直立锁边屋面，具有耐久、耐火性能好、易于安装等优点，但其缺点也较为突出，具体表现为：噪声大；长期热胀冷缩后会在直立锁缝以及节点处出现漏点；采光、通风穿出件与屋面板膨胀系数不同，无配套产品及工法能让其长期密闭且冷桥问题严重。大跨度单体应用中，屋面金属导热系数大，且屋面为温度敏感部位，外界温度变化易导致屋面钢板接缝密封材料发生破坏。传统轻钢屋面在天沟檐口防水封堵方面存在问题，如屋面积雪或雨量大时，排水不畅易发生雨水倒灌，导致严重漏水现象等。

而单层屋面系统能够彻底解决传统屋面系统的渗漏水、冷桥结露、噪声、多曲面构造等问题。同时能够减少一层金属防水板，大大节省屋面材料用量和造价。

单层柔性屋面系统是相对于叠层和多层系统，采用单层柔性防水层的屋面系统。目前多用的单层柔性防水层多以PVC（聚氯乙烯）、TPO（热塑性聚烯烃类）、EPDM（乙丙防水卷材）等高分子防水卷材。单层柔性防水层的屋面系统，通常包括结构层、隔气层、保温层、防水层等屋面层次。采用机械固定、满粘或空铺法等不同方式将各层次依次结合起来。

大兴机场航站楼设计中，在采光顶天沟部分采用了单层屋面构造，选用了TPO防水卷

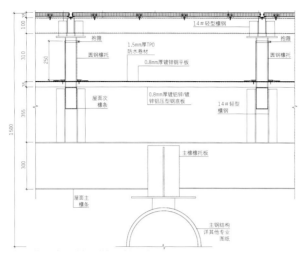

图7-18 大兴机场檐口部分单层屋面加装饰板构造

材，人工加速老化时间可达6 000h以上，相当于自然状态下使用25年以上。同时，在出挑檐口部位，采用了单层屋面加装饰板的构造形式，有效避免了屋面渗漏水等问题（图7-18）。

7.3.4 BIM信息管理

BIM是将建筑本身及建造过程三维模型化和数据信息化，这些模型和信息在建筑的全寿命期中可以持续地被各个参与者利用，通过三维可视化、数字化信息、协同工作平台实现对建筑和建造过程的控制和管理。近年来，BIM技术在绿色建筑的发展过程中逐步得到应用，对于机场建筑而言，其功能更为复杂、过程管理要求更高，BIM技术的优势特点完美匹配了机场建筑的建设诉求，为机场建设管理提供了工具支撑。

大兴机场是国内首次实现航站楼大规模全面应用BIM设计与施工技术的机场。面对航站楼工程项目复杂、协作方众多、工程质量要求高的工程特点，大兴机场在大兴机场建设前期阶段进行了深入的思考，最终鉴于BIM技术的直观性好、数据信息量大、可以做设备与管线的碰撞检测、能为施工及机场运营后的维护工作提供支撑等优点，决定采用BIM技术实施设计与施工管理。

在规划设计阶段，大兴机场将使用BIM技术写入设计招标要求之中，要求设计单位在提供设计图纸的同时，建立相应的BIM模型。大兴机场航站楼构型复杂，充满了形状不一的曲面结构，航站楼在建筑和结构设计中采用了BIM设计，实现了大跨度异形自由曲面的建筑外观、结构、内装的一体化设计，通过有效的工程控制实现了高质量的建筑完成度。几何控制是外围护系统工程实现的关键手段。设计团队针对项目研发出一套整合屋面、采光顶、幕墙、钢结构等多专业的全参数化几何定位系统，称为"主控网格系统"（图7-19）。

主控网格在营造建筑空间体验的同时蕴含结构逻辑，以空间定位主钢结构网架球节点为

图7-19　大兴机场航站楼细节三维模型

基础，将异形曲面造型基准面、系统边界划分、构造层次设置等设计信息转译为几何信息，再以数据形式输出，实现对外围护系统的层级控制。屋面装饰板层、直立锁边防水层、檩条布置、主钢结构和吊顶五个屋面主要构造层次统一控制在屋面主网格下，BIM设计使屋面设计系统更集约、高效、精确。

主控网格在底层逻辑上实现了航站楼外围护系统的外观、内装、钢结构的关联整合。系统效率的提升直接作用于29万m²异形曲面屋面系统、32万m²大吊顶系统的构造深化：檩条层主次龙骨得以紧密依托主钢结构整合布置，节省了大量的转换构造；防水层排水分区划分与天沟、虹吸排水系统构造同样在主控网格控制下展开。通过主网格系统的层级深化，可充分发挥产业优势，大量加工环节在工厂完成，编号运输至施工现场，通过数字化测量，定位工具现场装配，高效精确。

在施工建造阶段，为解决传统施工进度管控手段效率低、不直观、容易导致返工现象等问题，本项目将BIM技术应用于施工进度管理。大兴机场协同施工单位将机电工程、钢结构工程和土建工程等施工图用BIM转化为直观立体的三维模型，通过计算分析及碰撞检测，帮助技术和管理人员清晰识别管理重点和确认施工方案的可行性。技术人员在施工队伍进场前就将施工工序、施工标准、工程结果在计算机进行三维模拟，并制作成立体、直观的动画，对施工人员进行全员交底，使其对施工工序一目了然，极大地提高了施工的准确性和效率。以机电工程为例，工程师通过将6 300张机电施工图纸转化为三维立体模型和700张三维深化图，在碰撞检测中共发现了20多万处施工中可能发生的"软硬碰撞"，并及时在施工前予以修改解决，带来的效果是比传统进度管理方式减少了98%以上的返工，降低47%的施工协调量，减少拆改变更费用上千万元。

大兴机场BIM技术的应用，有效促进建造过程的协同，提升了各建筑工程建设的效率和质量，为后续其他机场的建设提供了有益的参考和借鉴。

第 8 章

高效运行引领者

　　机场作为航空运输系统的重要设施，旅客出行服务体验与其运行效率息息相关。通过科学合理设计、运用智慧绿色手段提高运行效率，已成为业界共识。大兴机场从飞行区、航站区的高效运行入手，开展了机场创新型跑道构型的布局优化，低能见度地面运行保障系统和综合交通系统建设有效提升了运行效率。

8.1 全国首创的机场"全向型"跑道构型

8.1.1 跑滑系统规划的影响因素

跑滑系统规划对于机场运行效率、噪声分布等方面具有重要影响。跑道构型是跑滑系统规划的重中之重,跑道构型规划考虑的因素包括预测的交通量、运行类别、地形地貌、空域条件、净空条件、气象条件、与城市和相邻机场的关系、噪声敏感设施分布等。跑道构型是否科学合理直接影响飞行区用地、跑道系统容量、跑道运行方式、运行效率和飞机噪声限制等方面。结合大兴机场运行需求,影响大兴机场跑道规划重点因素如下。

1. 空域条件

北京市对民用飞机空域飞行有范围和高度的禁区限制规定,大兴机场跑道规划需要考虑绕开禁飞区域,且减少空中掉头概率,以免增加距离和燃油消耗。

2. 运营发展

首都机场位于大兴机场东北侧,大兴机场由南向北运行时如使用南北向跑道起飞右转再加入南部航路,受首都机场机动区和进场航线的影响,需较长时间保持低高度飞行,将显著增加燃油消耗,影响运营效益。大兴机场跑道构型及空域规划应符合首都、滨海和正定三大机场整体发展要求,因此需要避开首都机场航路方向。

3. 噪声影响

机场噪声是一个世界性的问题,噪声影响对机场及周边地区是长期存在的。大兴机场周边村镇主要包括庞各庄、榆垡、礼贤、魏善庄、安定五个镇所辖的若干自然村。飞机运行会对周围村镇产生影响。在进行跑道构型规划时，需给予特别关注。

4. 电磁影响

安定变电站是北京城南主要的进京输电节点，其进出线十分密集，包括500kV、220kV、110kV、35kV等十数条高压线，高压线对飞机飞行也有一定的电磁干扰。

8.1.2　侧向跑道构型的确立

为了避免飞机向北起飞或向南降落的不利影响，大兴机场考虑规划侧向跑道，用于单向起飞，使得机场可以全方位地使用空域，而不仅局限于两端，在一定程度上减少了北京市禁区对跑道使用的限制。且北京位于中国北部区域，超过75%的航班都是南来南往的，向南、向西南的航班若使用侧向跑道起飞，避免了从北向绕圈，从而大大减少了终端区内的飞行距离，由此大兴机场侧向跑道规划的想法逐渐清晰。随着规划设计的不断深入，大兴机场通过空地一体化的规划方法，开展了跑道构型结合空中、地面运行比选分析，本期四条、三条跑道全平行构型与含侧向跑道构型运行效率分析，逐步确定跑道构型方案。

1. 跑道构型结合飞机空中运行比选

在跑道构型规划研究过程中，重点对如图8-1所示三种跑道构型进行比选分析，分别为构型A—全平行、构型B—全平行和构型C—全向型。

参考首都机场航班运行统计及预测分析，构型C—全向型与构型A/B—全平行方案相比，在大兴机场主降方向运行时，构型C—全向型方案去往D1（内蒙古）、D2（沈阳、哈尔滨方向）、D4（大连、青岛及日韩方向）和D6出港点（上海、合肥方向）的航班飞行距离均小于构型A和B，分别减少了30.1km和13.6km，离场航迹如图8-2所示。根据航班量预测，考虑大兴机场远期年起飞42万架次，以主降方向运行为例，经粗略估算得出采用构型C全向型方案，起飞离场阶段全年可减少飞行里程约300万km，节省燃油约3万t，减少二氧化碳排放近10万t，因此结合飞机空中运行的考虑，大兴机场选取全向型跑道构型方案。

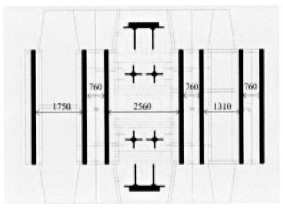

（a）构型A—全平行

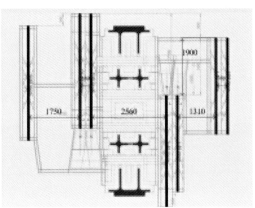

（b）构型B—全平行

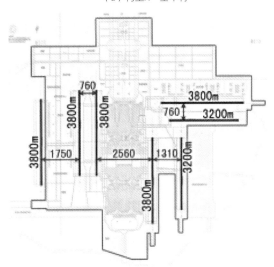

（c）构型C—全向型

图8-1 预可研阶段远期三种跑道构型方案

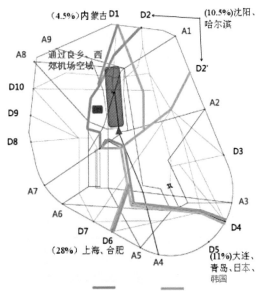

全平行航迹　　全向型航迹

图8-2 全平行构型与全向型构型离场飞行航迹比较

2. 跑道构型结合飞机地面滑行分析比选

构型A—全平行、构型B—全平行和构型C—全向型方案在机场主降方向运行条件下，各跑道起飞与降落航班的滑行路线，如图8-3所示。图中红色虚线代表北航站区航班滑行路线，蓝色虚线代表南航站区滑行路线。

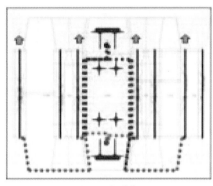

起飞滑行路线   降落滑行路线

（a）构型A—全平行

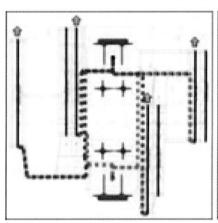

起飞滑行路线   降落滑行路线

（b）构型B—全平行

图8-3　构型A～C滑
行路线示意图

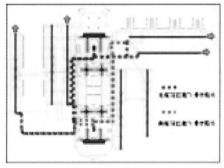
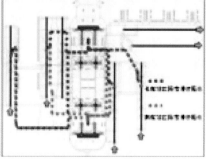

起飞滑行路线   降落滑行路线

（c）构型C—全向型

　　经过初步计算，构型C—全向型方案较之构型A、B全平行方案，起飞航班平均滑行距离分别减少约1 010m和760m，降落航班平均滑行距离分别减少约3 200m和1 300m。根据预测，考虑大兴机场远期年起、降84万架次，以主降方向运行为例，粗略估算采用构型C—全向型方案较之构型A、B全平行方案，全年可减少航班滑行距离分别约为177万km和87万km，全年可节约燃油消耗分别约为7.4万t和3.6万t，全年可减少二氧化碳排放分别约为23万t和11万t。

　　综合以上分析，构型C—全向型方案较之其他对比研究跑道构型方案，在空中飞行距离和地面滑行距离等方面均有一定优势，有利于减少燃油消耗和二氧化碳排放。

3. 本期四条、三条跑道全平行构型与含侧向跑道构型运行效率分析

　　不同的跑道构型，机场主方向运行的整体容量、航班地面延误水平和跑滑系统运行效率大相径庭。大兴机场本期规划四条跑道，经分析研究，主要形成了四条、三条跑道全平行构型与含侧向跑道构型的方案。对该方案不同跑道构型从航班地面延误时间、滑行时间、燃油消耗、温室气体排放等角度对不同方案进行比选，并形成建设方案。

　　本期四条跑道构型包括"3+1"构型（3条平行跑道+1条侧向跑道）和"4+0"构型（4条平行跑道），三条跑道构型包括"2+1"构型（2条平行跑道+1条侧向跑道）和"3+0"构型（3条平行跑道），分别如图8-4、图8-5所示。

　　针对上述四种本期构型方案，大兴机场跑道构型规划采用了软件SIMMOD进行模拟，以本期目标年2025年，年旅客吞吐量7 200万人次，年起降62万架次，仿真模拟典型日航班起降量1 930架次，运行方向主降方向，空域容量无约束为边界条件。通过模拟仿真分析，四种不同构型的起飞、降落航班平均地面延误时间和平均地面总滑行时间。"3+1"构型起飞航班平均地面延误时间4.23min，机场运行效率较高，较之"4+0"构型延误时间减少约0.7min；

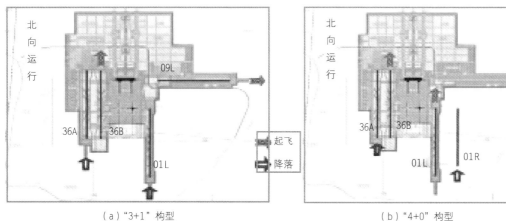

（a）"3+1"构型　　　　　　　　　　　　　　（b）"4+0"构型

图8-4　本期四条跑道构型方案

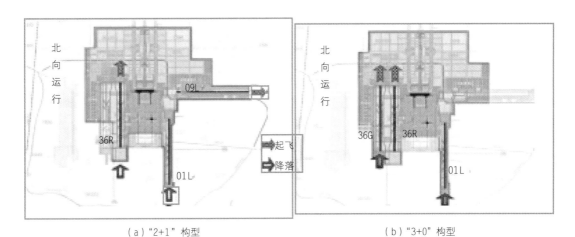

（a）"2+1"构型   （b）"3+0"构型

图8-5 本期三条跑道构型方案

四条跑道构型下降落航班地面延误时间不足1min。因此，"3+1"与"4+0"构型均可满足本期目标年运量需求。"2+1"构型下，起飞航班平均地面延误时间接近9min，表明机场运行拥堵严重、运行效率低。"3+0"构型无法满足日起降1 930架次的需求。因此，三条跑道构型无法满足本期目标年运量需求。在机场主降运行方向下，以2025年为例，"3+1"与"4+0"构型比较，每个起飞航班可节省总地面运行时间约2.54min，每个降落航班可节省总地面运行时间约0.9min。根据模拟结果分析，选取"3+1"构型作为本期建设方案，粗略估算地面滑行全年可节约燃油消耗约1.8万t，减少二氧化碳排放约5.8万t。

4. 大兴机场跑道构型的最终确定

采用"3+1"跑道构型方案，侧向跑道与主要跑道垂直设置，方便机场功能区的设置，能够尽可能避开如黄村、礼贤镇等村镇的影响，但是通过噪声影响分析，并结合廊坊规划，九州镇位于其航线之下，仍然存在侧向跑道可能影响未来市区规划、九州镇、原白家务乡等的情况，同时结合首都机场跑道方位，将主跑道逆时针旋转7°，再通过一系列的比选分析，将侧向跑道旋转成与主跑道呈70°夹角。调整跑道方位后，主跑道方位上，礼贤镇位于东一跑道北端头，最靠近跑道，但由于北京的地理位置，航班以南来南往为主，且场址风力条件满足机场以北向运行为主，东一跑道主要用于降落，因此礼贤镇中心区的噪声基本控制在70dB以下。其他如榆垡镇、安定镇、庞各庄、永清等的噪声影响也均在可接受范围（图8-6）。

2014年1月29日，绿色建设领导小组召开第三次会议，根据会议精神，考虑减小噪声影响、保障飞行安全以及整体运行协调等因素，会议同意大兴机场跑道方位调整（主跑道方位为173°～353°，侧向跑道方位为103°～283°）（图8-7）。

图8-6　侧向跑道调整比选图

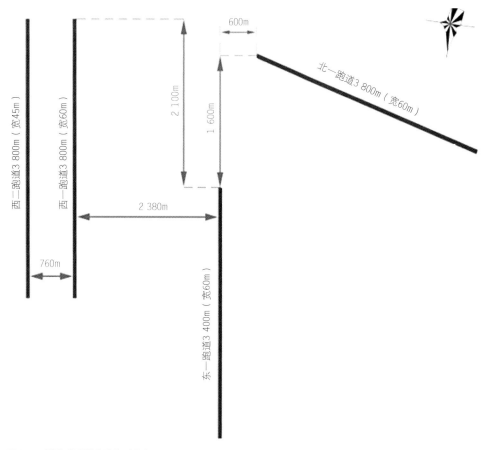

图8-7　调整后远期跑道构型方案图

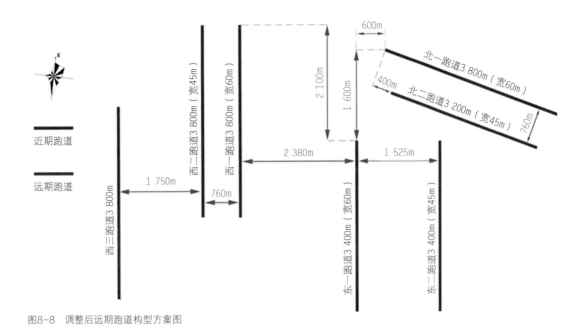

图8-8 调整后远期跑道构型方案图

2014年4月2日至3日，民航局机场司与中国民航工程咨询公司共同组织召开了"大兴机场总体规划预评审会"，根据预评审："同意2025年作为机场近期规划目标年……近期规划的4条跑道构型基本合理可行……建议远期暂按旅客年吞吐量1亿人次左右规划终端规模……规划采用6+1的跑道构型，取消南跑道……"本次总体规划对远期规划的跑道构型做了相应的调整，调整后跑道构型见图8-8。

综上所述，在跑道构型概念规划阶段，针对不同的跑道构型进行了仿真模拟比选，最终确定了以平行跑道为主、辅以侧向的构型方案。在预可研及总规阶段，针对远期八条、七条、六条跑道，近期四条、三条跑道，全平行跑道构型和纵向+侧向跑道构型分别开展空域与地面运行仿真模拟研究，最终确定远期五纵两横的七条跑道构型方案和近期三纵一横的四条跑道构型方案（不含军航跑道）。通过模拟仿真比选分析，采用侧向跑道有利于最大限度利用空域，在大兴机场空域环境下，是运行效率较优的选择，使起飞航班节能减排效益显著。主用跑道与首都机场跑道平行，确保了终端区内空中矛盾最小化；侧向跑道方位的设置减少了对周边城市、镇区的噪声影响。近期"三纵一横"构型可以使用12种跑道使用模式，为空管指挥大流量运行提供了多种可能方案，有利于提高空地一体运行效率。

8.1.3 机场"全向型"跑道构型成果

结合周边空域特点，从空域、地面、环境影响、运行效率等方面综合比选、优化设计。国内首创带有侧向跑道的全向跑道构型，航站区位于中央区域，从空域和地面运行仿真结果来看：地面和空中运行衔接顺畅、运行高效，2025年平均离港延误时间小于6min；无延误飞机地面滑行时间小于12min，达到世界同等级机场先进水平；与平行跑道相比，以目标年2025年运行架次粗略估算，全年地面运行可节约燃油消耗约1.85万t，减少二氧化碳排放约5.88万t。此外，侧向跑道偏转了20°，避开北面禁区，减少飞机为躲避首都机场航线绕行，起飞穿越永定河滞洪区，大大减低噪声影响。

大兴机场"三纵一横"的全向型跑道构型引起了强烈反响，成都天府机场在建设过程中以大兴机场跑道构型成功经验为参考，因地制宜地采用了侧向跑道构型来提升空地运行效率，使得大兴机场的建设成果进一步地延伸至行业，为其他机场的飞行区布局规划提供了有益的借鉴与参考。

8.2　世界领先的低能见度地面运行保障

大兴机场受地理位置、气候条件等因素的影响，雾、霾等低能见度天气时有发生，给目视飞行造成困难，影响航空器安全起飞和着陆，影响机场通行能力，容易造成大面航班延误、备降、返航，能见度下降将影响观察视线，给航空器地面运行、机坪交通、航班保障带来安全隐患。

为解决这个问题，保障飞行安全，大兴机场通过仪表着陆系统（Instrument Landing System, ILS）ⅢB类运行、平视显示器（Head Up Display, HUD）与跑道视程技术（Runway Visual Range, RVR）和高级地面活动引导和控制系统（Advanced Surface Movement Guidance and Control Systems, A-SMGCS）配合使用，实现决断高低于15m、跑道视程不小于75m的着陆和起飞，确保机场低能见度条件下航班安全运行。

除此以外，为规范机场低能见度条件下的运行和管理，提升航班在低能见度条件下的运行能力和运行效率，保障飞行安全，大兴机场结合机场实际，制定了《北京大兴国际机场低能见度运行程序》，明确了在低能见度运行条件下机场、空管等相关部门的职责，提出了低能见度运行标准（表8-1），规定了低能见度运行设备与设施、运行与服务内容，低能见度运行工作程序、实施程序，从管理制度方面保障机场低能见度运行的顺利实施。

		常态运行		启动LVP （Low visibility procedure）		使用HUD	
跑道	跑道号	起飞	降落	起飞LVTO （Low visibility take-off）	降落	起飞LVTO	降落
北—F类	11L	RVR400/500m （无灯/昼）	—	RVR150/200m （RVR×3） 否则RVR200/250m	—	RVR150m	—
	29R	—	—	—	—	—	—
东—F类	01L	RVR400/500m （无灯/昼）	RVR550m （CATⅠ）	RVR150/200m （RVR×3） 否则RVR200/250m	RVR300m（CATⅡ） RVR175m（CATⅢA） RVR75m（CATⅢB）	RVR75m	—
	19R	RVR400/500m （无灯/昼）	RVR550m （CATⅠ）	—	—	—	RVR450m （特Ⅰ类）
西—F类	35R	RVR400/500m （无灯/昼）	RVR550m （CATⅠ）	RVR150/200m （RVR×3） 否则RVR200/250m	—	RVR75m	RVR450m （特Ⅰ类）
	17L	RVR400/500m （无灯/昼）	RVR550m （CATⅠ）	—	—	—	—
西二E类	35L	RVR400/500m （无灯/昼）	RVR550m （CATⅠ）	RVR150/200m （RVR×3） 否则RVR200/250m	RVR300m（CATⅡ）	RVR150m	—
	17R	RVR400/500m （无灯/昼）	RVR550m （CATⅠ）	—	—	—	RVR450m （特Ⅰ类）

大兴机场运行最低标准 表8-1

8.2.1 仪表着陆系统ⅢB类等级

仪表着陆系统，俗称盲降系统，是应用最为广泛的飞机精密进近和着陆引导系统。它的作用是由地面发射的两束无线电信号实现航向道和下滑道指引，建立一条由跑道指向空中的虚拟路径，飞机通过机载接收设备，确定自身与该路径的相对位置，使飞机沿正确方向飞向跑道并且平稳下降高度，最终实现安全着陆。

ICAO根据在不同气象条件下的着陆能力，规定了三类着陆标准，即Ⅰ类、Ⅱ类、Ⅲ类仪表着陆标准。Ⅲ类盲降又可细分为ⅢA、ⅢB、ⅢC 3个子类。等级越高代表导航精度越高，相应地可以在更低的能见度标准下降落。ⅢC是盲降的最高等级，无决断高和无跑道视程的限制，即使"伸手不见五指"的情况下，凭借盲降引导也可自动驾驶安全着陆滑行。目前ICAO还没有批准ⅢC类运行。

民航局高度重视大兴机场的运行标准工作，经过调研，特别是对天气情况的深入了解，将大兴机场2016年6月总体规划确定的ⅢA等级直接提升至ⅢB，当跑道视程小于175m但不小于75m，决断高低于15m或无决断高情况下飞机能够完成精密仪表进近和着陆。

8.2.2　机场平视显示器75m起飞

平视显示器技术是一种机载光学显示系统，它可以将主要飞行参数、自检测等信息以图像、字符的形式，通过光学部件准确地投射到飞行员视野正前方的组合玻璃光电显示装置上。飞行员可方便地随时查看叠加在外景上的飞行信息，可视度也不会受到日光照射的影响。因此，HUD能够帮助飞行员在连续下降时实施稳定进近并准确接地，有效降低运行天气标准，对于保证飞行安全、优化运行品质和提高航班正常性具有非常重要的意义。

跑道视程是指航空器的驾驶员在跑道中线上观察起飞方向或着陆方向的最大距离。即航空器的驾驶员在昼间能看到跑道面上的标志（白漆画出的中心线、接地线等）、在夜间能看到跑道边灯或中线灯的最大距离。

大兴机场在全国第一个实现平视显示器（HUD）跑道视程（RVR）75m起飞，即装有平视显示器的飞机在跑道视程低至75m的情况下就可以起飞。该技术代表着世界上低能见度起飞的最先进水平。目前我国尚无机场使用该技术，世界范围内具备该技术保障能力的机场也为数不多。

大兴机场低能见度运行从ⅢA等级直接提升至ⅢB的基础上，增加机场平视显示器75m标准起飞保障能力。经过多轮试飞，大兴机场验证了不同跑道的HUD RVR75m起飞项目。经过验证，大兴机场跑道RVR75m低能见度起飞程序合理，灯光清晰明亮，航迹信号稳定，在飞行过程中没有发现任何问题。HUD RVR75m起飞的实现，能够有效减少雾、霾等低能见度天气对旅客出行的影响，使大兴机场在低能见度情况下的运行保障能力更加完善。

8.2.3　机场地面活动高级引导系统

在全天候，高交通密度和各种复杂的机场运行环境下，为了保证飞机和地面车辆在机场的安全，有序和快速运行，一种新型的，具有划时代意义的高级地面活动引导和控制系统逐渐开始在机场使用。高级地面活动引导和控制系统，是为机场航空器和车辆等运动目标提供自动化的监视、控制、路径规划及滑行引导服务的综合集成和自动化管理系统，分为四个等级（表8-2）。它能够解决机场在低能见度、规模大布局和运行条件复杂的情况下，机场地面保障飞机效率、飞行区地面交通安全问题。不仅为飞机和车辆在机场活动区域和跑道与停靠点之间提供更精确的引导和调控，保障地面上所有移动的飞机和车辆间保持准确的间隔，特别是可以避免因为目视误差而导致的安全隐患，改善、缓解客流量增加而产生的跑道拥挤、运行缓慢的局面，通过优化的控制程序可以保证交通顺畅，均匀分布滑行道载荷，相当于分担了空管的一部分职能，目前成为民航局大力推进的一项新技术。

等级	功能
A-SMGCS 1级	对全场移动物体（包括飞机和车辆）进行监视和定位，使得管制员可以通过系统看到本场所有飞机和车辆的位置
A-SMGCS 2级	根据全场移动物体的势态（速度和方位）预警和告警可能发生的冲突和侵入
A-SMGCS 3级	具备为移动物体自动规划滑行路径的功能
A-SMGCS 4级	使用机场助航灯光对移动物体进行滑行引导
A-SMGCS 5级	管制、飞行员、车辆驾驶员具备相同态势

A-SMGCS等级标准　　表8-2

大兴机场力求全面提升机场运行效率，积极响应民航局要求，开展A-SMGCS系统建设。系统采用A-SMGCS四级运行标准，是国内首个符合ICAO规定A-SMGCS四级运行标准的机场，提供监视、告警、路由规划及灯光引导功能（图8-9）。

大兴机场A-SMGCS系统主要有四个特点：一是基于灯光段的方式实施跟随绿灯引导功能，大兴机场采用了国际主流的基于灯光段的引导方式，每个灯光段包含1～15个灯。从而将路由引导受控设备由20 000多个单灯缩减为2 000多个灯光段，降低了控制逻辑的复杂性，提高了控制速度。二是使用助航灯光监控系统模拟器，能模拟大兴机场现场所有灯光段的打开/关闭/告警，从而在实验室就能完成A-SMGCS系统和助航灯光系统的集成测试，并在实验室即可验证A-SMGCS 4级滑行引导功能，大大减少两个系统间的集成测试时间和成本。三是全场使用了LED灯具带来更快的控制响应速度，更能满足A-SMGCS 4级跟随绿灯滑行引导的要求，也更加节能减排，符合绿色建设要求。四是充分利用测试环境和条件，利用大兴机场分步转场，航班量逐步上升的特点和有利条件，A-SMGCS系统的现场测试过程中，逐步调整系统参数和运行规程，打造出了最适合大兴机场现场环境的A-SMGCS系统。这套灯光引导系统在低能见度天气时发挥更大的作用，极端天气时，从驾驶舱甚至看不到引导车和滑行道标示，但醒目的高级地面引导灯光可以让管制员更专注场面运行，让飞行员找到前进的方

图8-9　大兴机场A-SMGCS助航灯光监控集成系统效果

图8-10 大兴机场A-SMGCS系统灯光引导

向，更专心滑行，旅客更顺利到达目的地。

为规范指导A-SMGCS系统运行，保障地面引导顺利实施，大兴机场完成了A-SMGCS系统运行程序建设，编制了《A-SMGCS灯光引导工作程序》《灯光引导通话标准》《A-SMGCS灯光引导系统故障应急处置提示单》，对机坪管制员的职责、开启/结束A-SMGCS滑行道区域实施流程、应急处置程序、通话情境和口令等都做了规范和要求。

2019年5月13日到9月17日，共8家航空公司、10种机型、13架飞机参加了三个阶段的试飞，对导航设备性能、A-SMGCS四级功能等进行了充分验证。东方航空、南方航空和首都航空的多个机型取得了CAT ⅢB类运行资质，使得大兴机场开航即具备世界最高等级的低能见度运行能力（图8-10）。

自投运以来，大兴机场共启动低能见度运行程序43次，累计运行时长148h，运行期间共保障航班起降1 699架次。其中，马来西亚航空MAS318航班曾于2020年2月9日在大兴机场01L跑道实现Ⅲ类B标准进近着陆，成为我国首个ⅢB类标准着陆的载客航班。吉祥航空的HO1253航班，于2021年11月3日晚，在大兴机场使用01L跑道着陆，落地时RVR175m，云高20m，并在A-SMGCS灯光引导系统的指引下平稳滑行进入指定机位，成为大兴机场投运开航以来，首个载客执行Ⅲ类标准进近着陆的国内航班。A-SMGCS系统在节能减排方面也发挥了重要的作用。依靠路由规划，解除地面运行冲突，不仅提高了地面滑行安全和效率，还缩短了滑行距离。据统计，仅2020年4月，运用A-SMGCS系统缩短滑行时间657min，减少二氧化碳排放1.08t，节省燃油6.57t，以智慧机场建设促进绿色机场发展。

大兴机场机场仪表着陆系统Ⅲ类B运行、双跑道HUD RVR75m起飞以及A-SMGCS四级系统相互配合运用，使得大兴机场在低能见度条件下的保障能力，达到了世界先进水平。

8.3   "零距离换乘"的立体综合交通枢纽

8.3.1   机场公共交通设施需求

对于大兴机场来说，良好的综合交通体系配备不仅是旅客的出行需要，更是大型机场竞争力的有力保障，能够促进国际和国内枢纽双重功能的综合性枢纽机场的发展以及区域交通协调的发展，引导城市空间结构调整和功能布局的优化，支持首都经济繁荣和社会进步。

大兴机场地处北京与河北交界处，距离北京市中心直线约46km，旅客选择大兴机场出行对交通的便捷性有较高要求。根据调查，航空旅客对大兴机场交通提出的需求主要是：

（1）时效性。提供快速的交通方式以满足旅客出行时效性要求；

（2）便捷性。与城市交通系统实现高效的换乘、接驳和集散功能。

（3）舒适性。提供舒适性运输服务，满足机场商务旅客等高舒适性要求。

结合大兴机场近远期旅客吞吐量对机场陆侧交通压力较大的情况，大兴机场需提供多种公共的交通方式，才能满足运输要求和旅客对于机场交通便捷性、时效性的需求，因此发展以大容量轨道交通为主体的公共交通体系对大兴机场来说是一个优先选项。

8.3.2   机场综合交通规划

根据大兴机场规划，预测2025年年旅客吞吐量为7 200万人次，远期规划年旅客吞吐量为1亿人次。近期轨道、公共巴士、其他交通承担的旅客比例分别为30%、25%、65%，远期承担比例是33%、27%、65%。近期出发流和到达流分别为7 601pcu/h[1]、7 655pcu/h，远期出发流和到达流分别为9 768pcu/h、10 226pcu/h。近期机场货运高峰日车交通量和高峰日pcu交通量分别为9 150、14 100。远期机场货运高峰日车交通量和高峰日pcu交通量分别为10 980、16 920。对大兴机场来说，综合交通需要构建具有强大交通能力、多方式整合协调、以大容量公共交通为主体、多种交通方式整合协调，并与北京城市交通有机衔接的一体化交通体系，同时综合考虑机场交通需求及北京、廊坊、雄安城市规划的整体格局，为北京及京津冀区域提供高效、绿色、便捷的交通服务。

---

1   pcu, Passenger Car Unit, 标准车当量数；h，小时；pcu/h，某个路段每小时可以通过车辆的最大值。

1. 轨道交通规划

轨道交通承担陆侧交通量比例为30%以上。轨道交通的服务范围主要为京津冀地区，同时考虑对更大范围的辐射。

（1）城际轨道：大兴机场本期建设京九客专（北京—雄安东段），后更名为京雄城际，规划由北向南从机场穿过，在大兴机场北航站楼设一站，大兴机场至雄安段于2020年建成。城际铁路工程同步建设廊坊—大兴机场—涿州城际铁路，未来向东延伸至香河、三河，向西连通规划中的京石城际铁路，近期在机场北航站楼设站，远期在机场南航站区设站（图8-11）。

（2）城市轨道

根据北京城市轨道交通线网规划，同时结合大兴机场的区位特点，从大兴机场需求方面提出规划设想方案，建立中心城、各新城、交通枢纽与大兴机场之间便捷的轨道交通联系。第一条为大兴机场快线，本期与大兴机场同步建成，实现对中心城西部、北部的市场覆盖。第二条为远期规划R4线，实现北京东部商务区、铁路交通枢纽与大兴机场的连接，实现对中心城南部、东部的覆盖。未来从星火站北延至首都机场，还可实现首都机场和大兴机场的转场。同时，预留了一条城市轨道，并规划了未来接入条件。除此以外，大兴机场地下还预留了两条轨道交通线和一条场内轨道线，并规划了未来接入条件。以上几条轨道形成高低搭

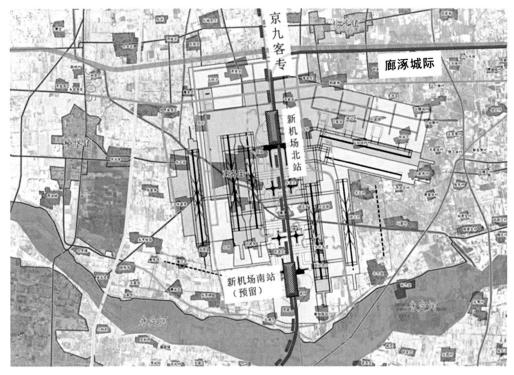

图8-11　城际轨道、高速铁路在大兴机场站点规划图

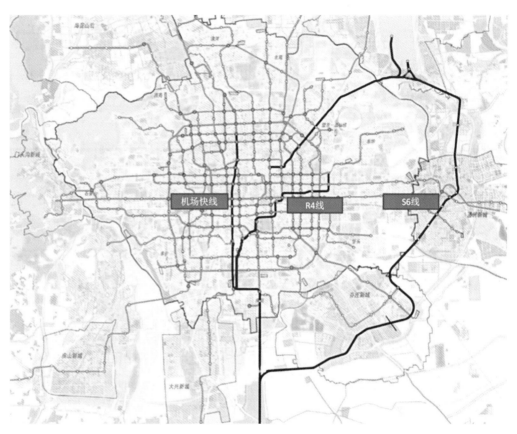

图8-12 大兴机场与城市轨道衔接规划图

配、配置丰富的城市轨道网，吸引旅客更多地选择高度集约的轨道交通出行方式，省时、准点，实现了旅客高效运行与机场绿色减排（图8-12）。

2. 道路交通规划

大兴机场高速主要由四条线路组成。京开高速公路拓宽，扩建六环至黄垡桥。主路加宽为双向6车道，辅路相应向两侧拓，两侧辅路拓宽为3车道，规划满足大兴机场通勤、交通使用。大兴机场高速公路，新建北京城区经大兴机场至霸州高速公路，是连接北京市中心城区和大兴机场的重要道路，全长约35km。京台高速，新建北京五环至市界段，是大兴机场重要的配套交通之一，北京段总长约27km。机场北线高速根据大兴机场综合交通骨干网规划，新建东西向高速公路连接线，东起廊坊市，西至京港澳高速，连接大兴机场高速北段。

通过以上几条高速路网，在大兴机场形成双环集散、全向辐射的路网格局，把大兴机场与北京市环路、大广高速、京台高速、密涿高速等融为一体，形成各个方向旅客往返大兴机场的高速通道（图8-13）。

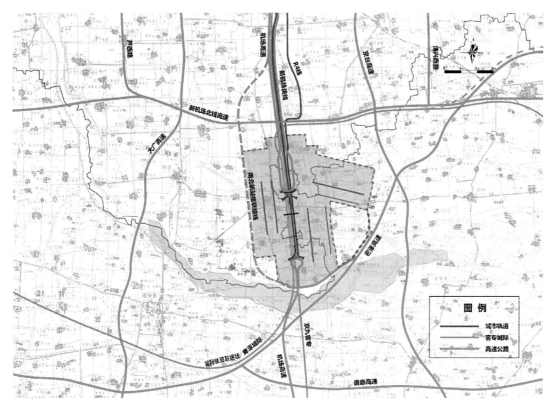

图8-13　大兴机场场外高速公路规划图

3. 干道公路规划

　　除客运交通外，大兴机场规划近期（2025年）货运吞吐量为200万t，远期货运吞吐量为400万t，这将带来大量的地面货物运输需求。同时，随着大兴机场的发展，机场周边区域必然会产生大量的航空相关产业的发展。另外，大量的机场工作人员将在周边区域安家落户，每天来往机场的巨大通勤交通会对周边的路网造成巨大的压力。考虑时间、经济等方面的因素，以上这三部分的交通需求大多会利用周边的干道公路来解决。通过对大兴机场周边的大礼路、京九铁路西侧路、团河路、磁大路、青礼路、环场公路、九州连接线做详细和周密的规划，解决大兴机场周边巨大的货物运输和通勤交通压力（图8-14）。

　　由此，大兴机场外围综合交通形成了以"五纵两横"为基础的综合交通主干网络，未来大兴机场公共交通出行比例将达到50%以上，进一步推动大兴机场与京津冀城市群核心城市、雄安新区等通过各种运输方式紧密衔接，打造成现代化、立体式综合客运枢纽，确保旅客换乘高效便捷（图8-15）。

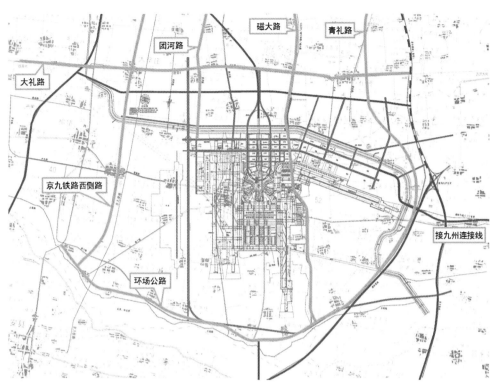

图8-14 大兴机场场外干道公路规划图

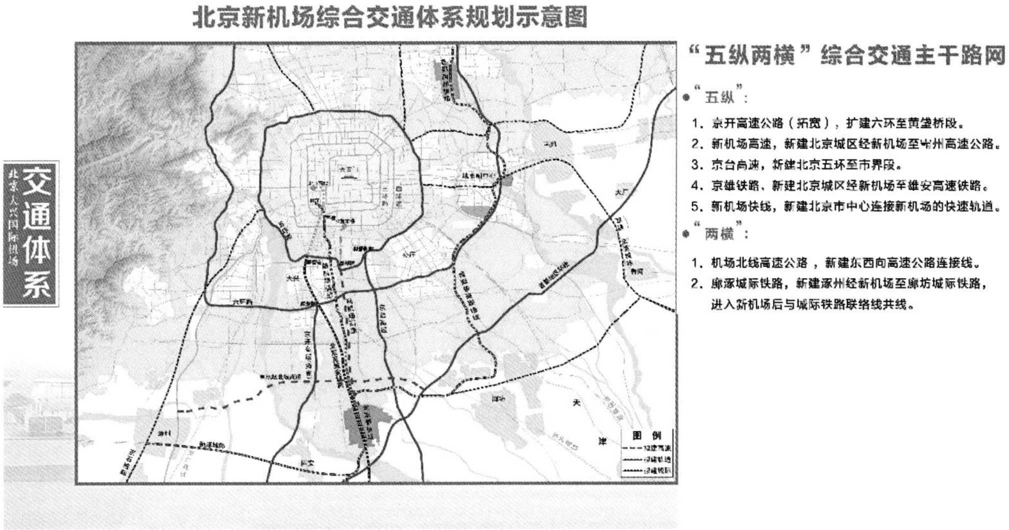

图8-15 大兴机场"五纵两横"综合交通规划图

8.3.3　立体综合交通枢纽

　　随着机场集疏运系统复杂化、多样化和旅客对机场交通接驳服务的要求越来越高，机场交通中心逐渐由简单的接驳模式发展到一体化综合交通中心模式。鉴于大兴机场的旅客吞吐量规模及辐射范围，建立机场综合交通枢纽是必需的。

　　对此，大兴机场在综合交通中心的方案规划中提出创新理念，弱化了对形式上交通中心建筑单体的追求，采用"一体化布局、立体换乘"的规划模式，以航站楼为核心，充分利用其陆侧各界面，集成多种陆侧交通形式，实现多种交通方式以及停车设施与航站楼的快捷换乘，对人流组织统筹考虑、无缝衔接，形成一个有机联系的空地一体化综合交通枢纽，使旅客能尽享"轨、路、空"零距离换乘的便利（图8-16）。

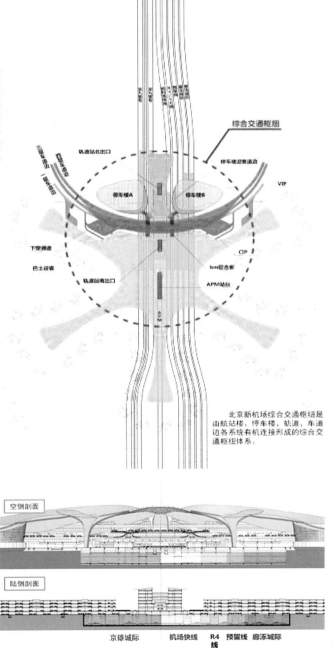

图8-16　大兴机场智能型综合交通枢纽示意

　　大兴机场以旅客服务为中心，推进综合交通多式联运，确保旅客顺畅抵离。以各条轨道交通为重点，高铁、城际、快轨等多种轨道交通南北穿越航站楼，在航站楼地下设站，旅客可以通过公共换乘大厅内的大容量扶梯直接提升至航站楼的出港大厅，航空旅客与其他交通工具换乘区域控制在约500m宽、100m进深的范围内，实现了"无缝衔接"（图8-17）。轨道专线从大兴机场直达北京市中心区域和雄安新区，时间都是30min。廊涿城际远期连接廊坊、涿州，未来会发挥巨大作用。地铁线南三环出发，长44.3km，时速最高160km/h，是目前国内最快的地铁线路，到达地铁草桥站后距机场只需20min。在草桥、固安建设了城市航站楼，延伸航站楼服务功能，可直接托运行李，解放旅客双手，高效便捷。正在积极筹备建设涿州、丽泽城市航站楼。至此，大兴机场综合交通形成了轨道、公交巴士、网约车、出租车等多种交通方式多点衔接的交通网络，实现了"一次换乘、一小时通达、一站式服务"。停车楼配有AVG（Automated Guided Vehicle，自动引导车）机器人智能停车区，旅客将车停在平台上后，机器人就会抬起平台并将车辆运到空位。取车时，扫描停车票或使用终端输入车牌号码就可以知道车辆停放的位置。这是机器人自动泊车功能在国内机场的首次应用，旅客停车、取车时间不超过3min。

　　至此，大兴机场综合交通枢纽，以旅客服务为中心，从布局到设施真正实现了公共交通优先，绿色出行。

图8-17　大兴机场综合交通无缝衔接示意

第 9 章

人性化服务标杆机场

大兴机场秉承以人为本的理念,以旅客为中心,建设人性化服务设施,全力打造人性化服务标杆机场。在旅客流程设计、旅客服务设施配置、智慧出行服务以及航站楼人文景观环境等方面形成了多项绿色建设成果,打造了有活力、有温度的温馨港湾,展现了中华传统文化精髓,树立了"中国服务"品牌形象。

9.1   便捷顺畅的服务流程与设施

9.1.1   旅客服务流程

航站楼流程包含停车场、值机岛、安检、边防海关、候机、到达、行李分拣、系统等，无论是出发还是到达，高效的旅客流程能够有效减少流程环节，缩短安检、联检、中转、行李提取等时间，提升航站楼的流程运行效率，确保旅客进出港各环节顺畅便捷。

1. 旅客流程设计原则

大兴机场旅客流程设计从人性化服务出发，以便捷服务为目的，采取的主要原则有：旅客流线简洁清晰，避免不必要的流线交叉、流线转弯及楼层转换，减少旅客的步行距离；通过清晰便捷的建筑空间、路径及信息化导向，最大限度地提升旅客运行能力；中转流程方便快捷，争取最短中转时间；无障碍服务体系覆盖所有流程，最大限度地体现人文关怀，具有灵活性和扩展性。

2. 旅客流程设计特色

大兴机场旅客流程设计充分结合了航站楼构型结构、流线组织等因素，突出了六大特色。一是国内二元结构设计，以航空公司运营区域为基础，将航站楼大体上分为两个主要的功能单元，两个功能单元都有各自的办票、安检、候机、两舱、行李乃至停车楼等主要流程设施，具备独立运行条件。2层核心区的中转中心，连接两个国内区和一个国际区之间的相互中转。二元结构使旅客可以直接前往搭乘航司的候机区，主要的活动区域和步行距离得以减小，提高机场使用的便捷度。二是双层车道边设计，进出场道路采用了"逐级分流"的组织模式，分别连接4层和3层楼前出港高架桥车道边、综合服务楼的酒店入口、楼前地面层各交通站点,在高峰时期充分保障旅客出港效率。三是轨道换乘厅位于航站楼内,实现零距离换乘。换乘厅设置国内值机和安检,可直达本楼候机区,未来还可就近乘捷运去往卫星厅。四是在航站楼多个区域布置值机柜台与设施,实现国内旅客多点值机,以确保值机资源规划科学、分配合理、使用高效。五是采用国内进出港混流模式,进一步减少换层、服务设施共享、缩减建筑规模。六是高效中转设计,中转时间效率优于世界其他同等规模机场。

3. 大兴机场旅客流程与布局

大兴机场旅客流程与航站楼布局结构紧密结合。航站楼建筑和换乘中心地上共5层,地下共2层。建筑高度50.9m。5层为值机大厅及陆侧餐饮等服务设施。4层为主楼北区为国际常规

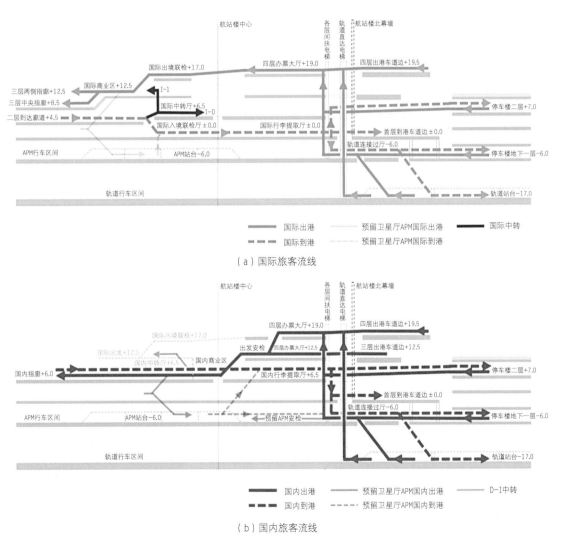

(a)国际旅客流线

(b)国内旅客流线

图9-1 大兴机场旅客流线

办票大厅、国际出发安检。主楼南区为国际出发海关、边防。3层为国内自助办票厅、安检现场。其余指廊为国际出发区。2层主楼北区为行李提取厅，中央指廊为国际到港通道。首层为迎客厅，各指廊有楼内酒店、后勤办公及一些机电设备机房等。地下1层为旅客连接地下2层轨道交通的转换空间，最底层为轨道站台（图9-1）。

4. 大兴机场旅客流程设计成果

大兴机场通过全球首创的双层出发、适宜的步行距离、居于世界前列的中转效率及灵活转换的近机位布局等多种措施，综合提高旅客流程效率，提升服务水平，实现大兴机场高品质、超便捷的服务目标。

（1）全球首创的双层出发

为了更好地保障7 200万旅客量的陆侧交通需求，机场航站楼采用全球首创的双层出港车道边（3层，4层）以解决陆侧交通压力，每层车道边衔接航站楼不同的功能分区，有效保障不同类型的旅客快捷出港（图9-2）。

（2）适宜的步行距离

大兴机场集中式多指廊构型让旅客从航站楼中心到最远端登机口的步行距离不超过600m，最长步行时间只需8min，在世界其他同等规模的大型机场航站楼中名列翘楚。

（3）中转流程与时间

大兴机场航站楼核心区设置集中中转区，中转流程更加便捷，机场四项主要中转时间居于世界前列。航站楼采用国内旅客进出港混流的设计，无论是出发还是到达，无论是候机还是抵达，旅客都能同步享受到丰富的商业资源和公共服务设施资源，旅客享受便捷服务的同时有效节约商业占地。大兴机场的设计者独具匠心，中转手续集中办理区设在二层，位

图9-2 大兴机场双层出发

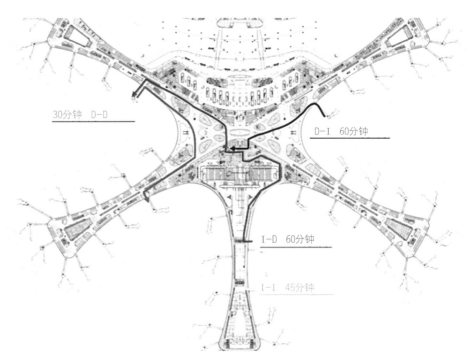

图9-3 大兴机场中转旅客流程

于国内混流流程与国际到达流程的中间位置。这一区域作为国际转国内、国际转国际、国内转国际这三个中转流程的汇集地，实现了边检、海关等中转流程设施在同一个现场办公，让中转流程变得更加便捷，便利旅客的同时也节约了部门的资源与人员调配。航站楼放射的指廊构型、国内进出港同层和中央中转核心的设置，最终实现国内转国内45min、国际转国际45min、国内转国际60min、国际转国内60min，大兴机场中转的最短衔接时间位居世界前列，助力大兴机场形成枢纽竞争优势（图9-3）。

（4）近机位布局

大兴机场设置了79个近机位，可以让更多航班直接靠桥上下客。国际指廊位于中间，与两侧的国内区形成连续紧密的关系，可同时支撑两侧区域的国内—国际相邻运作需求。在国际—国内指廊的结合处布置了可转换机位，在国际—国内高峰时刻错开时，可以提供更多的近机位。可转换机位预留有向指廊端部方向扩展的条件。国际—国内可转换机位的候机区分层设置，一桥两用，可供国际—国内的接续航班停靠。国际—国内可转换机位的候机区分层设置，还使两侧的国内区不被中央的国际指廊隔断，保持连续的机位布置。在东西两区运量不均衡时，也能为航空公司提供连续完整的运作区域（图9-4）。近机位和可转换机位联合使用，大兴机场2021年近半年的航班靠桥率为87.11%，近机位布局满足运行需求。

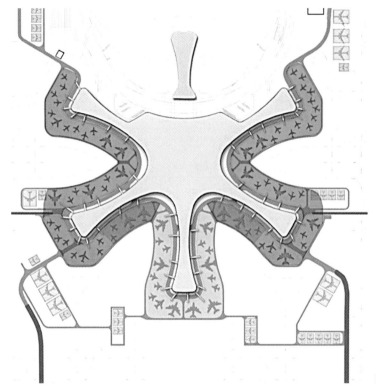

图9-4 大兴机场航站楼近机位布局

9.1.2 旅客服务设施

机场服务设施关系到旅客的出行效率和服务品质。随着民航业快速发展，旅客量不断增长，旅客对机场的服务需求也逐渐提高。一方面，旅客存在着强烈的服务品质需求，对机场的服务设施、服务水平提出了更高要求。另一方面，机场、航空公司也迫切希望通过服务设施提升服务效率和水平。

大兴机场全力打造"赋智能 行至简"便捷出行体验。紧密结合旅客流程，广泛运用了多项智慧型新技术，设置了多样化旅客服务设施，重点建设了包括通关、安检、值机、导航、行李等在内共计19个平台68个系统，实现全区域和全业务领域的覆盖，为旅客提供"刷脸"通行、智能安检、个性化导航、行李追踪等全新智能化出行服务。

在旅客自助服务设施方面，充分融合智慧因子，在建设中努力实现旅客流程的自助化与无纸化（图9-5）。大兴机场通过配置自助设施、引入人脸识别技术等措施，达成自助值机设备覆盖率86%，自助托运设备覆盖率76%，以及"一证通关+面像登机"，旅客仅需手持身份证或刷脸即可完成值机、自助行李托运、登机等过程，在国内首次实现覆盖中转、倒流、购物、离境退税等17个流程场景的全链条无纸化，旅客自进入航站楼直至到达登机口的全流程自助与无纸化通行，大大提升了通行效率与乘机体验。落地"One ID"产品技术方

图9-5　自助行程单设备、自助登机门及自助服务终端设备

案并完成测试，创新方案得到IATA认同。截至2020年，国内安检环节"无纸化"率稳定在95%~98%，国内登机环节"无纸化"率近90%，无纸化出行受到旅客欢迎。值得一提的是，大兴机场将自助值机办理时间优化调整为24小时办理，满足更多过夜旅客值机服务需求。在航显系统上提供出租车排队实况可视化服务，以航显系统为载体，创新性地融合了安防视频数据和交通运行数据，从而实现了出租车排队实况的可视化服务，这是通过多领域数据融合应用向旅客提供信息服务的一次创新尝试。

在安检设施方面，大兴机场可在人脸识别的基础上实现"差异化安检"与"诚信安检"，将个人信用系统与机场安检打通，用人脸识别确认乘客身份，信用值高的乘客可减少安检流程快速通过，减少安检排队时长。通用自助服务（Common Use Self Service, CUSS）设备投运以来，大兴机场人工值机平均排队时间、安检排队平均时间持续缩短，各节点卓越标准达标率均超99.86%。2021年，大兴机场发布最新的九项服务承诺，其中，国内安检排队等候时限从不超过10min缩短到不超过8min。

（a）大兴机场APP　　　（b）关爱版　　　（c）长者出行锦囊　　　（d）母婴出行锦囊

图9-6　便捷、人性化旅客服务

大兴机场以旅客至上为服务标准，将便捷、人性化的旅客服务植入每一个细节。建成了以APP、微信小程序、公众号为基础的一站式无接触旅客服务平台，在线值机、地图导航、巴士购票、寻车缴费等70余种功能尽在大兴机场APP，实现"信息多跑路　旅客更便捷"，满足旅客行前及行中、场内及场外的各项需求。依托大兴机场APP、微信小程序，开发大兴机场特色服务产品登机提醒功能，通过电话、短信双重提醒的方式，对登机口变更、登机开始等重要出行信息向旅客进行提示，降低旅客误机风险。从2020年4月大兴机场APP、微信小程序正式上线至今，累计下载使用量超68万人次，会员人数突破30万，为关怀老年旅客、母婴旅客等特殊旅客的出行体验、提升出行便利性，大兴机场充分展示人文关怀，依次上线长者、母婴出行锦囊，提升旅客服务体验（图9-6）。

航站楼内提供行李打包、失物招领、银行、快递、急救、上网、充电、瑜伽等各种服务。卫生间与候机区任何位置距离不超过60m，配置自动门、挂衣钩、低位呼叫器、折叠婴儿打理台，对特殊旅客的服务尽显贴心周到。

此外，大兴机场积极推进机场休闲服务设施规划，打造独具特色的，集休闲、娱乐、观景为一体的旅行体验，满足各类旅客轻松购物、畅享美食、便捷转机、安心旅游的多元需求，大兴机场也因此成为超高颜值打卡地。候机旅客尤其是航班延误旅客，在航班候机过程中不再无聊，因航班延误而产生的焦躁心情也消失殆尽。

对标世界十佳机场、市区成熟商业体，一期商业资源招商签约150余个合作伙伴，引进300余个优质品牌，涵盖服装、美食、电子产品、文创产品等多种商家，实现多项国内机场商业首店、全商圈同城同质同价、餐饮明厨亮灶。开发亮点产品，与饿了么达成战略合作，推出"兴先送"服务，将城市生活时间的解决方案首次引入航空出行场景，精准触达旅客及员工，创造了机场商业新模式（图9-7）。

图9-7　大兴机场商业品牌

图9-8　首都图书馆大兴机场分馆

　　与首都图书馆合作，打造国内首家机场航站楼全要素图书馆首都图书馆大兴机场分馆，不定期地邀请作家举办阅读活动、图书分享会，打造文旅融合新体验（图9-8）。

　　大兴机场对不同类型的旅客还提供了多样化的休闲娱乐设施。特别规划建设了观景休闲区和静音办公仓，为喜好安静的旅客提供贴心周到的服务。为年轻旅客提供唱吧、盲盒等娱乐产品，为母婴、儿童、老人都规划了特殊区域，方方面面满足各类人群的需要（图9-9、图9-10）。

　　大兴机场通过绿色理念与智慧手段的充分融合实现了高效便捷的旅客服务，充分契合了后来发布的"四型机场"建设要求，获得了IATA"便捷旅行"项目最高认证——白金标识及

图9-9 大兴机场观景休闲区和静音办公仓

图9-10 大兴机场娱乐休闲设施

"2019年度场外值机最佳支持机场"奖项，荣获ACI2020年度最佳机场奖，树立了"中国服务"的品牌形象。此外，大兴机场民航在线旅客满意度在全国千万级及以上机场中位列第一名，荣获"2020年度中国国际服务贸易交易会中国服务示范案例"，连续两年获评中质协用户体验良好案例等多项荣誉。

9.1.3 全流程跟踪的高效智能行李系统

对大型机场而言，行李处理系统是机场最大、最复杂的技术装备，是机场运行最为核心的系统之一，关系航空安全及航班正点率，影响到旅客服务满意度。传统行李处理系统存在分拣慢、差错高等问题。为提高行李系统效率和准确率，大兴机场在行李系统建设中采用了具有完全自主知识产权的控制及信息管理系统，并运用无线射频识别技术（Radio Frequency Identification, RFID）技术实现行李全流程跟踪。

采用创新的行李传输模式，出港行李设计为两级分拣，提升了行李系统处理效率。出港行李到近机位的平均距离约230m，进港行李平均运送距离为550m，提高了行李处理设备及人力周转效率，缩短值机结柜时间，行李传送效率优于同等规模机场。

1. 高效智能的行李处理系统

大兴机场首次在国内大型国际枢纽机场建设中，采用国产化的行李自动处理及信息管理系统，该系统包含266套值机线、2 697台输送机、6套翻盘分拣系统、61套转盘等设备以及1套具有完全自主知识产权的控制及信息管理系统。采用创新的行李传输模式，出港行李设计为两级分拣，分拣速度最高可达6 000件/h，是传统行李系统的3～4倍，分拣行李差错率由原来万分之一提高到十万分之一提高了10倍，行李识别率达99.5%以上，产品技术经专家组鉴定为"填补了国内空白，整体技术达到国际先进水平，部分技术达到国际领先水平"。高识别率的行李系统也为工作人员提供了持续有效的信息服务，可视化辅助分拣功能在保障航班服务水平的同时，减少了工作人员约30%的劳动强度；系统采用世界最先进的编程逻辑控制器（Programmable Logic Controlle, PLC）作为系统中枢神经，确保系统处于最优性能的同时，支撑优化节能控制策略，为系统节省超过30%的能源，助力机场低碳减排。由于行李系统的高效，大兴机场首件进港行李可在13min内到达，达到国际一流水平，为我国行李系统做大做强、走出国门奠定了坚实的基础（图9-11）。

图9-11 大兴机场
行李系统

2. 行李全流程跟踪服务

行李错运、漏运、丢失、破损一直是民航旅客投诉的焦点，在一定程度上制约着机场旅客运行效率与服务水平。大兴机场在行李系统的设计同时，充分考虑了这一点，在规划建设时期，充分响应IATA753号（国际航协行李追踪）决议要求，采用了RFID技术来进行托运行李的实时跟踪，提高出港行李系统内跟踪的准确率，降低错分率。RFID是一种利用射频信号识别目标对象的自动识别技术，它具有非接触式、快速传输、多目标识别、安全性高、编码为一、识别范围广等特点，可无接触地自动识别各种物体、设备、车辆和人员等，具有数据可重复读写和安全可靠性，近年来RFID技术应用在资产管理等方面，应用范围越来越广泛。RFID通过行李条内嵌芯片识别行李身份信息，识别不受行李条码位置、质量、光线等条件影响，相较于传统光学的扫描识别，提高5%~10%的识别率。

为进一步提升服务质量，加快推进行李全流程跟踪系统建设，民航局2019年《民航服务质量重点攻坚专项行动》中专门提出研究制定《全民航行李全流程跟踪系统建设指南》，鼓励无线射频识别等技术产品的推广和应用。为打造畅通高效的旅客流程服务，落实民航局行李跟踪要求，大兴机场开展了行李系统效率提升的研究，成立专门课题小组，并建设了基于RFID行李识别技术的行李自动处理及信息管理系统。通过与航空公司、地服公司多单位联动，与离港系统、安检系统、行李系统等多系统联通，将航站楼行李跟踪、飞行区行李采集和信息部数据等整合并建立业务交互平台，形成完整数据链条，率先打造大兴机场全流程跟踪服务。

大兴机场行李自动处理及信息管理系统为全球首创的采用纯RFID行李识别技术，遍布行

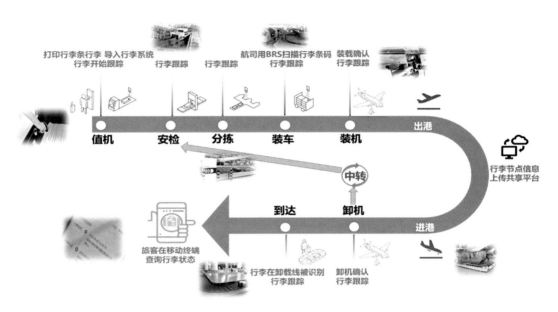

图9-12　大兴机场RFID行李跟踪系统

李处理系统112个关键环节，总计采集26个跟踪节点。全流程以系统自动采集为主，个别环节人工采集为辅，所有跟踪数据在大兴机场企业服务总线平台上进行数据交互，形成数据完整传输链路，实现了进出港行李在本场100%全流程跟踪，体现出四大特点。一是全覆盖，通过与大兴机场现有的24家客运航空公司、3家地面代理公司通力合作，打造完整的大兴机场行李全流程数据链条，覆盖到本场全部进出港行李。二是多途径，旅客可通过大兴机场APP、航司APP、微信小程序、航显屏、自助查询机等多种途径进行行李全流程跟踪查询。三是多方式，旅客可以通过输入行李条码号、扫描行李一维码或输入本人身份证号三种方式查询托运行李在各个跟踪节点的状态信息。四是多节点，选取9个节点进行外化显示（高于民航局的6个节点要求），出港行李可查询到5个节点信息，分别为行李托运（行李值机）、行李安检、行李分拣、装车运输、行李装机。进港行李可查询到4个节点信息，分别为行李卸机、行李装运、行李上转盘（行李到达）和传输完毕。其中不仅包括民航局指导文件中的必选节点，而且大兴机场通过完善全流程跟踪各节点信息，利用技术优势进行创新开发，增加了其他节点信息展示，极大丰富了旅客行李的信息查询。现在，在大兴机场旅客可以像查快递一样查询自己托运行李的状态（图9-12）。

经过开航一年以来的运行磨合，大兴机场旅客行李全流程跟踪系统建设成果斐然，其设计指标得到了实际运行验证，效果明显。目前，大兴机场长达32km的高速行李处理系统，每小时可以处理超过15 000件行李，RFID标签读取率基本稳定在99.5%以上，因行李系统原因导致的行李破损率为0.002%、迟运率为0.0002%、行李错分0件，行李差错率水平保持在

0.1‰以下，因机场责任原因导致的行李丢失为0件，旅客在行李服务方面的投诉为0起，处于全国领先，行李服务品质远高于行业平均水平，荣获了2020年度CAPSE创新服务奖（机场篇）第一名（图9-13），为行李追踪系统在千万级以上机场进行推广应用起到了良好的示范作用。同时大兴机场积极参与了民航局《行李全流程跟踪系统机场端建设指南》《民用航空行李跟踪RFID存取技术规范》编写工作，为民航局行李全流程跟踪标准制定提供有力支持，为行李全流程跟踪技术与系统的推广应用发挥了重要的促进作用。

图9-13 大兴机场RFID行李跟踪系统获奖证书

9.2 高标准的无障碍服务设施样板

9.2.1 无障碍设施高标准要求

关爱弱势群体是社会进步和文明程度提高的体现。在我国，随着人民生活水平不断提高，针对社会弱势群体的人性化设计受到整个社会越来越多的重视。

我国民航高速发展，机场作为国家交通的重要枢纽和对外交往的重要窗口，其针对残障人士及其他行动不便群体的无障碍通用设计水平和环境建设程度，是国家物质文明和精神文明发展的集中体现和社会进步、人文关怀的重要标志，直接影响着我国国际形象，因此也必将承受社会越来越高的期望。

作为重大公共基础设施工程、北京2022年冬残奥会的重要交通保障设施和未来京津冀地区的超大型国际机场，大兴机场提出开展无障碍设施服务专题研究与设计，打造无障碍设施服务样板工程。上级单位也对此高度关注，国家残联、民航局、北京市规划和自然资源委员会在大兴机场建设之初曾多次下发指导文件并组织专题会议研究讨论。

2017年9月12日，中国残联、民航局在大兴机场工程现场联合组织召开了"北京新机场无障碍通用设计融合发展战略研讨会"。同年10月18日，中国残联向民航局发送了《中国残联关于通报配合推进北京新机场无障碍通用设计建设有关情况的函》，民航局领导做出了重要批示，要求大兴机场始终坚持树立以旅客为中心的真情服务理念，对特殊旅客群体的需要格外予以关注，推动形成具有中国民航特色的国际化、高标准无障碍通用设计体系。

大兴机场确立了无障碍设施设计与建设的目标。一方面，在贯彻落实相关法规和标准要求的基础上，借鉴先进经验，坚持问题和需求导向，按照世界眼光、国际一流、中国特色、高点定位的要求推进大兴机场无障碍环境建设。另一方面，以大兴机场为对象，结合相关典型项目研究与实践，形成一套国内一流、国际领先的航站楼无障碍设计方法体系和设计标准，以规范今后机场无障碍设计。

为保障无障碍通用设计工作的顺利开展，大兴机场成立了无障碍通用设计专家咨询委员会和专家咨询委员会办公室，其中专家咨询委员会负责贯彻落实无障碍环境建设的具体要求和部署，对设计和施工方案开展系统性咨询评价工作。

9.2.2　无障碍设施研究与优化设计

航站楼是人员集中的大型公共场所，内部功能流线复杂，航站楼内无障碍设计与普通建筑相比存在一定的特殊性。国内机场航站楼无障碍设计依据主要包括《无障碍环境建设条例》（国务院令第622号）、《无障碍设计规范》GB 50763—2012、《民用机场旅客航站区无障碍设施设备配置》MH/T 5107—2009、《民用运输机场服务质量》MH/T 5104—2013等。

依托于无障碍设施专题研究，大兴机场开展了国内外无障碍建设调研。国内机场无障碍设施尚无成熟的研究成果，且规划建设起步较晚，导致无障碍设施与环境不协调、使用效率不高。在日本，无障碍设计较为普及，并根据老年人、肢体残疾者、视觉残障者、听觉残障者、婴幼儿孕妇等不同特殊群体进行了细致全面的划分，强调依据不同特殊群体的身体特点进行精细的无障碍设计。

借鉴国内外调研结果，大兴机场对航站楼无障碍使用人群及在机场不同流程区域的具体需求其进行了详细的调查、定义和分析，创新性地将特殊群体划分为行动不便、视觉障碍和听觉障碍三类，并将无障碍设施分解至八大系统，包括无障碍停车系统、通道系统、公共交通运输系统、专用检查通道系统、服务设施系统、登机桥系统、标识信息系统、人工服务系统。并进一步结合大兴机场航站楼的建筑结构和功能定位，对特殊群体的流线进行了规划和模拟，确定了各种无障碍设施的产品标准、布置位置和数量等具体细节。

9.2.3　无障碍设施建设

大兴机场无障碍设施建设完整实现了专题研究的设计，全面完成并远远超出了相关规划的要求。机场根据三类特殊群体的使用流线，在八大系统中设立了全流程的无障碍设施（表9-1），帮助特殊群体无障碍通勤。

八大系统无障碍设计主要内容及涉及服务群体　　　　　　表9-1

八大系统无障碍设计内容		行动不便群体	听障群体	视障群体
停车系统	残障人停车位	√		
通道系统	室外道路	√		√
	出入口、门	√		
	室内通道	√		√
	坡道	√		
公共交通系统	楼梯	√		√
	电梯	√	√	√
	扶梯及自动步道	√		√
	摆渡车	√		
	远机位登机设施	√		
专用检查通道系统	专用安检通道	√		
	专用边检、检验检疫通道	√		
	自助验证通道	√		
服务设施系统	低位柜台、饮水处	√		√
	座椅	√		
	公共卫生间	√		
	无障碍卫生间、通用卫生间	√		√
	母婴室	√		
	辅助犬卫生间			√
	无高差行李托运设施	√		
登机桥系统		√	√	
标志信息系统		√	√	√
人工服务系统	信息服务	√		√
	协办手续服务	√		√
	引导服务	√		√

　　针对三类特殊群体的共同需求,大兴机场设置了无障碍服务台(图9-14、图9-15)、召援电话(图9-16)、无障碍卫生间(图9-17)、通用卫生间、优先座椅等无障碍设施。针对带婴幼儿乘机的特殊群体设置了母婴清洁室、母婴休息室。

　　为保障行动不便群体无障碍通行,大兴机场在航站楼外和停车楼设置了数量充足、位置方便、标志明显、空间足够的无障碍停车位(图9-18、图9-19),严格限制了机场航站楼内外路面的坡度和不同道面之间的高度差,并在不同高度的道面间设置三面坡缘石坡道

图9-14　航站楼公共区无障碍服务台

图9-15　航站楼候机区无障碍服务台

图9-16　召援电话

图9-17　无障碍卫生间

图9-18　航站楼外无障碍停车位

图9-19　停车楼无障碍停车位

（图9-20），在各个出入口设置自动门（图9-21），在室内坡道处、登机桥处等设置防滑地面，在室内坡道处、楼梯处、电梯内部、登机桥处等设置扶手（图9-22），在远机位登机口设置坡道（图9-23），在摆渡车设置活动斜板（图9-24）、爱心座椅（图9-25），在远机位设置登机升降车（图9-26）。针对该群体需要使用轮椅的特点，大兴机场严格确保了各个门、

图9-20　航站楼外三面坡缘石坡道

图9-21　航站楼自动门

图9-22　登机桥防滑地面及扶手

图9-23　远机位登机口坡道

图9-24　摆渡车活动斜板

图9-25　摆渡车爱心座椅

　　通道、坡道、自动步道、无障碍检查通道、登机桥等的宽度，设置了低高度的出入口自动感应装置、电梯按钮（图9-27、图9-28）、柜台、行李托运设施（图9-29）、安检设备、饮水处（图9-30）、公用电话（图9-31）、卫生间便斗、卫生间洗手池（图9-32）、充电设施等，在候机区设置轮椅停放场地，在摆渡车内设置轮椅车位及固定设施（图9-33）。

　　　　为保障听障群体无障碍通行，大兴机场建设的无障碍设施主要为在电梯、登机口、无障碍标志等重要场所设置闪烁提示。

图9-26 无障碍登机升降车

图9-27 无障碍电梯（外）及低位按钮   图9-28 无障碍电梯（内）及低位按钮

图9-29 无障碍柜台及低位行李托运设施   图9-30 低位饮水处

图9-31   低位公共电话

图9-32   卫生间低位洗手池

图9-33   摆渡车轮椅车位及固定设施

图9-34   航站楼外连续盲道

为保障视障群体无障碍通行，大兴机场从室外一直到航站楼内的内部综合问询柜台处设置了宽度足够的连续盲道（图9-34），引导视障人士来到问询柜台，内部其他区域采用盲道设置和服务人员协助通行相结合的方式帮助视障人士通行；在出入口、电梯入口、卫生间入口等关键位置设置了提示盲道；在航站楼外车行道红绿灯、电话、电梯、扶梯、自动步道等位置设置了盲文按钮和语音提示；并设置了大字号、色彩对比强烈、符合相关标准的无障碍设施导向标志和位置标志，以及辅助犬卫生间。

大兴机场根据航站楼地上5层、地下2层不同的具体功能，在不同楼层相应地设置了不同的无障碍系统和设施。

航站楼全楼层均设置了无障碍电梯、盲道系统、无障碍卫生间、低位柜台和饮水处等基础无障碍设施。

航站楼5层为陆侧餐饮夹层，大兴机场相应地设置了无障碍座椅。

航站楼3、4及地下1层主要为柜台值机区域和安检区域，大兴机场相应设置了低位值机柜台及无高差行李称重系统、低位安检验证柜台和轮椅通道、国际出境低位验证柜台和轮椅通道、低位综合问询柜台、车道边无障碍停车位、车道边与人行道连接坡道等无障碍设施。

航站楼1、2层主要为旅客候机区域和登机区域，大兴机场相应设置了候机区无障碍座椅、标识引导系统、登机口处闪烁提示设施、登机桥内部防滑地面及双层扶手、低位综合问询柜台、车道边无障碍停车位、车道边与人行道连接坡道等无障碍设施。1层还设置了远机位专用无障碍登机设施。

2019年6月18日，大兴机场无障碍设施通过无障碍专家委员会验收。

大兴机场设置了旅客全流程无障碍服务，"国内领先，世界一流"的无障碍环境建设与国际接轨，全面满足2022年关于无障碍和人性化设施的冬残奥会要求，荣获无障碍设施设计十大精品案例，形成了《机场航站楼无障碍设计系统导则及图示》及《民用机场旅客航站区无障碍设施设备配置技术标准》MH/T 5047—2020，为修订机场无障碍设施行业标准提供了支撑，为全国公共基础设施无障碍环境建设提供了样板。圆满完成了"无障碍设施普及率为100%"的绿色建设关键性指标。

自投运以来，大兴机场持续优化无障碍设施"软硬件"条件，让每一位特殊旅客切切实实感受到"全程无障碍"的乘机体验。对独立出行的特殊旅客推出"爱心手环"服务产品（图9-35），特殊旅客群体在机场大使问讯柜台、各航司爱心服务及值机柜台、安检验证台等处领取手环，可获得工作人员的主动帮扶和全流程绿色通道服务。在候机区内部分登机口沿途以及行李厅入口设置自主轮椅和自助婴儿车点位（图9-36），方便旅客自取和退还。

图9-35　爱心手环

图9-36　自助轮椅及自助婴儿车点位

9.3 独具匠心的航站楼人文环境

9.3.1 中国文化元素的融合

大兴机场是世界了解中国的重要窗口，为了向世人展示中华文化瑰宝，大兴机场以"人文"内涵为出发点，确立了中国文化景观设计理念，开展航站楼人文景观设计与实践，坚持以空间场景为基础，以旅客需求为导向，通过打造人文景观、构建文化空间等多元化方式，为机场旅客提供高品质的旅客候机环境，让旅客在乘机过程中感受中华文化博大精深。

大兴机场将具有代表性的中华文化元素，在航站楼景观设计中处处融入中国文化元素，充分展现中华文明的璀璨历史，向世界宣传中国传统文化，让大兴机场不仅成为人流、物流的集中区，更成为文化、艺术的展示集中区。

在航站楼室内，8根上宽下窄的C形柱及周边12根塔柱主要支撑航站楼屋面，顶部设有大面积天窗以引入尽可能多的采光，造型寓意为中国传统文化中的"如意祥云"形象（图9-37）。

航站楼被誉为"空中花园"的中国庭院中引入了"丝绸之路""五行相生相克""五色交相辉映""中国园林中空间对应"等文化元素。各庭院分别代表着草原丝绸之路（农作）——"田园"，西欧丝绸之路（丝绸）——"丝园"，海上丝绸之路（陶瓷）——"瓷园"，茶马古道丝绸之路（茶）——"茶园"，汇聚中华文明的"中国园"。五个庭院也融入了五行相生相克的中华道教文化，代表着悠久的历史渊源和中国古代创造的哲学思想。五个庭院分别赋予五种色彩，五色交相辉映，体现中华美景的五色山川之美（图9-38、图9-39）。

图9-37 航站楼C形柱如意祥云造型

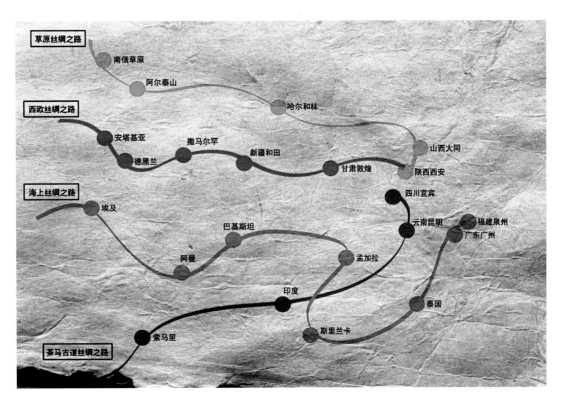

图9-38   丝绸之路文化

图9-39   五行文化元素

9.3.2　航站楼人文景观设计与展示

大兴机场从航站楼整体设计思路、空间布局以及旅客流程出发，结合各区域功能特点，充分融合中国传统文化，以历史文化和当代成就为底蕴根基，在机场人文景观规划设计中呈现服务功能与建筑、文化、艺术、自然融合之美，推动"一线一城""一园一意""一步一景"人文景观，实现"阅中国　越世界"文化艺术效应，打造"中轴线"、五指廊园林、多处绿植人文景观47处，为旅客提供"一步一景、人在景中、景为人生、景随人动"的观景新体验。

1. 文化景观

文化景观通过将中国传统特色文化、中国诗词与景观设计相结合，展现景观的象征及美好的寓意，文化与实物景观、有形与无形结合，尽显美好寄托。

大兴机场坐落于首都中轴线南端延长线，机场中轴线与申请世界文化遗产项目的"北京中轴线"几近重合。由此，大兴机场打造了以"中轴文化"为概念"一城一线"景观，将铜方砖铺装于机场中轴线上，其浮雕图案每块铜砖上标明机场距离北京中轴线上标志性建筑物的距离。让旅客们体会到这份特殊的文化意义，也感受到北京城市的历史（图9-40）。

在航站楼五个指廊的端头设计了中国园、瓷园、田园、丝园、茶园，它们以中国传统文化意象设计构造，其露天花园的环境可供旅客在候机或转机过程中休息放松，呼吸新鲜空气。

丝园，寓意未来体现祥润优雅的丝园空间。位于一层西北指廊内庭院，定位为"丝主题"景观，对应五行中的金，场地主题色调为白色，体现中华丝绸意境的现代游润型空间。场地

图9-40　中轴文化

图9-41 丝园

图9-42 茶园

空间格局主要通过提取"丝"的质感和肌理来进行设计。通过铺装、水体、绿化和序列的景观小品来体现"丝"的流动张力以及抽象提炼的丝织造过程的语素意境。同时在场地中设置装置小品，结合休憩功能，使"丝"的流动感更多维度地展示出来（图9-41）。

茶园，寓意未来体现安详闲逸的茶园空间。位于1层东北指廊，定位为"茶主题"地块，对应五行中的水，场地主题色调为黑色，体现中华茶园意境的现代休憩型空间。场地空间格局主要通过提取"茶园"的特征肌理来进行设计。通过铺装、水体、绿化和茶亭构筑来体现"茶园"的安详闲逸（图9-42）。

田园，意现代体现活力发展的田园空间。活力城市活力乡村是时代的主题。位于2层西南指廊，主题定位为"田主题"地块，对应五行中的土，场地主色调为黄色，诠释中华田园文化的景观型空间。场地空间格局利用田地、场地、水体的元素，将空间分为田园风光区、休闲区、经营区。景观中应用大量的特色种植田，并通过仿田园材料的应用，展示了中华农耕与现代生活的融合，通过日常农作的景观型展示营造田园文化的认同感（图9-43）。

瓷园，寓意现代体现精美浪漫的瓷园空间。丝路上重要的商品及文化符号"瓷"象征繁盛的中华文明。位于2层东南指廊，主题定位为"瓷主题"地块，对应五行中的木，场地主题色调为青色，体现中华瓷意境的现代游赏型空间。场地空间格局主要运用北京传统四合院模式，利用场地、绿地、水体的元素，将空间分为5个主题院落。分别为两侧入口区、玉兰花园、海棠水园、青花瓷园。通过院落的层层递进，给人不同的视觉感受和中华陶瓷文化宣展（图9-44）。

中国园，寓意传统体现传统精粹的中国园空间。针对国际航线体现"新"主题及庄重深厚的中国传统文化内涵。三层南指廊，主题定位为"中国园"地块，对应五行中的金，场地主题色调为红色，提萃中国古典园林的传统景观空间。"中国园"有机复原了苏州畅园整体庭院的布局，将原有部分建筑改造成具有休息功能或经营售卖功能的建筑。为了配合两侧传送

图9-43　田园

图9-44　瓷园

图9-45　中国园

图9-46　绿植景观——鹿鸣

带过往游客，将传统的闭合围墙打断，使得视线透隔有致，从外围就可观赏整个园区。南侧假山悬庭跌水流瀑为高端指廊的人群提供优质的观赏效果（图9-45）。

位于航站楼1层国际进港大厅的"鹿鸣"景观，以诗经引意，出自《诗经·小雅》中"呦呦鹿鸣，食野之苹。我有嘉宾，鼓瑟吹笙"，依托透明屏幕呈现出琴瑟歌咏、互敬互融的场景，寓意大兴机场尽东道之谊欢迎八方来客，尽显礼仪之邦，国门风采（图9-46）。

位于航站楼3层国际出港区域的"一带一路"为静态观赏景观装置，展现诗词《抱朴子·博喻》中"志合者，不以山海为远。"寓情于景，用景观展示一带一路长远含义，书写辉煌中国梦（图9-47）。

"和合民族"与"一带一路"对称展现，通过花团锦簇的效果展示，不仅呈现出绿意盎然生态美景，还能让旅客体会到民族团结之花在大兴机场常开常盛，寄望祖国四海为邻，富足强大（图9-48）。

另外，二层国内混流区的月牙池区域，大兴机场精思巧构了"荷颜悦色"和《渔村小雪图》两个高雅清美的景观。在有限的空间里呈现了真实的自然山水，超然出尘，意蕴无穷（图9-49）。

图9-47　绿植景观——"一带一路"

图9-48　绿植景观——和合民族

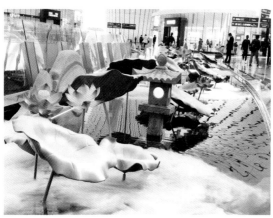

图9-49　"荷颜悦色"与渔村小雪

2. 功能景观

功能景观设计兼具功能性和舒适性，在候机过程中，一方面为旅客提供舒适的休息空间，另一方面为旅客提供雅致的指引、信息服务，兼具艺术作品和功能设施的作用。

在4层国际出发区域，融入垂直绿化理念，设计了景观绿化墙，同时兼具引导标识的功能，既能快速帮助旅客识别位置，又用绿色装饰了旅客必经区域，为旅客提供富有生态气息的环境（图9-50）。

2层国内混流区设计C形柱景观"儿童乐园"与"音乐花园"，二者东西对称，交相呼应，通过绿植装饰设计，形成环境优美的室内花园，怡然成趣，为旅客提供观赏景观的同时也开拓了休憩空间，趣味十足（图9-51）。

图9-50　绿植景观标识指引

图9-51　音乐花园与儿童乐园

3. 小品景观

小品景观以诗词引意，通过别出心裁的构思，在航站楼打造设置富有层次感的小品景观，巧妙点缀机场空间，引人入胜，令人遐思。

3层国际出发大厅内，动态装置"时间之花"，除了可以查看世界上12个时区的时间，还可以欣赏到中国传统折扇文化（图9-52）。

在四层出发大厅公共区域设计代表中国花的"花间集—牡丹""花间集—桃花"系列景观，以花寄情，选取极具中国特色的花卉，展示自然之美，传递人与自然的和谐之韵（图9-53）。

4. 互动体验景观

数字画卷《归鸟集》位于国际旅客到达后的通道里。运用中国宋代花鸟画的视觉语言，营造出一幅精妙灵动的数字花鸟长卷。画面中的飞鸟、植物都在实时与人、天气、机场互动，随着气象、航班信息的数据变化而变化（图9-54）。

图9-52 时间之花

图9-53 "花间集—牡丹"与"花间集—桃花"系列景观

图9-54 归鸟集数字画卷

"光影之旅"是大兴机场借助科技手段打造的沉浸式互动体验产品，整体设计运用多媒体数字技术将时间、空间和视觉概念，通过投影映射、互动、视频艺术、音乐等方式表达，为旅客带来一次有趣的光影旅行，使旅客切身感受四季、空间之美，为旅客带来身临其境的奇幻体验，受到广大旅客欢迎（图9-55）。

与国家博物馆合作，打造"国宝之窗""文化中国"长廊，在国际进港区域打造"文化中国"长廊，将国博馆藏精品以"图片展"的形式进行展示。"国宝之窗"中国传统文化沉浸式体验空间位于航站楼2层国内混流区，是大兴机场联合中国手艺发展研究中心共同打造的非遗传统文化体验馆，旨在展示中国传统技艺、传播中国传统文化。每一季分别设计不同的主题，并不定期邀请"非遗"手艺人进行现场展示与互动，通过开展专题讲座、互动体验等文化活动，让传统文化"活"起来，让旅客亲身感受传统文化的魅力（图9-56）。

大兴机场积极为旅客提供独具特色的航空休闲体验，强化与旅客间的交流链接。弘扬主旋律，举办"伟大征程"红色主题特展，打造建党百年主题景观"百年征程 星火照耀"，"伟大征程"特展展品数量约80个，成为"全国爱国主义教育示范基地""建党百年红色旅游百条精品线路"（图9-57）。

图9-55 光影之旅

图9-56　国宝之窗、文化长廊

图9-57　伟大征程展览

第 10 章

环境友好型示范机场

　　环境友好是生态文明建设的组成部分,也是大兴机场绿色建设的重点。大兴机场秉持"环境友好"的理念,在机场噪声环境、水环境、除冰液收集处理以及环境管理平台等方面开展了示范工程建设,成为行业内首个开航1年内顺利通过竣工环保验收的大型机场。

10.1 低影响机场噪声环境治理

10.1.1 噪声影响的范围

打造机场噪声影响治理与管控样板是大兴机场建设环境友好型示范机场的重点工作之一。

噪声会干扰人的正常生活、工作和学习。多项针对噪声的调查研究表明，在WECPNL（Weighted Equivalent Continuous Perceived Noise Level，加权等效连续感觉噪声级）超过70dB或昼夜等效声级（L_{dn}）超过57dB（A）时，会对引发超过30%的人的高度烦恼；在WECPNL超过75dB时，会对引发超过45%的人的高度烦恼，干扰超过26%的人的睡眠，影响超过30%的人的看书和思考。

大兴机场依据《中华人民共和国环境噪声污染防治法》（中华人民共和国主席令第77号）、《北京市环境噪声管理暂行办法》（京政发〔1984〕38号）、《声环境功能区划分技术规范》GB/T 15190—2014，确定了附近地区村庄等居民点声环境按《机场周围飞机噪声环境标准》GB 9660—88二类区域的标准进行控制，评价范围内的学校、医院按一类区域的标准进行控制。标准值如表10-1所示。

机场周围飞机噪声环境标准 表10-1

适用区域	标准值（dB）
一类区域（特殊住宅区，居住、文教区）	≤70
二类区域（除一类区域以外的生活区）	≤75

依据《环境影响评价技术导则 民用机场建设工程》HJ/T 87—2002、《民用机场噪声计算和预测规范》MH/T 5105—2007，大兴机场收集并评估了近远期跑道构型布局、近远期飞机年/日起降架次、机型组合、设计日航班时刻表、跑道使用情况、飞机进离场程序等相关数据，建立了INM（Integrated Noise Model，综合噪声模型）对飞机噪声进行了预测，绘制了近远期噪声等值曲线。

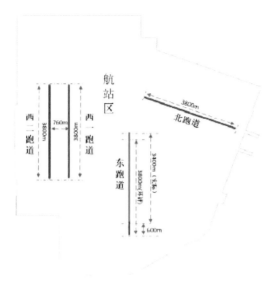

图10-1　跑道变更情况示意图

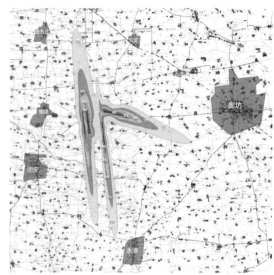

图10-2　大兴机场噪声影响图

根据噪声等值曲线，大兴机场对跑道进行了两项重要调整。

一是将正东方向的北一跑道向东南转向20°。廊坊市主城区在大兴机场的正东方向，考虑到对廊坊市主城区的噪声影响，大兴机场采纳环评阶段对北跑道的环保优化建议，将跑道转向，以大幅减缓机场噪声对廊坊市主城区的影响。

二是大兴机场将东一跑道长度由原3 800m向北缩短为3 400m，同时整体向北移200m。大兴机场通过调整这条跑道，缩短了飞机的滑行距离，降低了飞机起降对周边地区产生的影响。跑道变更情况如图10-1所示。

对跑道进行调整后，大兴机场再次对飞机噪声影响范围进行预测，并绘制了机场噪声影响图，如图10-2所示。

根据2025年飞机机型、飞行架次和实际运营期间飞行程序，大兴机场跑道调整后噪声影响面积大大减少，如表10-2所示。

跑道调整前后预计2025年噪声强度的影响面积　　　　　　　　　　　表10-2

2025年预计WECPNL（dB）	＞90	85～90	80～85	75～80	70～75
跑道调整后测算面积（km²）	0	7.68	18.88	45.78	105.94
跑道调整前测算面积（km²）	4.58	11.49	27.02	64.46	151.29
跑道调整减少面积（km²）	4.58	3.81	8.14	18.68	45.35

跑道调整后，大兴机场不同噪声等级范围内影响乡镇户数和人口数如表10-3所示。

近远期不同噪声等级范围内影响户数和人口数   表10-3

WECPNL（dB）	>85～90	80～85	75～80	70～75
近期噪声等级范围内户数	235	1 035	1 652	8 625
近期噪声等级范围内人口数	752	3 601	6 325	32 831
远期噪声等级范围内户数	239	720	2 317	9 892
远期噪声等级范围内人口数	846	2 607	9 230	38 833

10.1.2　高标准噪声治理

大兴机场按照最高噪声治理标准，开展征地拆迁和飞行程序优化等，以控制机场噪声对周边环境的影响。

大兴机场按照"逢穿必拆、整村搬迁"的原则，对80dB等值线穿过的村庄实施整体搬迁。85dB及以上噪声影响搬迁费用按30亿元（北京市区域20亿元，河北省区域10亿元）纳入大兴机场工程投资，其余区域按辖区由北京市、河北省分别负责落实搬迁降噪等系统性环保措施。

针对预测机场噪声超过80dB范围内的香营、崔指挥营等9处村庄和机场噪声超过75dB范围内的西里河完小、小店村完小、崔指挥营完小等7所学校及1处白家务卫生院，地方政府对其实施整体搬迁。针对预测机场噪声位于75～80dB范围内的22处村庄和70～75dB范围内的16所学校，地方政府对石佛寺村、东白疃等5处村庄和杨各庄完小实施整体搬迁，并为其余村庄和学校安装隔声窗。廊坊市广阳区共加装隔声窗72 814m²，固安县共加装隔声窗98 845m²。

同时，大兴机场在民航局批准的飞行程序基础上，进一步避开了廊坊市、固安县、大兴区城市建成区，并采取基于飞行程序优化的机场噪声控制策略，利用航行新技术进行减噪程序设计，使航班执行优化后的飞行程序避免对周边人口密集区的生活造成影响，从而降低机场噪声影响。现有飞行航迹已避开人口密集区和学校，后续根据噪声监测结果进一步优化飞行程序。目前已采取的优化措施包括，实际运营飞行程序北向和南向进场航线增加A4进港点，A6进港点向南偏移，进一步避开了固安县建成区，减轻了对固安县建成区噪声影响。向南离场程序取消向固安县方向、再向北离场程序，减轻了对固安县及大兴区建成区噪声影响。

10.1.3　噪声管理成果

大兴机场依据《机场周围飞机噪声测量方法》GB 9661—1988、《机场周围飞机噪声环境标准》GB 9660—1988、《北京新机场项目环境影响报告书》《环境影响评价技术导则　民

用机场建设工程》HJ/T 87—2002和国际标准《声学.机场附近飞机噪声的无人监测》ISO
20906—2009，规划了30个噪声常规监测点，涵盖了机场周围重点区域如学校、村落等，如
图10-3所示。

在全部噪声监测期间，各监测点位的飞机噪声监测值均符合标准要求。大兴机场对噪声
的持续监测也推动了竣工环保验收中噪声部分的顺利进行。

大兴机场结合噪声影响范围和场区周边现有用地性质和用途，开展了噪声土地相容性规
划研究，并将机场噪声影响范围汇报至会受到机场影响的北京市和河北省。北京市和河北省
结合国家发展改革委印发的《北京新机场临空经济区规划（2016—2020年）》和大兴机场
远期噪声等值线图，共同编制完成《北京大兴国际机场临空经济区总体规划（2019—2035
年）》，2019年9月5日经北京市、河北省批准实施。根据《北京大兴国际机场临空经济区总体

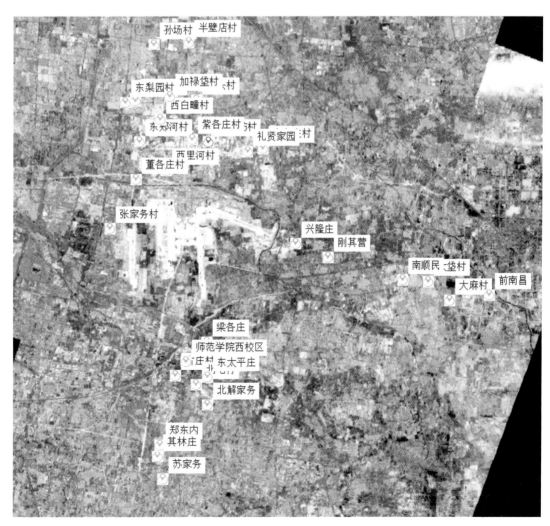

图10-3 机场噪声常规检测点分布图

规划（2019—2035年）》《北京大兴国际机场临空经济区（北京部分）控制性详细规划（街区层面）（草案）》，以及北京大兴国际机场临空经济区河北部分的"3+13"规划体系（3个控制性详细规划和13个专项规划），大兴机场周边预测噪声值大于70dB的区域内，未划定居民住宅区、学校、医院等噪声敏感建筑物，高噪声区域暂未划定用地性质。

10.2 低洼区域水环境系统

10.2.1 水环境系统建设总体要求

大兴机场的防洪标准为100年一遇，航站楼等重要建筑物防洪标准为200年一遇，内涝防治按照特大城市标准，重现期按照50年一遇设计。

大兴机场同时重视绿色机场建设，提出年径流总量控制率按北京最高标准85%控制、雨水收集率100%的水资源利用目标，以及雨污分流率100%、污水处理率100%、污水再生利用率100%，地表水、浅层地下水、深层地下水按Ⅲ类水质控制的水污染防治目标。

大兴机场水环境系统建设总体要求给机场水环境系统建设提出了巨大挑战。

大兴机场选址南紧临永定河，同时占压天堂河的部分河道。机场建设必须将天堂河改道至机场北端，改道后的新天堂河命名为永兴河。机场场地原为农业用地，原地面标高一般在20~24m，位于永定河洪泛区内，且远低于百年一遇洪水位。大兴机场在永定河北侧及永兴河南侧分别修筑抵御百年一遇洪水的新堤防，以防止外部洪水影响，但由于地势低洼，机场筑堤后雨水将无法通过自流排入下游河道，产生排水防涝问题。

大兴机场若想保证场区能自流排水，需要将场区标高整体抬升5m，经土方量计算，需累计借方1.09亿m³。即使仅考虑防洪，将地势较低、易受洪水淹没的西一、西二跑道等地区标高抬高。也需要将西飞行区整体抬升2.31m，经土方量计算，需累计借方为1 683万m³。考虑到借方极易破坏取土源地区的植被及生态环境，且场址所处地理位置附近并无合适土方来源，在土方运输过程中会造成造价大幅提升、工期延长、能源大量消耗并对沿途生态环境造成污染的问题，大兴机场放弃了自流排水方案和防洪方案，选用了土方自平衡方案，即通过设置合理坡度，以达到场区内各分区土方平衡，在满足使用要求及有关标准的前提下减少填挖。如此一来，大兴机场就必须通过建设高效合理的水环境系统解决排水防涝问题。

大兴机场地处大陆性季风气候，降水量高度集中，全年降水量平均有80%以上集中在6~9月，雨情急来快走。机场跑道、航站楼等建成后将产生大量硬化面积，雨水径流系数大、径流总量及峰值径流量增大、峰值来流时间缩短等问题突显。为提升土地利用率，机场地下进行大规模开发，建设地下综合管廊15km、核心区地下人防20万m^2、地下轨道交通、地下车库、地下室等，对安全运营保障要求提高。这些都给大兴机场水系统的排水能力提出了很高的要求。

大兴机场本期占地面积约27.5km^2，而依据省市协议和永定河流域防洪规划，当永定河和永兴河排水流量达到设计标准时，机场允许整体外排流量峰值仅为30m^3/s，无法满足排水防涝要求。这又给大兴机场的蓄水能力提出了考验。

除排水防涝问题，大兴机场位于北京，城市整体严重缺水，雨水将是机场水系补水的最主要来源，这给机场雨水资源利用提出了要求；机场建成后将出现大量建筑群落、道路等非点源污染源，雨水SS、COD值均较高，这又给机场的水污染处理提出了挑战。

综上所述，大兴机场水环境系统建设需针对水安全保障、水污染处理、水资源利用、水生态构建等难题，满足三个方面的主要要求：一是防洪排涝，保障机场运营安全；二是污染处理，创造优美生态环境；三是水系调控，实现资源综合利用。

10.2.2　分区分级智慧雨水蓄排系统

1.“调蓄+抽升强排”二级蓄排系统

大兴机场依据机场周围地形地势、降水情况和河道设计流量，参考美国城市降水径流面源控制的技术与管理体系BMPs（Best Management Practices，最佳管理措施）、雨洪控制理念LID（Low Impact Development，低影响开发模式）、英国SUDS（Sustainable Urban Drainage System，可持续排水系统）和澳大利亚的WSUD（Water Sensitive Urban Design，水敏感性城市设计）等世界先进水系统建设理念，在考虑投资、管道埋深、管线综合布置、排水安全等对雨水灌渠设计影响和机场整体设计的节能目标基础上，设计了“调蓄+抽升强排”二级蓄排系统，如图10-4所示。

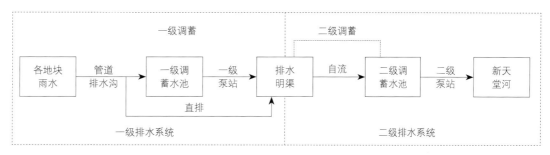

图10-4　大兴机场“调蓄+抽升强排”二级雨水排水系统

大兴机场二级排水系统由雨水管道（图10-5、图10-6）及排水沟、一级调蓄水池及泵站（图10-7、图10-8）、排水明渠（图10-9）、二级调蓄水池及泵站组成。机场各区域雨水径流汇入市政道路雨水管渠或飞行区排水明渠后排入各排水分区下游一级调蓄设施，经一级调蓄池蓄水削峰后由一级泵站提升进入排水明渠及景观湖（图10-10），区域内实现对雨水初步消减及利用。第二阶段雨水经由排水明渠及景观湖组成的调蓄系统再次蓄水削峰后由二级泵站提升至永兴河，实现对雨水的二级排放及利用。两级调蓄总容积达280万m³。

根据预测大、中、小三种降雨情景，泵站实行不同的运行方案。遇到中小降雨时，泵站起泵水位相对较高，调蓄池及景观湖以满足径

图10-5 道路排水口

流总量控制要求为主要目标，当遇到预测为大雨或暴雨时，调蓄设施将在降雨前降低泵站起泵水位，将蓄存的水泵出，为调节暴雨峰值流量预留充足调节空间。

图10-6 排水通道

图10-7　一级N4号调蓄水池

图10-8　一级N4号雨水泵站

图10-9 排水明渠

图10-10 雨水泵站出水口

2. 雨水排水管控分区与排水明渠

根据布局地形，结合道路竖向规划、绿地设置及雨水收纳水体位置，大兴机场按照就近分散、重力排放为主、水泵提升为辅的原则，将机场共划分为N1~N6和S1共计7个管控分区，不同分区及相应的雨水泵站及调节水池与排水明渠的位置关系如图10-11所示。

N6排水分区临近排水明渠，区域内雨水可自流进入排水明渠，采用一级雨水排水系统直排排放。除此之外其余6个区域均为二级雨水排水系统，均需设置相应的调节水池及雨水泵站。近期场区内共新建6座一级调节水池及雨水泵站、2座二级调节水池及雨水泵站（含错峰泵站）。

排水明渠及景观湖是一个相对独立的封闭水系，对场区排水起到蓄水削峰的重要作用。大兴机场排水明渠布置如图10-11蓝色线所示。近期排水明渠设置于机场北部、东部及南部。东部排水明渠借用天堂河旧河道。流经机场北部建筑密集区域的排水明渠可作为景观水系（图10-12）。大兴机场考虑到景观和视觉效果，在明渠两端设置闸门，在降水较少的时期闸门关闭，在保证场区内雨水调蓄容积的前提下最大限度提高排水明渠及调节池常水位标高，提高明渠区域微环境及商业价值。此外，为了降低能耗，减少泵站规模，大兴机场对靠近排水明渠的地块进行设计，使附近雨水可以以重力流的方式排入明渠。

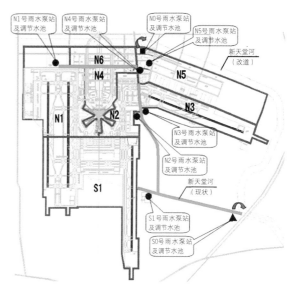

图10-11　大兴机场近期雨水排蓄图

图10-12　排水明渠景观水系

10.2.3 "海绵机场"技术体系

为进一步提升蓄排能力，同时实现大兴机场水资源利用和水污染防治的目标，在雨水蓄排系统的基础上，大兴机场依据"海绵城市"理念（图10-13），在水环境系统建设中引入了"海绵机场"技术体系。

大兴机场"海绵机场"建设在雨水排水管控分区的基础上，进一步将7个几平方公里大小的管控分区二级分解为141个几公顷大小的地块。按照机场整体年径流总量控制率不大于85%的目标根据用地类型占比、用地性质和建设强度的不同，对不同区域（表10-4）和不同地块的年径流总量控制率分别作出要求，并根据要求对地块的透水铺装率、下沉式绿地率和调蓄容积等海绵设计进行规划建设，如图10-14所示，针对绿地不足、硬化面积过高的地块，修建调蓄设施或借助末端调蓄设施满足海绵设计的要求。

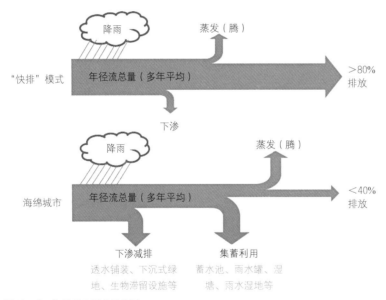

图10-13 海绵城市理念示意图

大兴机场各分区年径流总量控制率一览表 表10-4

管控分区	年径流总量控制率（%）	备注
N1区	90	工作区及机务维修区
N2区	80	飞行区
N3区	85	飞行区
N4区	85	航站区及工作区
N5区	77	货运区
N6区	86	工作区
S1区	85	飞行区

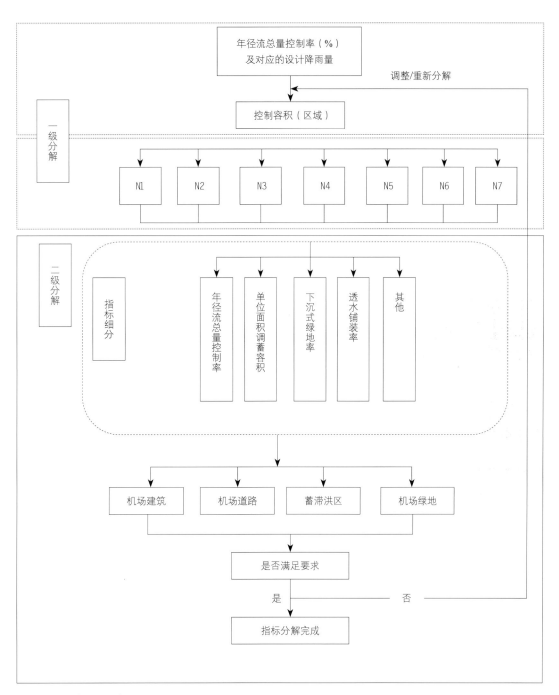

图10-14 海绵机场设计

　　大兴机场航站区建设了立体式海绵系统，如图10-15所示，包括：透水铺装（图10-16）、绿色屋顶（图10-17）、生物滞留设施、植草沟等渗滞设施；储水池、雨水桶等储存设施；调节塘（池）等调节设施；转输型植草沟、渗管（渠）等转输设施；植被缓冲带、初期雨水弃流设施和人工湿地等净化设施。

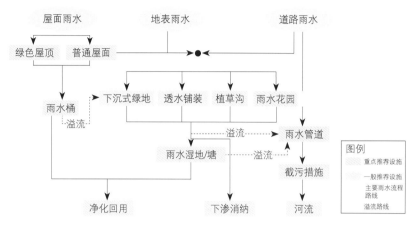

图10-15 航站楼雨水控制利用流程图

图10-16 人行道普通铺装（左）与透水铺装（右）对比

图10-17 停车楼绿色屋顶

大兴机场工作区建设了中枢型海绵系统，沿机场南北走向中轴线，在工作区中央建设中央景观轴绿地（图10-18），将绿地及周边区域径流雨水引入绿地内的雨水低影响开发设施，如下沉式绿地（图10-19）、植草沟（图10-20）、生态树池、生物滞留等，并在绿地之外的道路区域辅以高架桥便捷一体化花箱（图10-21）、道路绿化带（图10-22）、人行道透水铺装（图10-16）等海绵设计。

图10-18　中央景观轴

图10-19　下沉式绿地

图10-20　植草沟　　　　　　　　图10-21　高架桥花箱

大兴机场借助"海绵机场"建设,设计了自然文化融合的生态景观,按"一轴、一带、一环、多点"的设计思路进行布局实施。"一轴"为南北向的中央公园;"一带"为泄洪渠道两侧的滨水绿带;"一环"为核心区预留的南北向10m宽绿化带;"多点"为以公园、广场、屋顶绿化为核心的景观节点。

10.2.4　水环境系统建设成果

大兴机场建设了分区分级的雨水蓄排系统,两级调蓄总容积达280万m³,结合智慧雨水管理系统的模拟、监测和预警,实现了大兴机场的水安全标准和场内雨水的削峰与利用,破解了低洼地区建设和运营高标准安全等级大型枢纽机场的防洪排涝难题。

图10-22　道路绿化带

大兴机场开展了"海绵机场"建设,辅助雨水蓄排系统,将大兴机场最大调蓄能力提升至330万m³。实现雨水的"渗、滞、蓄、净、用、排",促进雨水自然积存、自然渗透、自然净化和可持续循环,构建复合水系统,提升机场水生态系统的自然修复能力,实现年径流总量控制率大于85%、雨水收集率100%的水资源利用目标。有效控制雨径流污染,改善水质,削减年径流总污染达68%以上。

大兴机场对排水明渠进行了景观和视觉效果上的设计,并建设了"一轴、一带、一环、多点"的自然文化融合的生态景观,提升了旅客出行环境和机场区域的工作生活环境。

10.3 国内首个飞机除冰液收集与再生处理系统

10.3.1 除冰液排放与环境保护

大兴机场位于华北平原,冬季平均气温在-10~0℃,冬季湿度较大时,飞机表面会出现结冰、结霜或积雪的情况。大量的冰附着在机身上,不仅会降低飞行效率,而且会影响飞行安全,严重的甚至会导致飞机坠毁,如图10-23所示。因此,在每年大兴机场的飞机除冰期,即11月初至次年3月底,对飞机进行除冰是必需的工作。

目前国际和国内机场应对机身结冰采取的主要方法是除冰液除冰法。该方法可以在除去表面结冰的同时,在一定时间内防止再次结冰,兼具除冰效率高、除冰效果良好、造价低廉等特点。除冰液主要成分为乙二醇和丙二醇,机场使用除冰液除冰后,集中产生的大量废水中将含有高浓度的乙二醇和丙二醇,化学需氧量(COD)是普通生活污水的近5 000倍,若不经处理排放到水体中,会迅速消耗掉水中的溶解氧,导致水生物大量死亡、水体发黑发臭,严重影响水体生态和水体环境。除冰液废液渗入机场混凝土后,还会加剧混凝土表面层受到的冻融作用,加速混凝土表层的脱落,影响机场的混凝土地面的平整性甚至安全性,增大机场地面护理需求。

目前国内尚未针对除冰液的收集处理形成统一规范。国内大部分机场不收集、处理除冰液废水,任由其通过机场雨水排水系统排入机场周边河流、沟渠。少量机场通过飞机集中除冰等方式,实现了对部分除冰液废水进行收集,并进一步稀释排放。

图10-23 飞机机身结冰造成飞机坠毁事故

为妥善处理除冰液废水，确保机场周边的环境生态安全，为机场绿色建设承担责任、做出贡献和示范，为国内尚未完善的除冰液废水管理体系提供宝贵的经验，大兴机场决定建设除冰液废水收集处理系统。

10.3.2　除冰液集中收集与存储

针对机场大规模的除冰液喷涂及撒布产生的环境影响、机场道面腐蚀破坏等问题，大兴机场积极开展民航科技创新引导资金重大专项《飞机除冰废水处理及除冰液再生系统研究》，突破了除冰液废水收集处理和除冰坪防渗的关键技术。

为提高除冰液收集效率，大兴机场设置除冰液储存箱（图10-24）、除冰液加注装置（图10-25、图10-26）、除冰液转运车（图10-27）、除冰液加注车（图10-28）等设施设备，严防除冰液泄露；设置专门除冰坪，要求所有飞机全部在除冰坪上的除冰机位进行集中除冰，严格控制除冰液的使用范围（图10-29、图10-30）；同时对除冰坪道面坡度进行设计，并设置除冰坪排水沟，确保大部分除冰液废水的集中收集。针对少量的遗撒的除冰液废水，大兴机场安排废液回收车（图10-31）进行收集，确保除冰液废水被全部收集。大兴机场设计除冰液废水专用收集口和除冰液废水专用地下收集管线，收集口和管线同雨水系统相独立，确保除冰液废水不污染雨水系统。除冰液废水经过地漏、管道进入废水回收池，废水回收池为埋地式水泥池，壁面采用防水设计，避免渗漏，确保除冰液废水不污染地下水系统。

图10-24　除冰液储存箱

图10-25　除冰液加注站

图10-26　除冰液加注装置

图10-27　除冰液转运车

图10-28　除冰液加注车

图10-29　除冰车

图10-30 除冰作业　　　　　　　　　　　　　　图10-31 除冰液回收车

2019年9月大兴机场投运后的首个冬航季，飞机除冰液废水收集系统已经投入使用，大兴机场成为国内首家使用除冰液废水收集系统的机场。截至2020年12月，大兴机场除冰液废水收集系统共保障60余次霜天气和9次降雪天气下的除冰液废水收集，累计回收除冰液废水1 800余t。除冰液废水储存在废水储存池中，大兴机场定期对废液进行水质监测，并采取有效的保存措施。

大兴机场除冰液废水收集系统在环境生态保护方面取得了重大成效。经2019—2020年冬航季实际运行检验，机场全部在除冰坪实施除冰，达到"除冰方式全部采用集中除冰"的要求，大兴机场除冰坪周边的雨水系统中未检出除冰废液成分，实现了除冰液废水100%不进入雨水系统的目标，有效地避免了除冰液废水中高浓度的有机物排放到环境中，保护了大兴机场周围的生态环境。

10.3.3　除冰液处理与再生利用

除冰液废水经过处理，不仅可以保证除冰液废水经处理后的水质满足国内的排放标准，对生态环境没有破坏，而且可以回收除冰液的有效成分，实现除冰液资源的再生和循环利用，减少资源消耗的同时产生经济效益，节约成本。

大兴机场通过《飞机除冰废水处理及除冰液再生系统研究》，成功研发了除冰液废水杂质分离、醇水浓缩和除冰液再生关键技术，建立了一套飞机除冰液废水处理和除冰液再生样机系统，形成了除冰液废水处理工艺协同运行方案。多级过滤分离技术分步去除除冰液废水中的机械杂质和大分子有机物；两级蒸发技术一方面将过滤后的除冰液废水进行醇水分离，另一方面浓缩出的大分子有机助剂杂质。

大兴机场根据除冰液预期年均用量、预期峰值用量和预期除冰液废水收集率，对除冰液废水收集量进行了预测。大兴机场根据北京的气候条件确定了150天的除冰液废水处理周期，根据年峰值废水量、废水处理周期和5%的处理裕度计算出大兴机场除冰液废水应有的废水处理能力，2025年应为158t/d，2030年应为238t/d。设计的处理能力在年峰值废水量的基础上预留了5%的处理裕度，可以满足任何非极端情况下除冰液废水的处理需求。大兴机场依据处理能力的要求，综合分析了大兴机场周围地块的面积和除冰液废水转运、储存、处理的条件，最终确定了除冰坪的位置、规划了8 814m²的建设用地，包括位于北跑道除冰坪旁占地约2 000m²的除冰液废水的中转、暂存和应急区域，位于西二跑道北端头占地约6 800m²的除冰液废水处理厂区，包括除冰液回收处理厂房、废水储存池和除冰液处理再生系统等，同时为2030年可能需要的扩建预留了空间，共投资7 900万元。经预计，2025年除冰液处理再生系统能每天处理158t废水，处理每吨废水能耗小于250kW·h电，回收纯度不低于99%的醇并生产能满足适航要求的再生除冰液，同时排放水的化学耗氧量（COD）不高于40mg/L。

大兴机场建设除冰液废水处理及除冰液再生系统（以下简称"除冰液处理再生系统"）。除冰液处理再生系统以多级过滤分离技术和两级蒸发浓缩技术为核心，对除冰液废水进行有效的处理和回收。多级过滤分离出的机械杂质、大分子有机物和两级蒸发浓缩出的大分子有机助剂被装桶送至污水处理站处置。两级蒸发浓缩后的高浓度回收醇用于再生除冰液。两级蒸发蒸馏出的水分经过反渗透膜处理设备净化，大部分回收作为再生除冰液用水，其余部分进行耗氧量控制后，满足北京市地表排放水COD含量指标，可进行无污染排放。

大兴机场除冰液处理再生系统于2021年6月23日正式投产，实现重要技术设备100%国产化，其日处理量达120t，提取除冰废液中超90%有效物质再生利用（图10-32），除冰液回收生产过程中的排放水实时检测，处理达标后回收利用于绿化灌溉，实现除冰废液回收利用全链条的绿色作业。

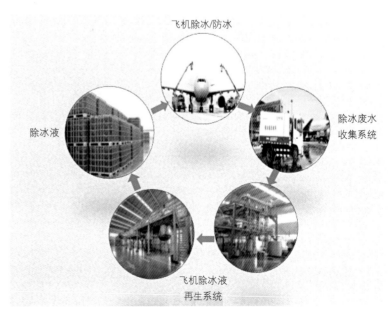

图10-32　大兴机场飞机除冰液循环利用

10.4　多源集成的环境管理平台

机场环境质量被多方关注，而目前国内机场的环境监测与管理多以第三方代理为主。为全面、及时、准确发掘和处理机场环境数据，对机场总体的环境质量进行全面的管理，同时建立一个绿色机场的展示平台，利用可视化技术，展现绿色机场建设成果和运营过程中的各项环保指标，大兴机场决定开展监管一体化环境管理系统建设。

10.4.1　机场环境监测技术与系统

大兴机场对自身环境信息管理的需求进行了全面、详细的调研，相继编写了环境信息管理与噪声监测系统项目环境管理信息系统的《需求说明书》《需求分析报告》和《详细设计方案》。针对机场空气质量、噪声、水等具体环境监测需求，大兴机场建立了相应的监测系统。

1. 大兴机场空气质量监测系统

空气质量监测系统主要包括了环境空气质量自动检测站、航站楼内微型空气检测站、飞行区风速风向传感器、飞行区环境监理的空气监测站和空气质量管理软件。监测内容涵盖氮氧化物、二氧化硫、一氧化碳、臭氧、PM_{10}、$PM_{2.5}$等主要空气污染物，以及AQI（Air Quality Index，空气质量指数）、气温、湿度、风向、风速和大气压。

室外环境空气质量自动检测站（图10-33、图10-34）用于监测大兴机场整场的空气质量，

图10-33　环境空气质量自动检测站　　　　　　　图10-34　空气质量检测仪器

依据《环境空气质量监测点位布设技术规范》HJ 664—2013布设于景观湖N4雨水泵站变电站北侧，周围环境开阔，空气流通状况良好。微型空气检测站共12个，用于全方位监测航站楼室内空气质量，分布于航站楼的不同楼层，采用龙骨固定支架，安全稳定，具体位置见表10-5和图10-35。飞行区环境空气监测站共3个，用于监测飞行区空气质量。风速风向传感器共9个，用于监测飞行区风速风向，其点位依据机场飞行区风速风向监测需求进行了深化设计。

大兴机场航站楼内微型空气检测站位置表   表10-5

所在楼层	具体位置
地下一层	综合换乘中心
二层	西侧国内候机厅
	东侧国内候机厅
	西北指廊中间浮岛点位
	东北指廊中间浮岛点位
	西北指廊最东侧浮岛
	东北指廊最西侧浮岛
	西北指廊A1登机口
	东北指廊最东侧浮岛
三层	西侧国内安检区
	东侧国内安检区
四层	中央值机岛

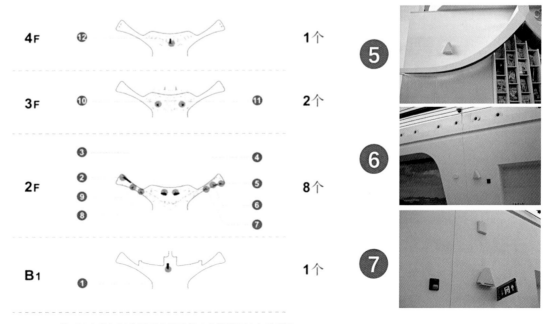

图10-35　微型空气检测站位置示意图及相应位置微型空气站照片

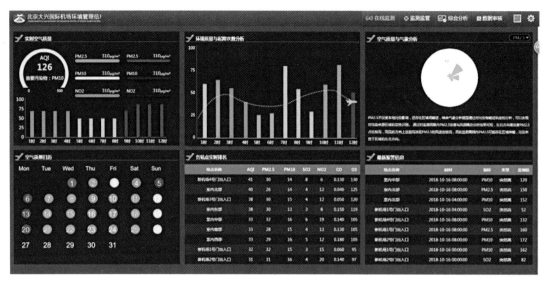

图10-36　空气质量管理软件界面

　　大兴机场开发了空气质量管理软件，收集各个空气检测站的数据，并进行记录、处理和可视化展现，展示界面如图10-36所示。展示界面包含六个部分：实时空气质量、环境质量与起降架次分析、空气质量与气象分析、空气质量日历、各站点实时排名及最新报警预警等。

2. 大兴机场噪声监测系统

　　为了满足机场噪声监测需要，大兴机场布设了30个噪声常规监测点（图10-37）和2套移动监测设备，并建立了噪声监测系统（图10-38）。大兴机场噪声监测系统收集并统计回传的监测数据，形成每小时、每日、每月、每季度、每年的噪声情况报告，并可在发生特殊噪声事件时形成特殊噪声事件报告；获取航班信息、雷达数据、气象数据等信息，进行航空器轨迹建模，并将其通过时间标签与噪声监测数据相关联，分析判定相应的噪声事件与飞机飞行是否相关，并可在

图10-37　噪声常规监测点监测设备

发生特殊飞行事件时形成针对该飞行事件的噪声报告；负责记录噪声投诉事件及位置，开展噪声投诉管理；记录上述所有信息，方便大兴机场进行航空噪声事件统计与查询。

图10-38　大兴机场噪声监测系统页面

3. 智慧雨水管理系统

大兴机场建立了智慧雨水管理系统，该系统可以对运营数据进行收集和分析，实现精细化过程控制管理；可以快速感知并向管理层直观展示突发事件，帮助管理层进行快速决策；还引入了设备管理系统，实现对雨水系统设备的状态检修和预防性维护。

智慧雨水管理系统框架共分为五层（图10-39）。第一、二层为现场设备仪表，建立完备的终端检测设施，实时监控水位、水泵运行状态及水质；第三层为系统仿真雨水数字模型，分析或预测不同降雨情景时雨水系统运行状况；第四、五层为指挥调度与系统决策平台，根据前三层级反馈的信息，综合实时数据及监控视频对雨水系统进行决策和调度。

智慧雨水管理系统的第三层雨水数字模型是该系统核心之一，系统采用MIKE系列软件，建立大兴机场排水管网水文、水动力学模型，一维河道模型和二维地面漫流规划模型，模型技术路线如图10-40所示。

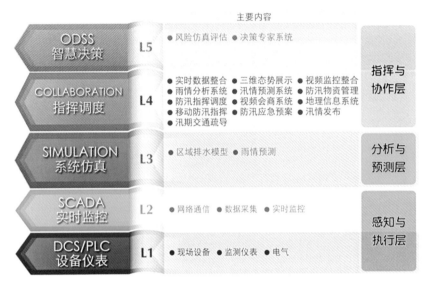

图10-39　智慧雨水管理系统框架图

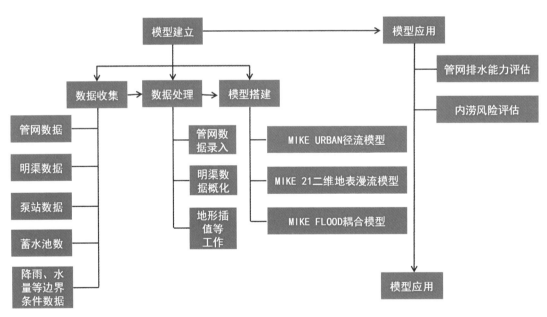

图10-40　大兴机场防洪内涝模型建模技术路线

10.4.2　机场环境管理平台建设

　　大兴机场集合多个环境监测系统（图10-41），建设了环境管理平台，以提升机场的环境保护、营造绿色机场为目标，全盘掌握大兴机场的环境污染现状、预测环境风险趋势，并通过大数据分析，实现对机场总体的环境质量全面的管理（图10-42）。

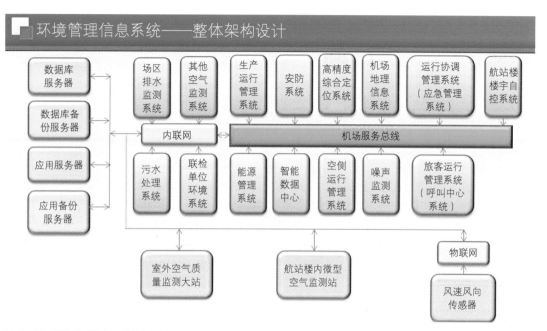

图10-41　环境管理平台整体架构设计

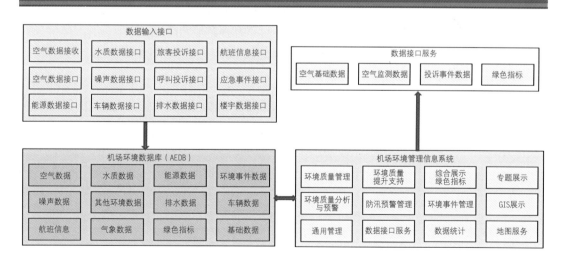

图10-42　环境管理平台系统功能架构图

环境管理平台（图10-43）按功能模块划分为三级，一级模块8个，二级模块21个，三级模块64个，共能实现132种不同的环境管理功能。其中第一级八大功能模块分别为环境质量管理、环境资料管理、环境质量分析与预警、环境质量提升支持、防汛预警管理、环境事件管理、运行资源可视化管理和投诉管理。环境管理平台实时收集机场各类环境信息（空气、

图10-43　环境管理平台界面

噪声、水质、三污排放、除冰液排放、机务维护、航空公司航空垃圾污染源等各种污染数据及信息），对机场及周边环境进行实时监控和态势分析，从而了解机场环境的变化情况，为机场管理方制定、实施、评估环境保护措施提供必要的信息支持。环境管理平台通过环境监测、环境质量分析与预测、环境事件管理、防汛预警等多种功能的整合，实现了对机场总体环境质量的全面管理，推进了机场环境管理的科学化、信息化与精细化发展。

借助环境管理平台，机场各类环境管理员，包括弱电信息部系统管理员，公共区管理部和航站楼管理部环境监测员、环境评测员、投诉管理员和事件管理员等，可以借助该系统录入、发布、查询环境统计实时数据和历史数据，查询系统对环境信息的分析、变化趋势预测和评测结果，根据需求维护调整相关的信息和系统，查看环境事件并采取相应处理措施。例如，相关人员借助环境管理平台，可以针对性地查看某个时间段场区环境指标超标情况，查看某一空气检测站实时的空气质量情况和监控视频，查看绿色指标体系数据信息，查看空气质量评测结果，处理防汛预警、投诉等事件或对结果进行复核等。

环境管理平台中包含的部分系统，包括航站楼楼宇自控系统、旅客运行管理系统、呼叫中心系统、应急管理系统、运行协调管理系统、联检单位环境系统和智能数据中心的数据系统等，能够直接把数据传送给机场ESB（Enterprise Service Bus，企业服务总线）接收，进一步由相关中介部门对数据进行收集处理。

环境监测系统与环境管理平台在机场环境管理方面形成了三大优势。一是实现监测智能化，如通过场内设置空气质量自动监测站与航站楼重点区域布设微型空气质量监测设备的方式，实现机场空气环境质量的实施监测与对标。二是实现资源共享化，通过对收集到的各类环境要素进行数据整合与分析，为其他系统提供数据支撑，为未来监测数据纳入京津冀环境监测网提供了基础条件，促进了资源共享与协同决策。三是实现指标可视化，大兴机场借助环境管理平台，对绿色指标体系中的54项指标再次进行梳理，拆解形成可静态、动态展示的指标细项，并逐一分析，将收集到的指标数据以可视化的形式进行多元展示，使机场管理方对现有环境管理情况做到一目了然。

大兴机场环境管理平台对环境监测、环境数据、环境指标进行有效的管理，支撑了机场环保验收的顺利通过。

大兴机场环境管理平台建设，体现其对环境管理的重视，为全面监控机场环境现状、预测环境风险趋势、制定管控措施提供了科学有力的依据与手段，并为其他机场环境管理的提升提供了借鉴案例。

下篇 持续推进

大兴机场绿色建设为绿色运行和发展奠定了坚实基础，在绿色建设向绿色运行过渡的历史阶段，大兴机场按照国家和行业新的形势和要求，在绿色建设基础上与时俱进，以更高标准持续推进绿色运行。本篇从大兴机场绿色运行与可持续发展角度，全面检视大兴机场绿色建设取得的成效及其经验启示，系统阐述大兴机场推动绿色建设走向绿色运行的重要行动，跟踪总结现阶段绿色运行成果，并立足工程实际和国家行业绿色发展趋势，对大兴机场绿色和双碳实践未来及我国绿色机场发展进行展望。

第 11 章

绿色机场建设成效与启示

大兴机场按照"引领世界机场建设,打造全球空港标杆"的高要求、高定位、高目标开展了绿色建设,通过全面规划描绘了绿色发展的蓝图,通过创新实践推动了绿色建设指标的全面落实。现阶段回顾绿色建设历程,从绿色建设指标切入,整体审视评价绿色建设成果,深入剖析绿色建设历程,既是对过去的规划进行验证,实现建设阶段绿色实践的闭环管理,也是总结提炼推动未来行业绿色建设与发展的关键举措。

11.1 成果评价

11.1.1 指标成果评价

大兴机场绿色建设主要通过对54项绿色建设关键指标的全面推动而实现，因此掌握绿色建设指标的落实情况是评价绿色机场建设成效的关键，同时也是实现对建设阶段绿色实践闭环管理的必然要求。为此，大兴机场于2018年7月，依托绿色机场建设指标体系，开展了绿色建设指标的评价工作。

大兴机场绿色建设指标评价针对绿色建设4个方面的54项指标进行了审查，除不参评的绿色运行指标外，全部达标。

资源节约方面共审查20项指标，19项达到要求，仅管网漏失率为运行指标，待运行阶段进行评价。大兴机场充分利用空地一体化运行仿真技术，地面和空中衔接顺畅、运行效率可达世界先进水平；合理利用地下空间建设机场综合交通枢纽、地下停车场及综合管廊，建成30万m²的地下人防工程和综合服务楼，实现地下轨道、车站等地下空间综合开发；全场绿色建筑100%，旅客航站楼及停车楼工程获得三星级绿色建筑设计标识证书，同时获节能建筑设计标识证书；全场规划可再生能源利用率＞16%；空侧通用清洁能源车比例100%，综合清洁能源车比例＞75%，并在内部交通场站、近端停车场、远端停车场、停车楼进行了充电桩规划；全场实现独立分项二级计量100%，其中航站楼达到用能分项三级计量100%；设定了水耗标准，广泛应用了节水设备，合理规划给水排水系统，实现年径流总量控制率85%、污水处理率100%、油污分离率100%、雨污分流100%；设置专门的航空器除冰液收集与无害化处理设施，实现场内航空器除冰液收集率100%和京津冀机场除冰废水集中处理；全场500km以内建筑材料比例≥60%，航站楼及停车楼工程可再利用和可循环材料使用率10.08%，航站楼100%采用高性能混凝土和高强度钢，全场100%采用土建工程与装修工程一体化设计，符合绿色机场资源节约的要求。

环境友好方面共审查14项指标，全部达标。大兴机场室内外光环境、风环境、声环境、光环境、热环境、空气品质均达标，全场绿地率≥30%，停车楼屋顶绿化比例6.01%，本地植物指数≥0.7，垃圾无害化处理率100%，室内达标，符合绿色机场环境友好的要求。

运行高效方面共审查8项指标，全部达标。大兴机场航站楼采用中央放射的五指廊构型，旅客安检后从航站楼中心到最远端登机口仅需步行约600m，最长时间不到8min，效率优于世界其他同等规模机场；航站楼设计方案满足旅客值机、安检及联检流程高效的要求，国内转国内MCT 45min、国内转国际MCT 45min、国际转国内MCT 45min、国际转国际45min，在国内首次实现空铁联运最短衔接时间60min；进港行李平均运送距离为550m，首件进港行李可在13min内到达；根据旅客流程，设置了立地式标识、悬挂式标识、嵌入式标识等多种引导标识；航站楼、停车楼、轨道交通、车道边及配套服务设施等系统在约500m宽、100m进深的范围内，实现了无缝衔接；经模拟计算，离港无延误滑行时间12'56"，进港无延误滑行时间11'1"；机场按照清洁能源车配置情况设置了相应配套设施；配置了充足的场道除冰雪设施，同时除冰方式全部采用集中除冰，设置除冰机坪16个及配套除冰液回收设施；货站设计处理能力为国内12t/m²、国际9.0t/m²，符合绿色机场运行高效的要求。

人性化服务方面共审查12项指标，11项达到要求，仅机场场内交通站点覆盖率为运行指标，待运行阶段进行评价。大兴机场实现全面无障碍通行体验，建设了"国内领先，世界一流"无障碍环境，全面满足2022年冬残奥会要求；机场航站楼商业齐聚零售、餐饮、航旅、便利及娱乐、VIP及嘉宾等五大业务板块，规划商业店铺346个，为旅客提供了轻松、愉悦的商业氛围；自助值机设备覆盖率达到86%，自助托运设备覆盖率达到76%，行李手推车、互联网设施、停车设施，加油、充电等配套设施，员工服务设施、员工职业健康设施、区域公共设施齐全，符合绿色机场人性化服务的要求。

总体而言，大兴机场在建设阶段达到了绿色建设指标体系的要求，部分指标达到了国际先进水平，绿色设计、绿色施工均符合国家规范规定和要求，圆满地完成了建设阶段的绿色实践任务。

11.1.2　社会反响与评价

大兴机场自开工至建成投运，走的每一步都吸引着无数人的眼球，万众的期待与赋予的艰巨使命为大兴机场建设提出了亟待解答的时代问卷。大兴机场全体建设者作为答卷人，辛勤劳动，共同努力，准确把握时代要求，顺应人民愿望，如期提交了答卷。社会各界及民众作为最公正的阅卷人和评判人，最有资格和权力评价大兴机场建设成效的优劣。

　　大兴机场尚未完全建成之时，就被英国权威《卫报》评为"新世界七大奇迹"之首。大兴机场建成投运之日，其完整姿态展现在世人面前，吸引来众多媒体的争先报道。投运仪式上，习近平总书记出席并宣布大兴机场正式投运，同时对大兴机场的规划设计、建筑品质给予了充分肯定，赞扬大兴机场体现了中国人民的雄心壮志和世界眼光、战略眼光，体现了民族精神和现代化水平的大国工匠风范，这代表了国家层面对于大兴机场建设成绩的最高肯定。投运伊始迎来的国庆"黄金周"，旅客和游客纷至沓来，国庆期间总人次达到51.84万，单日游客人次最高达到10.7万人次，是出行旅客数量的23倍，使大兴机场迅速成为"网红打卡地"，成为受全球旅客欢迎的国际航空枢纽。在铺天盖地的报道之中，无论是各界媒体还是公众自媒体的评论和留言，都一致对大兴机场建设成果给予了高度肯定。评论和留言中，除了为大兴机场建成代表着祖国强大、民族复兴而催生的赞叹和祝贺之外，也有大量对大兴机场硬件设施和服务水平的肯定，其中有对"凤凰展翅"等机场外部形态、"C"形柱祥云造型以及"五大庭院"等人文环境的赞美，有对人脸识别、无感通关、行李跟踪、机器人泊车等"黑科技"的惊叹，也有对旅客步行距离、换乘无缝衔接、无障碍设施、休闲娱乐设施等旅客服务水平的赞许，满足人民对于美好出行的迫切需求极大地彰显了大兴机场绿色建设的价值。

　　大兴机场依托绿色建设成果，积极申报并荣获了多项高质量奖项和荣誉（表11-1），国家、行业及相关协会从创新力度、环境影响、服务水平等多方面给予了高度肯定，为大兴机场绿色建设所发挥的效用和价值提供了强有力的证明。

大兴机场绿色机场建设相关奖项及荣誉

表11-1

序号	奖项/荣誉名称	获奖项目/单位	颁发单位
奖项			
1	全国绿色建筑创新奖一等奖	北京大兴国际机场旅客航站楼及停车楼工程	住房和城乡建设部
2	民航科技进步奖一等奖	绿色机场规划设计、建造及评价关键技术研究	中国航空运输协会
3		机场飞行区工程数字化施工和质量监控关键技术研究	中国航空运输协会
4	北京水利学会科学技术奖一等奖	水系统建设关键技术研究与示范	北京水利学会
5	中国交通运输协会科技进步奖二等奖	绿色机场标准体系和性能提升关键技术研究及工程应用	中国交通运输协会
6	华夏建设科学技术奖三等奖	北京大兴国际机场海绵系统构建关键技术及示范	华夏建设科学技术奖励委员会

序号	奖项/荣誉名称	获奖项目/单位	颁发单位
7	绿色施工科技示范工程	北京新机场东航基地项目机务维修及特种车辆维修区一期工程	住房和城乡建设部
8		南航基地第一标段机务维修设施项目	住房和城乡建设部
9		南航基地第二标段生产运行保障设施单身倒班宿舍项目Ⅰ期	住房和城乡建设部
10	北京市绿色安全样板工地	北京新机场旅客航站楼及综合换乘中心（指廊）工程	北京市住房和城乡建设委员会
11		北京新机场工作区工程（市政交通）——道桥及管网工程002标段	北京市住房和城乡建设委员会
12		北京新机场工作区工程（市政交通）——道桥及管网工程005标段	北京市住房和城乡建设委员会
13		北京新机场工作区工程（市政交通）——道桥及管网工程006标段	北京市住房和城乡建设委员会
14		北京新机场工作区工程（市政交通）——道桥及管网工程007标段	北京市住房和城乡建设委员会
15		北京新机场停车楼及综合服务楼项目	北京市住房和城乡建设委员会
16		工作区工程房建项目施工二标段——武警用房、公安用房、急救中心	北京市住房和城乡建设委员会
17		南航基地第二标段生产运行保障设施单身倒班宿舍项目Ⅰ期	北京市住房和城乡建设委员会
18		第一航空加油站、第二航空加油站、机场油库及相关配套业务用房	北京市住房和城乡建设委员会
19		北京新机场配套供油工程综合生产调度中心	北京市住房和城乡建设委员会
20		北京终端管制中心工程	北京市住房和城乡建设委员会
21		北京新机场东航基地项目航空食品及地面服务区一期工程	北京市住房和城乡建设委员会
22		南航基地项目配餐中心等6项	北京市住房和城乡建设委员会
23		空管核心区和气象综合探测场工程	北京市住房和城乡建设委员会
24	北京市建筑业新技术应用示范工程	北京新机场旅客航站楼及综合换乘中心（核心区）工程	北京市住房和城乡建设委员会
25		北京新机场旅客航站楼及综合换乘中心（指廊）工程	北京市住房和城乡建设委员会

序号	奖项/荣誉名称	获奖项目/单位	颁发单位
26	北京市新技术应用科技示范工程	北京新机场停车楼及综合服务楼项目	北京市住房和城乡建设委员会
27		南航基地第二标段生产运行保障设施单身倒班宿舍项目 I 期	北京市住房和城乡建设委员会
28	河北省绿色施工示范工程	生产运行保障设施运行及保障用房项目 I 期运控中心（1号楼）和机组出勤楼（2号楼）工程	河北省住房和城乡建设厅
29		生产运行保障设施运行及保障用房项目综合业务用房（3号楼）和机组过夜用房（4号楼）工程	河北省住房和城乡建设厅
30		南航基地第六标段货运设施项目国内货运站工程	河北省住房和城乡建设厅

荣誉

序号	奖项/荣誉名称	获奖项目/单位	颁发单位
1	北京市绿色生态示范城区	北京大兴国际机场	北京市规划和自然资源委员会
2	民航打赢蓝天保卫战先进单位	北京大兴国际机场	中国民用航空局
3	施工扬尘治理先进建设单位	北京大兴国际机场建设指挥部	北京市住房和城乡建设委员会
4	无障碍设施设计十大精品案例	北京大兴国际机场	中国残疾人联合会

标识认证

序号	奖项/荣誉名称	获奖项目/单位	颁发单位
1	2019年度场外值机最佳支持机场	北京大兴国际机场	国际航协（IATA）
2	IATA RFID技术实施认证	北京大兴国际机场	国际航协（IATA）
3	IATA"便捷旅行"项目"白金标识"认证	北京大兴国际机场	国际航协（IATA）
4	三星级绿色建筑设计标识认证	北京新机场东航基地项目核心工作区一期工程（F-03-01地块）	北京市规划和自然资源委员会
5		北京新机场东航基地项目核心工作区一期工程（F-05-01地块）	北京市规划和自然资源委员会
6		北京新机场东航基地项目生活服务区一期工程	北京市规划和自然资源委员会
7		北京新机场旅客航站楼及停车楼工程	中国城市科学研究院
8	节能建筑3A级设计标识认证	北京新机场旅客航站楼及停车楼工程	国家建筑工程技术研究中心

11.2 主要成就

大兴机场自选址起始终秉承绿色理念，从全过程建设和全要素提质两大方面统筹兼顾、协调推进绿色机场建设。经过十余年的不懈努力，大兴机场在绿色机场建设方面取得了丰硕的成果和辉煌的成就。

1. 创新了绿色机场建设理论与模式

在理论层面，大兴机场在对机场运行和绿色机场发展深刻理解的基础上，进一步调整优化并扩展了绿色机场内涵，将体现机场功能特点的运行效率纳入绿色机场范畴，随后运行高效理念也成为"四型机场"的建设要求，体现了大兴机场对绿色机场理解的前瞻性和创新性。在建设模式层面，大兴机场秉承绿色发展理念，以强大的意志决心开展绿色机场建设，主动成立专门的绿色建设组织机构，保障和推动绿色机场建设工作的顺利进行。通过开展顶层设计，先后形成了《北京新机场绿色建设纲要》《北京新机场绿色建设框架体系》《北京新机场绿色建设指标体系》等一系列成果，用于指导大兴机场绿色建设。在对标国内外先进机场的基础上，创新性地构建了绿色建设指标体系，并以54项绿色建设指标为主要抓手，结合工程建设基本程序，建立了一套包括"指导—复核—优化—确认"的全过程、全覆盖的绿色建设实施程序，涵盖从选址、规划设计、招标采购、施工管理到运行维护的全寿命期，确保绿色理念在机场各功能区及全部建设项目的全方位贯彻。

2. 打造了民航首个绿色生态示范区

"北京市绿色生态示范区"由北京市依据《北京市人民政府办公厅关于印发发展绿色建筑推动生态城市建设实施方案的通知》（京政办发〔2013〕25号）设立，从2014年开始每年从众多北京市在建的优质项目中评选出能耗、水资源、生态环境、绿色建筑建设、交通、可再生能源、土地利用、再生水利用、垃圾回收等众多方面最具有代表性的项目作为示范项目，并给予一定资金奖励。大兴机场在大兴区政府的推荐下参与2018年北京市绿色生态示范区的评选工作，经资料初审、现场考察、专家评审、网上公示等环节，最终大兴机场从众多优秀项目中脱颖而出，在北京市绿色建筑发展交流会上正式获颁"北京市绿色生态示范区"称号，并获得奖励资金500万元，标志着大兴机场绿色建设整体达到了北京市领先水平，成为民航首个绿色生态示范区。作为大兴机场绿色机场建设工作的一项重要成就，该称号凝聚了大兴机场多方面的绿色建设成果，尤其是如海绵机场、大型耦合式地源热泵、烟气余热深度利用、高星级绿色建筑、除冰液处理再生等20余项重点绿色技术的工程化应用，形成了诸多示范亮点，能够有效推动交通覆盖率、工作区绿色交通出行比例、清洁能源车辆比例、环境污染处理、非传统水源利用率、管网漏损率、径流总量控制率、可再生能源利用率、绿色建筑比例、信息化类指标、固体废弃物等11项示范区绩效评价指标的顺利实现，为提升城市生态文明建设水平，建设资源节约型、环境友好型城市贡献民航力量。

3. 开航1年通过环境保护自主验收

随着我国生态文明建设进程的不断推进，生态环境保护工作愈发受到国家、地方和行业的重视，城市及其周边区域对环境的要求进一步提高，机场周边固体废物、污水、噪声的处理要求也随之提高。面临环境保护工作的要求和严峻形势，大兴机场始终将环境保护工作作为绿色机场的重要内容持续推进，将落实环评批复要求作为底线任务，把环境友好绿色理念贯穿到大兴机场建设和运营的全过程中，开展了从空中（飞机噪声）到地下（污水处理），从有形（固体废物）到无形（大气污染）的全方位环境治理工作，持续引领大兴机场走生态环境保护的绿色发展之路。2019年7月17日，生态环境部部长率队调研大兴机场建设运营的生态环境保护工作，充分肯定了大兴机场在建设运营的生态环境保护工作方面取得的突出成绩，指出大兴机场以新技术运用推进节能减排，以噪声、污水防治保障周边群众环境效益，以绿色建设运营树立行业环保标杆，充分体现了绿色发展理念。2020年9月1日，《中华人民共和国固体废物污染环境防治法》正式施行当日，正值大兴机场开航1周年之际，大兴机场启动竣工环保自主验收，严格遵照验收规程，精细制定现场勘察线路，翔实准备文件图纸档案，高标准组织召开验收会议，邀请了9位业界权威人士作为特邀专家共同组成验收工作组。验收组一致认为大兴机场执行了国家建设项目环境保护的有关规定，落实了环评及批复中要求的各项环境保护措施，符合环境保护验收条件，同意大兴机场通过竣工环境保护验收。经过20个工作日公示，大兴机场于9月30日完成生态环境部全国建设项目竣工环境保护验收信息系统备案，成为全国首个在开航1年完成整体竣工环保自主验收的大型枢纽机场。

4. 发挥了行业示范引领作用

通过绿色机场建设的深入实践，大兴机场形成了大量绿色建设成果和成功经验，大兴机场践行"引领世界机场建设、打造全球空港标杆"的建设要求，始终以支撑行业绿色发展为己任，将成果经验转化作为绿色建设的重要内容，开展了大量工作。行业标准是引领行业发展极为重要的载体，大兴机场首先从标准建立入手，扩大行业绿色机场影响范围。大兴机场自2014年起启动绿色机场标准框架体系构建及绿色机场标准编制工作，《绿色航站楼标准》MH/T 5033—2017、《绿色机场规划导则》AC-158-CA-2018-01、《民用机场绿色施工指南》AC-158-CA-2017-02、《民用机场航站楼绿色性能调研测试报告》IB-CA-2017-01已由民航局正式颁布实施，其中《绿色航站楼标准》MH/T 5033—2017入选中国向"一带一路"国家推荐的10部民航标准，为全球民航贡献"中国智慧""中国标准"，充分发挥了大兴机场对于国内外绿色机场发展的引领与示范带动作用；其次绿色技术是机场实现绿色发展的重要手段，大兴机场从科技创新和示范工程建设出发，强化行业绿色技术创新和工程应用。围绕工程建设，承担了国家"十二五"科技支撑计划项目和中国民航局、北京市绿色相关科研课题10余项，突破了一系列关键技术，荣获"全国绿色建筑创新一等奖""民航科技进步一等奖""北京水利学会科学技术奖一等奖"等多项荣誉，与绿色机场相关的多项示范工程被行业列入"四型机场"示范项目名单。2019年9月，民航局副局长在第四十届国际民航组织大会上发布了《中国民航应对气候变化政策与行动2019》，将大兴机场绿色建设作为示范案例向全球分享，充分展现了大兴机场对于行业绿色发展的技术支持和示范引领作用。除此之外，大兴机场重视绿色实践经验的传播分享，受邀在国际绿色建筑与建筑节能大会暨新技术与产品博览会设立了"绿色机场"分论坛，以传播和推广绿色机场科技创新成果以及大兴机场绿色建设经验，至今已连续成功举办五届（2017—2021年）。

11.3　实践启示

大兴机场工程项目启动以来，在提高资源利用效率、减少环境污染、促进运行高效和人性化服务等方面做出了不懈努力，取得了绿色机场建设实践的成功，践行了"引领世界机场建设，打造全球空港标杆"的宏伟目标。这份来之不易的成绩背后是大兴机场在绿色建设道路上坚定了目标、严控了过程、落实了保障。民航局冯正霖局长在大兴机场投运一周年工作座谈会上的讲话提出，要系统总结大兴机场建设运营的宝贵经验，深入推动大兴机场建设运营经验成果转化，希望大兴机场的经验对于我国绿色机场建设具有一定启发。

1. 运用先进理念指导行动

　　绿色是新发展理念的重要内容，机场作为重大基础设施，代表着地方乃至国家的门户形象，是时代社会进步的重要标志，必须践行绿色发展理念，发挥示范引领作用。大兴机场在研判当时国家、行业发展形势和未来发展要求的基础上，明确要践行绿色发展理念，在选址阶段就开展了绿色选址，并在规划设计、施工、运行中始终坚持"资源节约、环境友好、运行高效、人性化服务"的绿色理念。按照绿色理念内涵，大兴机场全面推行绿色建筑，航站楼荣获绿色建筑设计三星级和节能建筑设计AAA级双认证，采用太阳能光伏发电、太阳能热水等措施，全场规划可再生能源利用率达到16%以上，构建复合生态水系统，全场雨水收集率100%，优化了资源利用方式；推进地方在开航前完成机场周边噪声敏感点的居民搬迁安置和治理工作，多措并举最大限度减少"水、气、声"等污染排放，建设环境管理系统，提升了机场及周边环境质量；全国首创"全向型"跑道构型，航站楼功能楼层采用立体叠落方式，实现了零距离换乘，提高了机场空陆侧运行效率，增加了机场容量；创新设计五指廊放射构型，缩短了旅客步行距离，采用国内旅客进出港混流，打造"国内领先，国际一流"的无障碍环境，改善了旅客出行体验。

　　启示：理念是行动的先导，一定的发展实践都是由一定的发展理念引领而来。只有落实新发展理念，才能更有发展目标，更有动力和活力。

2. 超前谋划并扎实推进

　　绿色机场是系统工程，涉及机场全方位和全过程，需要各参建单位的共同参与，需要各个阶段的有效衔接，必须要早谋划早部署，并且按照计划坚定不移分步推进。大兴机场将未雨绸缪和分步推进作为绿色机场建设的重要法宝。2011年，为了寻找到合理的绿色机场推进路径，大兴机场邀请国内外专家对机场绿色建设开展专项研讨，获得了专家对绿色机场建设的宝贵意见，确立了绿色机场建设的基本思路，同时，为了确保绿色机场规划全面，推进有序，大兴机场专门聘请咨询单位开展绿色机场主体研究，对大兴机场绿色机场建设进行顶层设计，建立了绿色机场建设纲要、框架体系和指标体系，确立了绿色机场建设目标共识、实施路线和组织机制，为绿色机场建设与实施奠定了坚实的基础；在顶层设计之后，大兴机场按照工程建设程序，发布绿色建设指导性文件，并将设计单位、施工单位、建设运行单位组织起来，有序推动绿色规划、绿色专项设计、绿色施工和绿色运行等每一个关键环节，确保绿色理念层层落实到工程实践中，实现了最初绿色建设的目标。

　　启示：系统性工作需要有前瞻性思考，提前谋划可为后续工作提供根本遵循，进而从容不迫掌握主动性。但谋划不能停留在表面,更需要一步一个脚印地按照谋划步骤落到实处。只有将超前谋划和扎实推进结合起来,才能将理念变成现实。

3. 构建指标体系引领建设与评价

绿色机场建设效果如何,是否实现预期目标,仅靠宏观的概念理念是不足以判断和得出结论的,必须要通过具体指标来进行衡量与评价,为了实现高水平的绿色建设,指标体系需要覆盖全面,指标值需要合理先进。大兴机场坚持在高标准定位下构建指标体系,结合绿色机场"资源节约、环境友好、运行高效和人性化服务"的基本内涵,首先建立了绿色机场建设指标框架体系,提出了12个方面的54项绿色建设指标。同时,按照大兴机场高标准建设、高质量发展的要求,在对国内外机场建设和运行情况调研基础上,确定各项指标对应的指标值,研究确立了21项能够达到国际和国内先进水平的引领性指标,并研究确立了表征大兴机场确立的低碳机场先行者、绿色建筑实践者、运行高效引领者、人性化服务标杆机场、环境友好示范机场五大定位的10项代表性指标。指标体系确立后,大兴机场绿色建设便有了明确的标准要求,当指标进一步分解到各功能区、各项工程中,每一个区域和工程也都有了明确的节能率、可再生能源利用率等绿色设计要求,得以根据量化的要求优化设计方案和工程建设,并以量化要求对工程建设过程和建设结果进行评价。作为大兴机场绿色设计、建设与评价的重要依据,绿色机场指标体系牵引着大兴机场绿色建设不偏离轨道。

启示:构建科学的指标体系,确立合理的指标值是将复杂系统问题清晰化、明确化处理的关键举措,指标体系可勾勒发展的图景,衡量评价实施的效果,要充分利用指标体系的预测作用、引导作用和评价作用,以便顺利实现预期绿色建设目标。

4. 把握规划设计打造先天优势

机场规划设计存在能耗、排放锁定效应,即规划设计、构型选型确定后,基本确定基础能耗与排放。规划设计如果出现方向性偏差,通过建设和运行进行弥补事倍功半,将影响绿色综合效益的实现。大兴机场将规划设计作为首要抓手,十分重视在规划设计中融入绿色机场理念,开展了绿色专项规划设计,通过周边噪声敏感点分析及飞机噪声评价,开展了飞机噪声与土地相容性规划;通过运行效率、跑道容量及噪声影响等因素仿真模拟,规划了全国首个"全向型跑道系统";以公共交通为导向规划了无缝衔接综合交通枢纽;应用低影响开发理念开展了机场水系统及水资源综合利用规划,实现了雨水径流总量控制率;以提高能源利用效率和优化能源结构为目标开展了机场能源整体解决方案研究与可再生能源利用规划;

以提高空侧站坪运行效率及旅客流程效率为目标开展航站楼规划，规划了五指廊放射构型，并应有BIM技术开展深化设计；大兴机场绿色规划设计为绿色机场建设和运行创造了良好的条件。

启示：规划设计是首要且核心环节，规划设计绿色化是降低锁定效应有效手段，是机场绿色先天优势的重要体现，机场只有把握机场规划设计环节，开展绿色规划设计，才能使绿色机场从一开始就具备良好的条件，减少运行改造的需求和成本。

5. 强化科技支撑绿色建设

绿色机场建设过程中经常面临许多新的问题与挑战，需要开展专题研究确定方案或应用新工艺、新技术来解决问题。大兴机场共开发应用103项新专利、新技术，65项新工艺、新工法，其中有许多技术应用于绿色机场建设，极大程度地支撑和提升了大兴机场绿色建设水平。首先，大兴机场结合工程科技创新的需要，从能源系统规划、水系统规划、飞行区绿色设计、航站楼绿色设计等方面建立工程专项研究清单，形成机场能源整体解决方案研究、机场地热能利用专项研究、海绵机场构建研究、飞行区太阳能光伏项目可行性研究、LED跑道应用可行性研究等研究报告；其次，大兴机场以机场工程为示范，积极牵头或参与申请国家及行业重大科研项目，应用空地一体化仿真技术、滑模摊铺施工技术、自融雪加热道面技术、除冰液收集处理技术、数字化施工技术等，打造了大兴机场绿色建设示范工程；最后，大兴机场将绿色建设过程中的管理和技术创新经验总结形成行业标准，先后承担了《绿色航站楼标准》MH/T 5033—2017、《民用机场绿色施工指南》AC-158-CA-2017-02、《绿色机场规划导则》AC-158-CA-2018-01等多项绿色机场行业标准，为行业绿色机场发展提供了标准支撑。

启示：科技创新是支撑绿色发展的动力源泉，是提升绿色建设水平的重要途径。机场需要梳理工程研究需要，并积极联合科技创新力量开展科技创新活动，只有充分发挥绿色技术创新的支撑作用，才能满足绿色机场建设需要，并提高绿色机场建设水平。

6. 坚定决心筑牢组织保障

绿色机场建设是对机场参建各方的新要求，需要各方发挥主观能动性，投入力量配合和参与，机场建设单位意志是否坚决对绿色建设过程推进和结果具有重要影响，同时，机场建设不是机场一家主体，还有空管、航空公司等驻场单位，需要机场建设单位统一规划和推动绿色建设。大兴机场始终秉持绿色机场建设决心，坚持贯彻绿色发展要求，坚定不移地以世界一流绿色新国门为目标，建立了绿色建设实施长效机制，为把控绿色建设质量和效率提供了坚强的组织保障。2011年，指挥部成立了绿色建设领导小组和工作组，指挥长牵头挂帅，搭建了自上而下的组织保障体系，明确了参建各方的具体职责，工作组层面是绿色机场建设的日常沟通和协调平台，多次召开会议进行绿色机场专题研究，领导小组层面是绿色机场建设的审议和决策平台，先后七次召开绿色机场领导小组会议，对绿色机场建设重要指导性文件和重要事项进行决议。通过绿色机场领导小组、工作组机制和绿色机场建设实施程序，大兴机场将各参建单位力量凝聚起来，共同投入绿色机场建设中。同时，大兴机场建立了一套"指导—复核—优化—确认"的绿色机场建设实施程序，确保在绿色机场建设中有要求、有反馈、有落实。对于绿色建筑、可再生能源等关键指标，大兴机场对驻场单位提出了绿色规划要求，以推动机场全场绿色建设。

　　启示：绿色机场是统一共识下各方一致行动的结果，组织机制是绿色机场建设的坚强保障。只有坚强的组织领导和组织保障，才能确保绿色建设能够有力推进。

7. 推进建设运营一体化

　　机场建设管理和运营管理通常是两个主体，较容易出现建设与运营脱节的情况，而绿色机场建设需要建设运营全过程实施，因此对建设运营一体化提出了需求。大兴机场非常重视建设运营一体化，建设阶段指挥部成立后，就从各单位抽调了设计、建设和运营管理各类型人才，同时开展首都机场等单位关于建设和运行存在问题和建议的调研，在建设阶段充分吸纳运营人员的宝贵经验和深刻教训，减少重复犯错的风险；大兴机场即将投用时，成立管理中心开展运营筹备工作，又从指挥部抽调了大量亲历大兴机场建设的人员，建设人员直接转为运行人员使大兴机场运行也具有良好基础，同时，建设单位向运行单位提交可持续发展手册，以此促进了绿色建设到绿色运行的延续；进一步地，建设单位与运行单位均隶属于首都机场集团公司，为了更好促进建设和运行一体化，大兴机场建设单位与运行单位联合建立协同委员会，推动建设与运行组织机构及工作机制的一体化。进入运营阶段后，大兴机场发布了《北京大兴国际机场绿色机场建设行动计划》，制定了绿色机场"十四五"规划、运营期绿色机场推进方案，重点推行能源精细化管控，进一步在绿色建设基础上实现绿色运行。

　　启示：机场建设机构在机场建设前期工作中就要充分考虑机场运营的原则和要求，结合运营需求开展工程建设，确保建设目标符合运营实际，运营阶段也需要充分掌握建设情况，以推进绿色建设实践在运营阶段高效转化，并继续推进绿色运营。只有积极推进建设运营一体化，才能高效实现绿色机场综合效益。

第12章

从绿色建设走向绿色运行

从绿色建设走向绿色运行是机场全寿命期绿色实践的必然要求。如何引领大兴机场顺利地由绿色建设过渡到绿色运行，是大兴机场绿色实践承上启下、继往开来的关键，也是大兴机场建设者们长期深入思考的课题。大兴机场制定了机场可持续发展的战略，完成了绿色建设指标的闭环管理，推动了绿色建设运行一体化，开启了大兴机场绿色发展的新篇章。

12.1　可持续发展

1.　贯彻建设运营一体化理念

机场建设和运营是两个不同的阶段，机场建成后往往交由运营团队来运营。机场由建设迈向运营的过程中，由于受人员流动、职责变化、交接沟通情况等多种因素的干扰，将不可避免地从客观上带来建设和运营的脱节，致使其存在鸿沟需要跨越，从而导致建设成本高、运行效率低及运营成本高等问题。

因此，建设运营一体化的可持续发展理念应运而生。建设运营一体化是对建设与运营实行统一管理，以设施和运营需求确定建设内容和规模，使建设与运营职能并重，建设者与机场管理机构共同建立联合工作机制，实施建设运营统一协调管理。建设运营一体化要以运营需求为导向，统筹考虑建设规律，最大限度地实现建设和运营目标的协调统一。在项目的决策、设计、施工过程中充分考虑运营的情况，在项目实施的不同阶段，各参与方提前介入项目管理中，进行信息沟通，使各参与方充分了解项目情况，在项目建设的各个环节实现相关参与方之间的有效沟通和信息共享，为项目计划的制定和调整提供支持。

机场建设运营一体化如此，机场绿色建设运营一体化亦如此。机场绿色建设和绿色运行是两个概念，绿色建设是绿色运行的基础，决定绿色运行上限。绿色运行是绿色建设的目标，彰显绿色建设价值，二者辩证统一。

绿色建设阶段，大兴机场积极贯彻了建设运营一体化的理念，充分融入具有运营经验的人才参与建设，按照运行需求进行规划、设计等各环节的实施，收获了多方面的绿色建设成果，为大兴机场的绿色运行打下了坚实的基础。

绿色运行阶段，绿色运行作为绿色机场实践的核心和落脚点，是贯彻"建设运营一体化"、实现绿色建设闭环管理、检验机场绿色建设效果的关键阶段，对机场的可持续发展以及绿色水平的持续提升至关重要，需要开展一系列的专项工作助力其顺利跨越。鉴于此，大

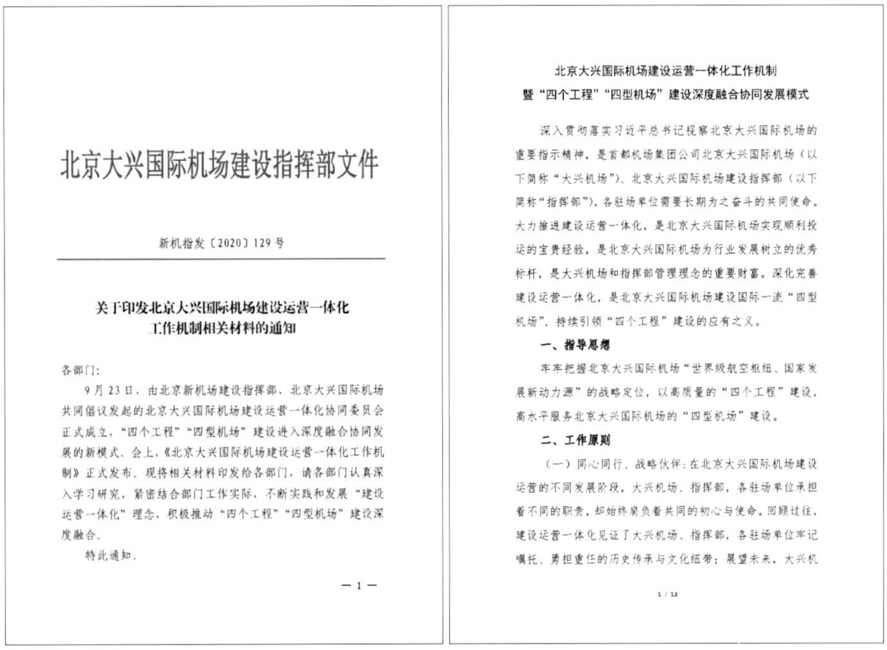
北京大兴国际机场建设指挥部文件

新机指发〔2020〕129号

关于印发北京大兴国际机场建设运营一体化工作机制相关材料的通知

各部门：

9月23日，由北京新机场建设指挥部、北京大兴国际机场共同倡议发起的北京大兴国际机场建设运营一体化协同委员会正式成立，“四个工程”“四型机场”建设进入深度融合协同发展的新模式。会上，《北京大兴国际机场建设运营一体化工作机制》正式发布。现将相关材料印发给各部门，请各部门认真深入学习研究，紧密结合部门工作实际，不断实践和发展“建设运营一体化”理念，积极推动“四个工程”“四型机场”建设深度融合。

特此通知。

— 1 —

北京大兴国际机场建设运营一体化工作机制
暨“四个工程”“四型机场”建设深度融合协同发展模式

深入贯彻落实习近平总书记视察北京大兴国际机场的重要指示精神，是首都机场集团公司北京大兴国际机场（以下简称“大兴机场”）、北京大兴国际机场建设指挥部（以下简称“指挥部”），各驻场单位需要长期为之奋斗的共同使命。大力推进建设运营一体化，是北京大兴国际机场实现顺利投运的宝贵经验，是北京大兴国际机场为行业发展树立的优秀标杆，是大兴机场和指挥部管理理念的重要财富。深化完善建设运营一体化，是北京大兴国际机场建设国际一流“四型机场”、持续引领“四个工程”建设的应有之义。

一、指导思想

牢牢把握北京大兴国际机场“世界级航空枢纽、国家发展新动力源”的战略定位，以高质量的“四个工程”建设，高水平服务北京大兴国际机场的“四型机场”建设。

二、工作原则

（一）同心同行、战略伙伴：在北京大兴国际机场建设运营的不同发展阶段，大兴机场、指挥部，各驻场单位承担着不同的职责，却始终肩负着共同的初心与使命。回顾过往，建设运营一体化见证了大兴机场、指挥部，各驻场单位牢记嘱托、勇担重任的历史传承与文化纽带；展望未来，大兴机

1 / 11

图12-1　大兴机场建设运营一体化工作机制建立文件

兴机场高度重视绿色建设向绿色运行阶段的衔接，一方面，通过以建设单位与机场管理机构联合建立协同委员会，增强绿色建设到绿色运行的协调力度（图12-1）；另一方面，通过将绿色建设血液不断融入绿色运行之中，使相关建设人员加入绿色运行队伍之中，减少磨合时间，保障绿色建设效果发挥效用。

2. 移交绿色运行指南

大兴机场建设者们，在绿色机场规划的蓝图上，进一步地对绿色运行开展了深入思考，从绿色机场建设的角度，提出绿色运行阶段的绿色发展建议，总结形成了《北京大兴国际机场可持续发展手册》。其作为延续绿色建设成果的说明书和建设运行一体化的指南性文件，由绿色建设者交到绿色运行者的手中，顺利实现了绿色建设向绿色运行的过渡。

《北京大兴国际机场可持续发展手册》以行业与地方标准规范、行业与地方及主管单位规划要求、大兴机场绿色建设顶层要求为编制依据，充分融入生态文明建设思想、习近平总书记视察大兴机场的重要指示以及行业“四型机场”建设要求等最新的指导思想，重点围绕“低碳机场先行者、绿色建筑实践者、高效运行引领者、人性化服务标杆机场、环境友好型示范机场”绿色建设五大定位，从绿色建设的角度提出了如清洁能源车配置、绿色建筑标识认证、噪声管控与治理等绿色运行应重点关注的方面，并以21项指标为主要抓手，

在梳理了当前建设现状的基础上，给出了具体的运行建议，以协助绿色运行指标的确立与措施的制定。

《北京大兴国际机场可持续发展手册》作为绿色运行指南，将在绿色运行阶段发挥巨大效用，顺利推动绿色建设成果的进一步发展，协助绿色运行者系统、科学地开展绿色运行的顶层设计。

3. 实施绿色运行举措

大兴机场投运后，其绿色发展的重点已经从绿色建设转变为确保绿色实践成果发挥应有效用以及解决绿色运行中产生的新问题。大兴机场在此阶段通过开展以下十个方面的重点工作实现了绿色建设到绿色运行的良好继承与发扬，有效推动了绿色运行更好更快发展。

一是积极跟踪运行阶段的重点绿色建设指标。大兴机场开展了运行1年的跟踪调研，建立了跟踪服务调研联系人机制，多次开展问卷、资料及实地调研，就指标的变动实施动态跟踪。同时，对绿色建设指标中涉及运行阶段的指标情况进行分析，对整体绿色运行情况进行总结，以实现绿色建设闭环管理、检验绿色建设运行一体化的实施情况。

二是稳固强化绿色建设成果。大兴机场全面启用能源管理平台、环境管理平台、噪声监测平台等绿色建设成果，积极应对建设运营衔接关键问题，开展计量表具检测工作，并对全场未实现计量数据远传功能的计量表具进行改造；推动停车楼、飞行区北一跑道及货运区等光伏发电项目完工建设，实现并网运行；促进提升APU替代设施使用比例，与通航的21家航空公司全面签订地面设备替代APU使用协议，实现签约率100%；实施航站楼智能照明系统调试，实现开关灯时间由时间表自动控制及室内照明系统恒照度运行。

三是着手制定绿色运行的行动计划。大兴机场通过编制《北京大兴国际机场绿色机场建设行动计划》，与建设期54项绿色指标衔接，发布了五大任务共13项具体行动举措。同时，对标行业先进机场运行标准，制定运营期绿色机场框架体系、指标体系，统筹推动绿色运行行稳致远（图12-2）。

四是不断完善相关制度建设。大兴机场不断夯实绿色管理体系，制定并发布《北京大兴国际机场能源管理规定》《北京大兴国际机场环境管理规定》，明确了大兴机场节能管理、环境管理的相关要求，为能源和环境管理工作奠定基础；制定并发布《飞行区新能源车辆及充电设施使用手册》《大兴机场飞行区公用充电桩使用手册》和《大兴机场升降式地井系统使用手册》，保障设备设施的安全运行管理；建立场内近300家驻场单位及商户能源转供、用户收费机制；制定并发布《北京大兴国际机场生活垃圾管理规定》，申请餐厨垃圾消纳指标，规范

任务一：成为低碳机场先行者
• 行动1：打造清洁能源车使用及配套设施建设样板
• 行动2：打造APU替代设施建设样板
• 行动3：打造可再生能源利用样板
• 行动4：打造节能与碳管理样板

任务二：成为绿色建筑实践者
• 行动5：全场建筑全面深绿化
• 行动6：推进绿色星级等第三方认证

任务三：成为高效运营引领者
• 行动7：形成高效的规划设计方案
• 行动8：实现飞机、人、行李的高效运营

任务四：成为人性化服务样板
• 行动9：建设人性化服务设施
• 行动10：筑牢真情服务底线

任务五：成为环境友好型示范
• 行动11：打造噪声影响治理与管控样板
• 行动12：打造水资源管控样板
• 行动13：提升环境管理水平

图12-2 《北京大兴国际机场绿色机场建设行动计划》重点任务

大兴机场餐厨垃圾收集转运流程，制定涉疫垃圾处置方案，规范涉疫生活垃圾收集、运送、贮存、处置等重点环节的处置程序，明确防疫责任，确保防疫期内涉疫垃圾处置及时、有序、高效及无害化，严防疫情传播；邀请政府管理机构宣贯环境相关政策法规，建立先宣贯后执法的工作模式；配合政府执法，实现场内车辆尾气排放零违规记录等。

五是深入推进打好污染防治攻坚战。大兴机场发布打赢蓝天保卫战综合管控计划，锚定行业标杆，形成任务子项188个，开展综合管控和立体协调，确保大兴机场打赢蓝天保卫战各项工作按期完成；开展车辆尾气检测基础建设，在飞行区内设置尾气检测站，具备汽柴油检测检测能力，满足对既有燃油车辆的尾气排放跟踪，开航至今，保障了场内燃油车尾气100%达标排放。检测站后续将进一步增加对新能源车辆车况以及电池等检测能力；推动场内车队结构不断升级，扩大新能源车辆采购，实现全场新能源车辆占比78%；统筹推进充电桩建设投运，加强场内充电设施管理，飞行区内建有534个智能快速直流充电桩，具有车辆识别代号（VIN）读取能力，读取车辆代号后接入统一监测平台，充电时能够识别车辆信息进行充电并计费，开启车辆"刷脸"充电新模式，实现智能有序充电；积极布局远机位APU替代设施，实施40个远机位地面空调建设，采取固定式+移动式地面空调机组，组合地井等多种设备形式相结合的方式开展改造；建立机坪车辆管理系统、充电桩收费系统、地井式电源空调监控系统，实现了新能源车辆、充电设施以及APU替代设施的监控管理。

六是全面开展科研攻关。大兴机场积极参与编制行业规范《绿色机场评价导则》，并向民航局申报"四型机场"示范项目，2018年12月，《北京新机场智慧规划建设项目》列入首批"四型机场"示范项目名单，示范内容包含能源管理平台与环境管理平台助力打造节能环保的绿色机场等绿色建设成果，2020年10月，《是时候来大兴机场"露个面了！"—大兴机场"无纸化出行"服务产品》与《北京大兴国际机场绿色机场建设项目》列入2020年度"四型机场"绿色机场示范项目名单。此外，大兴机场向首都机场集团公司申报并立项多个绿色机场研究课题，内容涉及航站楼能源精确管控、垃圾减量及智能分类回收、清洁能源新技术高效运行模式研究、噪声分布预测与评估方法研究等课题，借力科技力量攻克运营中重点难点问题。

七是启动双碳目标前期工作。大兴机场开展了碳核查工作，预判机场碳排放峰值；结合双碳目标开展航站楼净零碳排放研究，每月定期开展能耗分析并发布能源月报，深入研究分析用能设备系统运行特点以及影响能耗特性的关键因素的变化规律，制定航站楼能耗指标体系、主要能源系统控制策略；跟踪北京市生态环境局碳排放权交易、首都机场集团公司绿色债券、大兴区园林绿化局碳中和志愿交易等相关工作进展并积极参与；利用办公自动化（OA）系统网站等渠道加大碳达峰、碳中和相关知识宣传力度。

八是加强绿色宣传示范引领作用。大兴机场多次举办公益展览和绿色宣传。借助"一度电的旅程""一滴水的故事"，增强旅客对绿色机场的认知，提高旅客及机场工作人员的环保意识；组织垃圾分类专家讲座，印制垃圾分类宣传手册、海报，全面开展垃圾分类宣传，树立垃圾分类理念，实现资源最大限度利用；在办公活动中倡导资源节约，做好办公场所的节能降耗。同时注重外部宣传工作，发挥示范作用。在央视新闻客户端、新浪微博、中国交通等多家媒体报道蓝天保卫战工作成果；协同北京市水务局、北京市节水办、《北京日报》《北京水务报》开展大兴机场"海绵机场"与节水调研工作，并在多家主流媒体宣传；在绿色建筑大会、中英经贸暨绿色机场大会中积极分享绿色建设与运行探索经验。

九是搭建机场绿色高质量发展的交流平台。为探索新形势下的绿色发展，凝聚绿色发展智慧，2021年6月28日，大兴机场在北京召开了"碳达峰、碳中和背景下北京大兴国际机场打造绿色高质量发展新路径研讨会"。生态环境部宣传教育司，民航局节能减排办公室、全国政协人口资源环境委员会、中国环境科学学会、国务院发展研究中心资源与环境政策研究所、清华大学、中国生态文明研究与促进会、全国工商联环境商会等单位的40余名领导、专家、学者受邀出席了研讨会。会议聚焦"双碳"国家战略，对大兴机场作为国之重器和对外展示的新国门如何打造绿色高质量发展新路径进行了深入探讨。

12.2　绿色运行跟踪评价

　　为落实全寿命期绿色实践要求，检验绿色建设运行一体化的实施情况，大兴机场开展了长达1年多的绿色运行跟踪评价工作，通过开展多种形式的绿色运行调研，获取了涉及绿色运行阶段的绿色建设指标数据以及绿色建设成果的使用情况等，并以此编制了《北京大兴国际机场绿色运行调研报告》，帮助机场管理人员和运行人员全面掌握当前绿色运行的效果。

　　根据绿色运行跟踪评价结果显示，大兴机场针对能耗控制、绿色建筑认证、雨水污水管理、除冰液收集噪声监测控制、垃圾无害化处理、运行效率提升、员工人性化服务建设等方面，在绿色建设成果的基础上，积极开展了相关工作，促成大兴机场绿色运行指标的全面达标。

1.　航站楼能耗指标

　　大兴机场能评报告与指标体系提出了"航站楼单位面积能耗小于29.51kgce/m^2"的指标要求。

　　绿色建设阶段，大兴机场通过航站楼的绿色建筑三星级与节能建筑AAA级设计，应用LED照明、冰蓄冷、辐射空调、超低能耗围护结构等创新技术应用，为绿色运行阶段该指标的达成奠定了基础。

　　运行首年，根据数据调研测算，航站楼单位面积能耗控制在26.39kgce/m^2，实现了航站楼能耗指标要求。

2.　绿色建筑指标

　　大兴机场指标体系中提出了"机场区域内绿色建筑比例100%，其中旅客航站楼及综合换乘中心、核心区所有建筑、办公建筑、商业建筑、居住类建筑、医院建筑、教育建筑等七类建筑均为三星级绿色建筑。航站楼获得绿色建筑三星级设计、运行标识"的指标要求。

建设阶段，大兴机场严格按照指标要求进行规划建设，通过沟通协调不断校核相关绿色建筑设计完成情况，最终实现了全场绿色建筑设计100%，绿色建筑三星级设计70%（按建筑面积计）。同时，大兴机场于2018年聘请了专业咨询机构系统开展绿色建筑设计认证工作，全面推动绿色建筑指标的落实。

运行阶段，大兴机场积极开展绿色建筑的认证工作，目前大兴机场旅客航站楼及停车楼工程、急救中心一期工程、非主基地航空公司业务用房及机组出勤楼项目、供油工程综合生产调度中心、南航基地生产运行保障设施运行及保障用房项目、东航基地项目核心工作区一期工程（F-03-01地块）、东航基地项目核心工作区一期工程（F-05-01地块）和东航基地项目生活服务区一期工程共8个项目已完成设计认证，已获得三星级绿色建筑设计标识认证证书。

3. 海绵机场指标

大兴机场指标体系中提出了"雨水收集率100%，调蓄量不低于280万m^3，回渗率不低于40%"的指标要求，而后在海绵机场规划中提出"年径流总量控制率85%，外排流量不超过30m^3/s"的总体指标要求。

建设阶段，大兴机场在全场设置了总容积280万m^3的调蓄水池和排水能力为30m^3/s的雨水泵站，在硬件层面达到了调蓄量与外排流量的指标要求，并在规划中将年径流总量控制率指标分解至机场各区域，设计阶段全面实现了指标的落地。

运行阶段，2019年和2020年，机场雨水全部在机场内部消纳、无一外排，使大兴机场海绵机场运行实现了机场年径流总量控制率100%的高指标。此外，与海绵机场建设同期开展的科研项目——"水系统建设关键技术研究与示范"项目成果，经过专家组评审、奖励委员会全体投票，在148个申报项目中脱颖而出，荣获2020年度北京水利学会科学技术奖一等奖，标志着大兴机场水系统建设整体达到了北京市领先水平。

4. 污水处理指标

大兴机场指标体系中提出了"污水处理率100%、油污分离率100%、雨污分流率100%"的指标要求。

建设阶段，大兴机场通过建设机场污水处理站，油污、雨污分离设施及管网等，为污水处理指标的达成提供了硬件基础条件。

运行阶段，大兴机场对全场污水进行统一处理，对机务维修区、航食区等区域的含油污水进行了收集处理，也对雨污实施了分流，总体实现了"污水处理率100%、油污分离率100%、雨污分流率100%"的指标要求。

此外，根据2020年4月21—22日大兴机场竣工环保验收对机场污水处理进、出水口水质取样监测结果来看，大兴机场废水经污水处理站处理后各项污染物监测因子浓度均符合《水污染物综合排放标准》DB 11/307—2013中B排放限值，同时也可满足《城市污水再生利用　城市杂用水水质》GB/T 18920—2013和《城市污水再生利用　景观环境用水水质》GB/T 18921—2019标准要求。

5. 除冰液收集处理指标

大兴机场指标体系中提出了"航空器除冰液收集率100%"的指标要求。

建设阶段，大兴机场规划建设了除冰废液回收、处理及再生系统，在16个集中除冰坪上配置了除冰液回收专用的收集口、地下收集管线与回收池，2020年实现了除冰废液处理及再生系统的建设，硬件层面实现除冰液从收集、处理到回收全控制环节设施的完备，为绿色运行提供了基础条件。

运行阶段，大兴机场在投运伊始的首个冬航季保障期间就启用了飞机除冰液收集系统，一方面通过除冰废液收集口与地下收集管线收集至除冰液回收池中进行储存，另一方面对于遗撒的除冰废液通过废液回收车进行收集，基本实现了除冰液的全面收集。经2019—2020年冬航季实际运行检验，除冰坪周边的雨水系统中未检出除冰废液成分，间接证实运行实现了"除冰废液收集率100%"的指标要求。至2020年底，大兴机场投运以来共保障60余次霜天气和9次降雪天气，累计回收除冰废液1 800余吨，并定期对废液进行水质监测。投运后，大兴机场积极推进除冰废液处理及再生系统建设，于2021年6月正式投产，在除冰废液100%回收的基础上，实现除冰废液回收利用全链条的绿色作业。

6. 噪声环境控制指标

大兴机场指标体系中提出了"保证机场周边地区居住、文教区的噪声限值WECPNL不高于70dB，其他生活区域WECPNL不高于75dB"的噪声环境控制指标要求。

建设阶段，大兴机场建设了噪声监测管理平台，通过设置的30个噪声监测站点，实现机场周边区域噪声的实时监测，为运行阶段噪声环境控制指标的监测与评估提供了支撑工具。

运行阶段，大兴机场开航后全面启动了噪声监测管理平台应用，根据2020年8月13—16日大兴机场竣工环保验收对小马坊村、李各庄村、东段家务村、廊坊师范学院（西校区）的现场飞机噪声监测结果来看，验收监测期间周边村庄及学校均达到噪声控制指标要求（表12-1）。

大兴机场环保验收——噪声监测结果（LWECPN）统计表［单位：dB（A）］　表12-1

序号	站点名称	监测时间	监测值	执行标准	达标情况
1	小马坊村	第一天	67.3		达标
		第二天	62.9		达标
		第三天	66.1		达标
2	东段家务村	第一天	64.8		达标
		第二天	61.4	75	达标
		第三天	64.9		达标
3	李各庄村	第一天	66.3		达标
		第二天	73.0		达标
		第三天	71.5		达标
4	廊坊师范学院（西校区）	第一天	67.7		达标
		第二天	68.3	70	达标
		第三天	66.8		达标

7. 垃圾无害化处理指标

大兴机场指标体系中提出了"固体废弃物无害化处理100%"的指标要求。

建设阶段，大兴机场通过规划建设机场生活垃圾转运站，合理布局专员站位置，设计满足垃圾无害化、减量化、资源化要求的压缩工艺等，为指标在运行阶段的实现提供基础。

运行阶段，大兴机场在陆侧和空侧分别设置了垃圾中转站，其中空侧垃圾中转站压缩处理规模为42t/d，目前已建设完成投入使用，陆侧垃圾中转站压缩处理规模为105t/d，正在建设当中，机场全年垃圾转运量达3 533t。机场垃圾转运采用勾臂车和挤压车等封闭式垃圾容器进行运输，转站运往市政消纳，同时采取每天清洗垃圾桶、压缩箱和运输车辆的措施。针对新冠肺炎疫情垃圾，机场设置了疫情垃圾专用垃圾间，并委托北京市指定疫情垃圾专业服务商负责收集转运，运行中全面实现了"垃圾无害化处理100%"的指标要求。此外，针对餐厨垃圾，大兴机场申请了餐厨垃圾消纳指标，规范了餐厨垃圾收集转运流程，并建立了垃圾分类全流程监管机制。

8. 机场地面运行效率指标

大兴机场指标体系中提出了"机场原因的航班延误时间＜20min"的指标要求。

运行阶段，大兴机场自开航以来，除新冠肺炎疫情等特殊原因外，该指标均达到其限值要求，实现了航空器地面运行的高效。

9. 旅客流程运行效率指标

大兴机场指标体系在旅客值机时间、旅客安检及联检时间、最短中转时间、行李提取等待时间等方面提出了如下指标要求：

（1）旅客值机时间："95%的国内旅客乘机手续排队及办理时间＜10min、95%的国际旅客乘机手续排队及办理时间＜20min、100%的旅客使用自助值机设备的排队等候时间＜8min"；

（2）旅客安检及联检时间："95%的旅客安全检查排队等候时间＜8min、旅客边防检查手续平均办理时间＜45s、100%的旅客出入境海关通关时间＜3min、100%的旅客出入境检验检疫通过时间＜1min"；

（3）最短中转时间MCT："国内转国内45min、国内转国际60min、国际转国内60min、国际转国际45min"；

（4）行李提取等待时间："95%的航班第一件行李提交时间不超过飞机放置轮挡后20min，最后一件行李提交不超过飞机放置轮挡后40min"。

运行阶段，从旅客值机效率来看，大兴机场在运行中提高了该指标标准，将国内与国际旅客乘机手续排队机办理时间指标由"95%"提升为"100%"，同时设置了更高一级的卓越标准，在原有指标的基础上将排队及办理时间减半。目前大兴机场旅客值机效率均能达到原有指标要求。

从旅客安检效率来看，大兴机场安检以自助安检为主，旅客在刷身份证读取前的等待时间不超过1min，远小于指标8min要求；

从旅客中转效率来看，大兴机场目前尚未涉及中转业务，无法实施指标对标；

从行李提取效率来看，大兴机场在考虑旅客感受优先的基础上，对原有指标进行了调整，设立了"首件行李旅客等候时间＜10min，末件行李旅客等候时间＜30min"指标要求，根据行李到达轮盘时间与旅客到达时间，判别旅客到达行李提取时行李的到达情况，目前行李提取效率也完全能够达到该指标要求。

10. 员工人性化服务指标

大兴机场指标体系在员工人性化服务方面提出了"机场办公区内公共交通及场内交通500m服务半径站点覆盖率不低于95%"和"为保障员工健康，设置相关职业保护设施"的指标要求。

运行阶段，从机场场内交通站点覆盖情况来看，除仍在建设中的地块尚无通勤需求而未设置站点外，其余已启用的办公室设施建筑实现全覆盖，满足95%的指标要求。此外，机场还设置了公交专线和13辆共享通勤班车（每车30人），并开通了跨省通勤班车，未来计划增设往返于地铁4号线天宫院站至大兴机场的大兴快线，促使员工选择绿色出行方式，持续推动机场绿色出行比例的提升。

从员工服务设施配置来看，大兴机场关注一线员工的生产生活需求，不定期开展一线员工需求专题调研，调研内容涉及通勤公交、食堂就餐、倒班工作等方面，编制调研报告，及时采取实际行动，解决员工的实际困难。考虑空侧员工需求，设立空侧员工共享休息室，作为面向机场所有员工的休息中心。共设有休息室6间，其中4间位于飞行区远机位光伏发电站附近、2间位于航站楼B、C指廊一层，总面积近200m²，内设沙发、桌椅、充电设备、书架等基础家具设施供员工交流、用餐、休息使用，有效缓解空侧一线作业人员高度紧张的精神压力；考虑航站楼员工需求，开放航站楼员工共享休息区，位于航站楼3层，占地面积约86m²，设置就餐区、私密活动（母婴）区、休闲阅读区等区域，分别配备专用桌椅、沙发、冰箱、消毒机、饮水机等设备以及丰富的书籍，供员工使用，提升员工幸福指数和工作舒适度。

从员工职业健康保护来看，大兴机场关注员工的身体健康，制定的《北京大兴国际机场安全管理规定》中明确了安全质量部（内保部）负责职业健康体系的建立和管理工作的主体责任，并将职业健康监察列入定期的安全监察计划中，并以安全分册的形式发布了《大兴机场职业健康管理规定》。此外，机场还考虑了服务商员工的职业健康防护，在《北京大兴国际机场安全管理协议》中要求"乙方在履行合同过程中，在职业健康安全方面应采取必要的安全措施"。大兴机场充分重视员工的心理健康，全力推进员工关爱计划，面向全体员工及直系亲属开展员工关爱心理咨询项目，组织诊断和建议，并对员工提供专业的咨询、指导和培训服务，帮助改善组织的环境和氛围，解决员工及其家庭成员的各种心理和行为问题，以提高员工在组织中的工作绩效，提升组织满意度，提升员工幸福感。

大兴机场绿色运行基本实现了原有绿色建设目标，充分吸收、传承了绿色建设成果，并正在积极努力使其发挥应有效用，继续创新推进绿色机场运营，着力打造"世界一流的绿色新国门"。

第
13
章

绿色机场发展展望

　　大兴机场绿色发展的重点已从绿色建设转变为绿色运行，未来的重点是确保绿色实践成果发挥应有效用并按照双碳发展要求，解决绿色运行中产生的新问题。而我国绿色机场建设仍处于发展阶段，在全面建设社会主义现代化国家和走向多领域民航强国的新征程上，我国绿色机场建设将不断深化、完善，实现更大范围、更高标准、更高质量的发展。

13.1　大兴机场绿色发展展望

2017年2月23日，习近平总书记视察大兴机场建设工程时强调，大兴机场是首都的重大标志性工程，是国家发展一个新的动力源，必须全力打造"精品工程、样板工程、平安工程、廉洁工程"，为我们国家基础建设创造一个样板。2019年9月25日，习近平总书记出席大兴机场投运仪式时明确指示要把大兴机场打造成为国际一流的"平安、绿色、智慧、人文机场"，并强调要高质量建设大兴机场，更要高水平运营大兴机场。

以总书记重要指示批示精神为指引，大兴机场将坚定贯彻全寿命期践行绿色机场理念的初心，按照绿色新国门建设的目标，以碳达峰、碳中和为重点，积极行动，推动绿色发展取得良好成效，为世界机场绿色建设和运营不断贡献绿色思想和绿色智慧。

13.1.1　大兴机场绿色运行推进

随着大兴机场运营业务量不断增长，大兴机场造成的环境影响势必伴随业务量增长而增加，而随着人民群众对美好出行体验的需求递增，未来北京及周边区域对环境要求将进一步提升，机场周边固废、污水、噪声的处理要求也将随之提高。持续提升大兴机场绿色运行水平，实现绿色机场建设向绿色机场运行升级版跨越已成为重中之重。

大兴机场将继续坚持高质量绿色低碳发展，在继承和发展建设期已有成果的基础上，持续调适，推行能源的精细化管控，进一步提升设备的运行效率，优化能源结构，从"绿色建筑、绿色能源、绿色环境、绿色交通、绿色机制"五个工作方向着力，推进节能低碳高效运营，打造绿色机场标杆，全力将大兴机场打造成为绿色机场的典范和高质量发展的标志性工程。

1. 绿色建筑

大兴机场绿色建筑提升工作包括开展绿色建筑标识认证、优化土地利用，加强楼宇自

控系统建设、推进全场GIS+BIM系统建设、开展绿色建筑运营阶段第三方评估等方面。具
体来说：

在绿色建筑标识认证方面，大兴机场设计阶段全面开展绿色建筑，其中旅客航站楼及综
合换乘中心、办公建筑、商业建筑七类建筑按照三星级标准设计，在运营阶段，将基于设计
的良好基础，积极开展航站楼、行政综合业务用房、配套服务设施、货运综合楼等绿色建筑
运行标识认证工作。

在土地资源管理方面，秉持"统一征用、统一规划、统一建设、统一管理"的建设原则，
严格落实大兴机场控制性详细规划，加强新建项目前期立项审核，实现集约节约用地；落实
中央国家机关地下空间安全使用要求，推进安全技术改造，研究推进地下空间合理利用。

在楼宇智能化控制方面，完善航站楼、公共区（空防安保、货运综合业务楼）、飞行区
（综合业务楼）楼宇自动控制系统，部署完善能源、环境监测点，实现对楼内机电设备和环境
的全面监控。优化控制系统功能，实现各系统之间的联调联动、节能高效运行。推进数据上
传，实现全场数据集中监控。

在全场GIS+BIM系统建设方面，建设基于GIS和BIM的大兴机场硬件资源管理平台，提供
数字化、可视化、可量化的管理工具，实现信息共享及各类资源动态管控，提升机场运维水
平，为大兴国际机场后期运维提供良好的数据支持及方案。

在建筑性能提升方面，以健康建筑、超低能耗建筑技术框架为指导，在空气、水、舒
适、健身、人文、低能耗及气密性等方面进行全面的性能提升，力争将行政综合业务用房打
造为大兴机场片区首个集健康建筑设计三星、运行三星、超低能耗示范为一体的高端项目，
填补机场区域在健康建筑及低能耗领域的示范空白。

2. 绿色能源

大兴机场绿色能源提升工作包括搭建能源管理体系、健全能源智能化计量系统、完善能
源管理平台功能、提高能源安全裕度、加强充电桩建设、推进可再生能源利用、加强水资源
综合利用、推进航站楼能源精确管控、建立机电系统运行规程、开展能源价格机制研究、开
展合同能源管理试点等方面。具体来说：

在能源管理体系方面，积极开展大兴机场能源管理体系认证工作。

在能源智能化计量方面，统计各区域智能化远传计量表具（水表、电表、燃气表、热计
量表）现有配置情况，研究基于5G、物联网等技术实现现场表具数据远传，推进分类分项计
量；推进商户、驻场单位等租赁用户水表、燃气表数据远传、预付费插卡式用电。

在能源管理平台建设方面，推进各楼宇自控平台数据上传，解决各部门能源数据接入上级

能源管理平台时可能存在的硬件或软件上的问题，为能源审计和指标考核提供翔实的基础数据。

在能源安全裕度方面，推进大兴机场按照实现水电气多路供应；依托大兴机场地理信息系统，建立能源综合管网GIS系统。加快飞行区综合管廊一体化监控系统建设。

在充电桩建设方面，实现近、远机位充电桩全覆盖；推进公共区进、出场高架桥下停车场充电桩建设，加强与国家电网公司合作，创新项目建设模式；统一全场充电桩安全、运营、收费等模式与标准，实现充电"一卡通"，避免形成"孤岛"。

在可再生能源利用方面，大兴机场使用了来自青海省、山西省的水电、风电及光伏发电等绿电，未来将继续综合考虑经济效益、社会效益，积极参与北京市绿电市场化交易，推进绿电使用；继续加大光伏发电项目实施力度，推动卫星厅、公务机楼、跑道两侧光伏建设；研究在大兴机场分步应用其他可再生能源技术如燃料电池、氢能源等的可行性；结合机场实际用能特征，优化可再生能源设备设施与常规供能设施之间的运行策略配比，进一步提高可再生能源实际利用率。

在水资源综合利用方面，制定水资源利用管控制度，污水处理厂污水100%转化为再生水，用于制冷站冷却水补水、全场绿化、景观补水以及除航站楼外的各个楼宇卫生间用水。

在航站楼能源精确管控方面，开展航站楼机电系统、空调系统的持续调适及运行方案优化，实现设备的全年高效运转；通过航班信息、视觉识别等多维度结合的方式，实时采集人员在室状态信息，结合末端环境参数进行冷热负荷预测，提出空调的个性化控制策略。

在机电系统运行方面，针对机场各主要耗能系统，对机电系统的用能关键设备进行现场实测，掌握设备的运行效率和系统运行方式，总结设备运营中的各种问题和优化措施，编制各类专项运营标准规程，如航站楼绿色运行管理体系、航站楼主要能耗系统节能运行方案等。

在能源价格机制方面，调研大兴机场楼宇热计量表计配置现状，开展集中供暖建筑供暖、供冷缴费机制研究，对比按供暖面积收费与按热计量收费优劣性，与供能企业共同研究形成合理的价格机制，调动各方节能积极性。

在合同能源管理方面，与第三方就供暖、制冷、供电、供水、供天然气等多种能源管理方面进行合作，探索能源托管、效益分享、节能量保证、融资租赁等管理模式在大兴机场的适用性。

3. 绿色环境

大兴机场绿色环境提升工作包括开展碳管理与碳交易、开展环境管控及体系建设、完善环境管理平台功能、推进大气污染治理、开展室外噪声管控、加强垃圾分类管控、推进海绵机场建设、推进花园机场建设等方面。具体如下：

在碳管理与碳交易方面，识别机场碳排放源，核查机场碳足迹，积极推进碳计量、碳排放信息管理系统建设；建立二氧化碳排放监测和报告机制，按照最新要求测量、统计并报告其二氧化碳排放相关数据；根据碳排放核查，对标先进机场排放指标以及政府指导排放限值，更加积极地推进节能改造和精细化管理等措施，提升能源的利用效率；积极参与碳排放交易市场，主动参与温室气体减排，推进气候改善、生态补偿和低碳发展。

在环境管控与体系建设方面，梳理分析航站楼、飞行区和公共区污染物的来源及类别，包括废气、废水、固体废弃物、有毒有害物质等；分析大兴机场不同区域、不同类别污染物的排放量；研究不同类别污染物排放量随时间（冬季、夏季等）变化的规律及特点；研究并给出不同区域、不同污染物的排放指标，实施定额管理。推进ISO 14001环境管理体系认证，建立与国家和地方政府的环境信息共享和防控的联动机制。

在环境管理平台建设方面，将环境、噪声相关监测数据接入环境与噪声信息管理系统平台，汇总统计并分析机场整体的环境、噪声控制情况，为环境管控指标考核提供基础数据；及时完成新增加环境、噪声环保设施的数据并网，不断丰富环境与噪声系统的监测范围与监测能力；加强环境监测设施的现场管理和维护，充分发挥环境设施对环境的监测和对变化的记录。

在大气污染治理方面，按照蓝天保卫战要求，飞行区场内车辆新增车辆，除无新能源产品外，应100%采用新能源车辆；其他新增燃油车辆，必须满足国家及北京市最新尾气排放要求；严格落实《机动车和非道路移动机械排放污染防治条例》，建立飞行区场内非道路移动机械台账。餐饮、食堂等相关单位，严格落实北京市《餐饮业大气污染物排放标准》DB 11/1488—2018，重点监测非甲烷总烃的排放浓度，要求餐饮、食堂等相关单位全部安装净化效率≥85%的油烟净化装置，并设置油烟在线监测设备。

在室外噪声管控方面，开展运行期噪声影响动态监测，探索既有飞机噪声级单机监测能力，鼓励航空公司选用低噪声、低排放的新机型，并执行起飞消音程序；完善噪声监测平台功能，开展噪声管控课题研究，掌握噪声变化趋势；推动CCO/CDO（连续爬升/下降程序，Continuous Climb Operations/Continuous Descent Operations）及本场减噪飞行程序的设计研究，减少航空器进离场噪声。

在垃圾分类管控方面，联合生活垃圾主管政府部门以及各航司、驻场单位，建立大兴机场生活垃圾联合工作平台，共同探索区域红线范围内各主体差异性回收责任分摊机制，形成垃圾长效管理方案；着力搭建垃圾智能回收网络体系，系统研究垃圾智能回收装备在机场航站楼运行的后台管理模式，解决机场垃圾智能分类回收工作推进中的关键难点；积极探索垃圾分类奖罚金、积分制等多种奖惩办法的设立依据、标准、办法及程序，将该类奖惩办法贯穿至机场优秀个人及集体考核体系，更好规范机场垃圾分类各参与主体行为。

在海绵机场建设方面，建立和持续优化运行调度机制，完善雨水管理系统功能，保障复合生态水系统高效稳定运行，确保大兴机场的径流总量、径流峰值及径流污染控制、雨水资源化利用等主要控制目标达到预期指标，打造民航领域海绵建设样板。

在花园机场建设方面，科学布置室内绿色景观，合理确定景观面积占比；充分利用自然采光、天井等设计元素，营造绿色、舒适、美丽的室内景观环境；进一步加强室内温湿度、声光环境、噪声控制的管理，打造室内微景观，进行创意景观设计，将自然生态与旅客活动有机结合；推进中央景观轴和景观湖的建设及运维，合理选择植物种类，体现地域特色，加大绿化投入和有效养护，提升机场区域内景观生态功能和机场绿化价值。树立"机场社区"理念，机场绿化景观尽量向社会公众开放，并进一步将景观湖公园打造为绿色技术综合展示区。

4. 绿色交通

大兴机场绿色交通提升工作包括打造综合交通枢纽、搭建综合交通运行管理平台、提升陆侧交通服务水平、推进信息共享与调度优化、集约化处理交通需求等方面。具体如下：

在综合交通枢纽打造方面，积极完善空地联运服务，在城市航站楼增加值机柜台、安检设备；合理设置旅客流线，尝试为旅客提供航空换高铁（轨道）免二次安检服务；推动"五纵两横"交通网络建设，特别是城际铁路和轨道交通线网建设，打造京津冀腹地的全方位城际铁路线网，推动大兴机场线二期、R4线和雄安R1线等轨道交通线路的建设工程；积极协调铁路部门，开通和优化符合机场客流到发需求的高铁线路班次，合理安排车次时刻，与航班到发时刻相衔接；根据需求调整高铁列车频次，便利所覆盖地区民众通过空铁联运方式出行；积极促成民航运营方与铁路部门、地方政府等、第三方平台相关方的整合，建立良好合作关系；巩固完善空轨联运工作联盟机制，在票务及行李等信息整合、车次线路设计、安检互认、航延服务等方面加强协调沟通，配合推进"一票到底""刷脸值机"等产品开发，提高旅客出行感知和便利性。与地方政府加强合作，推动城市轨道交通和地面巴士服务的进一步完善；深化机场与铁路、公路常态及应急联动机制，快速灵活组织大面积航班延误下旅客转乘疏散，提高机场整体运行有序性。

在综合交通运行管理平台建设方面，成立包含北京市交委和廊坊市交通局在内的综合交通枢纽协调委员会，将轨道交通、机场巴士、京冀两地出租车等多种不同的运营主体组织起来，搭建综合交通运行管理平台，研商各保障单位协同联动的运输保障机制，提高特殊天气和各应急情况下陆侧交通保障能力，解决各单位运行保障中的难点和痛点，共同推动解决京津冀区域长途客运审批、夜间停运限制等一系列政策性难题。

在陆侧交通服务方面，开展陆侧交通运输服务规划咨询项目，结合不同阶段航班特征和旅客需求，通过新增、调整和整合运输服务产品，为旅客、员工及其他各类相关群体的制定精准化、差异化、高品质的出行服务产品。结合大兴机场航班情况、"一市两场"之间航线差异以及北京城市吸引点，优化机场陆侧交通路网布局；通过改善旅客候车环境、提升工作人员服务水平和缩短旅客排队候车时间等方式，在城市端、机场端和运输过程中多角度提升大兴机场陆侧交通运输服务能力，提高旅客对进出机场交通方式的满意度。

在信息共享与调度优化方面，搭建高效的数据运营体系，打通交通数据壁垒，进一步实现航空运输和地面运输一体化管理；建立陆侧交通综合信息管理平台，对机场动态、静态交通信息进行监控和管理，提高机场陆侧交通运行效率。

在交通需求集约化处理方面，把"共享、定制"的理念融入综合交通的发展模式中，将个性化的需求集约化处理；以员工通勤巴士为试点项目，在集合各单位需求的基础上，统筹开设线路，建立乘车预约化管理系统，合理利用人力物力资源；大力发展定制巴士，逐步优化乘车预约化管理系统，后台进行分类处理，规划合理路径，满足多人个性化需求；引入成熟的共享交通，通过共享单车等交通方式，切实解决机场红线内最后一公里的交通问题，发展场区内慢行交通。

5. 绿色机制

大兴机场绿色机制提升工作包括构建绿色发展长效机制、构建绿色运营协同机制、推进绿色自主创新成果应用、营造绿色技术创新氛围、开展绿色技术创新绩效第三方评估、积极参与绿色产业合作平台等。具体如下：

在绿色发展长效机制构建方面，大兴机场将建立节能减排领导机构，全面领导系统节能减排工作，贯彻落实好各级主管部门关于节能减排工作的方针政策，协调推进全场能源、环境方面工作。

在绿色运营协同机制建设方面，大兴机场将加强大兴机场管理中心、动力能源公司、指挥部以及各驻场航空公司的总体协同，提高管理运行效率，同时借助各类信息平台，建立各楼栋能源管理平台的数据共享机制，推动供给侧和使用侧系统的优化联动，真正实现全链条的节能优化运营管理。

在绿色自主创新成果应用方面，大兴机场将加快先进设计技术、先进建造技术和先进装备技术在机场领域的研发及应用，让先进技术服务于绿色机场建设，并积极推广首都机场集团公司内绿色机场自主创新成果的应用推广。包括机场飞行区工程数字化施工和质量监控关键技术、大型枢纽机场运行协同管理平台（A-CDM）、机场高效安检通道、机场能源管理系统（AEMS）等。

在绿色技术创新氛围营造方面，大兴机场将结合全国"双创"周、科技周、节水宣传周、节能宣传周、环境日、低碳日等活动，大力开展节能环保宣传。积极组织节能节水、垃圾分类、绿色出行等专项活动，加深员工及旅客对绿色技术的认知。

在绿色技术后评估方面，大兴机场将针对一期工程中能源环境类建设项目如地源热泵系统、制冷站、飞机空调系统、除冰液处理系统等开展项目运行性能第三方评估工作，采用现场实测、用户调研等方式，对照规划设计要求，客观评价工程实际效果，为后续工程建设提供可借鉴的经验。

在绿色产业平台合作方面，大兴机场将积极参与民航科教创新成果展、"一带一路"节能环保共享合作平台等交流机制，加强与外部单位的技术合作，利用大兴机场"中国标准"绿色低碳机场示范区优势，发挥大兴机场应用亮点与技术优势，充分展示先进节能技术工程化应用效果，深化在绿色发展研究、运行实践、新技术研发、产品应用等领域的交流合作。

6. 发展目标

大兴机场从绿色建筑、绿色能源、绿色环境、绿色交通、绿色机制五个维度，持续推进绿色机场运营，打造让旅客能够感受到的绿色机场、让行业专家认可的绿色机场、让政府和社会满意的绿色机场。从发展阶段性目标来看，大兴机场绿色运行将分为3个阶段：

2021—2022年夯实基础阶段。本阶段大兴机场将主要巩固建设期绿色成果，实现环保设施的稳定有效运行，初步落实运营工作方案，初步形成绿色机场运营管理机制。

2023—2025年全面提升阶段。本阶段大兴机场将主要对标世界先进，提升绿色机场运营管理水平，对标"十四五"规划，优化绿色机场运营各类指标，不断提高能源环境管理水平和绿色机场运营管理水平。

2026—2035年超越引领阶段。本阶段大兴机场将实现经验输出，成为展示生态文明思想和美丽中国的对外展示窗口。

13.1.2　大兴机场卫星厅工程绿色规划

大兴机场于2019年9月25日如期高质量投运。大兴机场可研批复一期工程建设目标年为2025年，总体按照满足年旅客吞吐量7 200万人次、货邮吞吐量200万吨、飞机起降量62万架次的目标设计。考虑到一次性投资压力，可研明确"统筹规划、分阶段建设"的原则，批复第一阶段建设以满足年旅客吞吐量4 500万为基础，航站楼、飞行区站坪等便于拆分的设施按4 500万的需求建设。

按照大兴机场可研批复和总体规划批复分阶段建设要求，指挥部逐步启动卫星厅及配套设施工程（以下简称"卫星厅工程"）建设工作，以满足机场近期规划目标年2025年使用需求。2020年9月，《北京大兴国际机场卫星厅及配套设施工程预可行性研究报告》上报至民航局。但受疫情及宏观经济形势影响，民航发展内外部形势发生较大变化，指挥部按照"优化投资、提升品质"的总体思路，对《北京大兴国际机场卫星厅及配套设施工程预可行性研究报告》进行了优化调整。一方面，聚焦大兴机场核心需求，按照"规划、投资、建设、运营"一体化目标，在充分挖掘现有设施潜力基础上，对一些紧迫性不强的项目暂缓实施或预留调减，尽量压缩非核心运行生产保障项目建设；另一方面，对标国家碳达峰、碳中和相关要求、民航品质工程要求，以提升现代工程管理水平为目标，在智慧建造、装配式建筑、绿色低碳、综合交通服务提升等方面进一步提升，打造品质工程新样板。

卫星厅工程总建设规模90.2万m²，包含工程投资建设面积59.2万m²，引入外部资金投资建设31万m²。项目总投资估算为205.88亿元，其中工程费用151.2亿元，包括卫星厅及附属工程建设，飞行区、工作区、公用配套等设施扩建两个部分。卫星厅及附属工程是本期建设的核心设施，卫星厅建筑面积约45万m²，提供55个近机位，70个以上标准C机位，将补齐一期工程旅客候机等资源短板，配套建设主楼至卫星厅的北航站楼捷运，融合轨道交通，设置国内陆侧进出港功能，可实现旅客通过陆侧轨道交通快捷进出卫星厅。同期扩建飞行区工程，扩建AOC/ITC、武警用房、公安用房等与生产密切相关的工作区生产辅助和生活设施，同步建设场内公用配套设施、建设5G、云平台、数字孪生等新一代信息技术等。

卫星厅工程建设中大兴机场将持续推进绿色机场理念，第一，遵循大兴机场总体规划各项指标要求，审核各待建项目设计施工及后续运营是否能够满足规划要求。第二，继续推进卫星厅项目地源热泵覆盖，实现原规划供能范围，对工作区内规划为区域集中能源站供能范围内的新建楼宇，原则上不再建设单独的冷热源系统，避免重复投资。第三，结合卫星厅建筑构型及使用功能特点，研究建立一套节能、低碳、环保、安全的能源整体解决方案，全面提高电气化水平，通过优化冷热源系统布置，提高卫星厅供热供冷系统运行效率，实现对各区域热环境的部分时间、部分空间控制；通过优化飞机地面空调系统方案，提升飞机地面空调系统性能；通过建设高效机房、智慧机房等，促进机房节能运行和高效运行。第四，加强对卫星厅的节能专项设计，通过提升地源热泵系统、光伏发电系统等与卫星厅运行的适应性，使可再生能源利用率提升至25%以上；通过围护结构节能、自然通风利用、自然采光及遮阳等提升卫星厅绿色性能；通过优化分布式大温差和辐射等末端形式在卫星厅不同建筑空间的设置，提高末端设备能效；最终全面达到绿建三星设计标准。第五，推进绿色行李系统规划，根据卫星厅和航站楼的旅客量分配，行李系统通过高速独立行李载盘（Individual Carrier System, ICS）系统进行楼间传输，实现行李高速运输和准确分拣；卫星厅行李系统采用自动分拣设备，选用三级能效节能电机，使得行李系统绿色节能高效运行；采用行李全流程跟踪系统（RFID），在行李收运、分拣、装机及卸机等关键节点进行数据采集，动态追踪每件行李的运输状态，保证行李跟踪率，降低运输差错率。第六，全面建设绿色施工示范工地，卫星厅工程建设中将制定绿色施工实施方案，全面推广"绿色施工工地"，形成多方立体积极参与共建共创绿色施工示范工程的良好局面，提高施工阶段节能减排降碳水平。

13.1.3　绿色发展教育基地建设

落实生态环境部黄润秋部长视察大兴机场指示要求，大兴机场积极推进民航首家绿色发展教育基地建设。基地建设定位为国家级生态环境保护宣传教育基地，面向社会公众开放，服务于中外旅客、游客、学生、专家、市民等广大群体，兼具科普教育、理念宣传、成果展示、工程示范、技术交流、创新研究等功能，旨在宣传习近平总书记的生态文明思想，展示行业节能减排新技术、大兴机场绿色建设成果，促进国内外绿色建设技术交流、学生研究教育交流、公众科普互动交流等，将大兴机场打造成为向世界展示美丽中国建设成就的窗口，具体来说：

第一，打造传播中国生态文明建设成就的前沿阵地。大兴机场是国家连接中外、联通世界，开展国际交流与合作的重要桥梁和纽带，是国际社会接触和了解中国，宣传和展示中国形象、大国风范的重要渠道和窗口，大兴机场将利用绿色发展教育基地，向世界更好地展示中国共谋全球生态文明建设的努力和成果。

第二，打造生态文明理念与实践开放平台。以绿色发展教育基地为窗口，及时如实向社会公开污染排放信息，以及治污设施的建设和运行情况，适时开放相关环境保护设施，接受公众参观和监督，及时回应公众关心的生态环境问题，增进公众对民航领域环境保护工作的了解，树立良好的社会形象。

第三，打造生态文明教育实践基地。依托绿色发展教育基地，面向干部职工及驻场企业、往来旅客并辐射周边社区居民，加强生态文明理念的宣贯，普及相关环保知识，加大环保公益广告的投放，将大兴机场和民航相关设施打造成宣传、体验、践行生态文明理念的教育实践基地。

为尽快推动绿色发展教育基地的项目落地，大兴机场利用兴旺湖公园得天独厚的地理优势及景观优势，作为一期建设集中实施地，2021年7月进行了多次现场踏勘，调研地源热泵2号站，逐项敲定专业参观路线景点，实地勘察兴旺湖公园景观布置及设施设备位置，2021年10月1日，正值大兴机场投运两周年之际，绿色发展教育基地一期工程率先投入建设并正式开放试运行，将海绵机场、地源热泵等参观点优先开放展示，利用宣传展牌、实物设备对不具备开放条件的隔离区内绿色设施进行集中展示。绿色发展教育基地的落成体现了大兴机场积极履行生态环境保护主体意识的政治和责任担当（图13-1、图13-2）。

图13-1   大兴机场绿色发展教育基地（位于兴旺湖公园）

图13-2   大兴机场绿色发展教育基地布展平面图

图13-3　绿色发展教育基地COP15主题宣传

2021年10月，《生物多样性公约》缔约方大会第十五次会议（COP15）召开之际，为进一步提升公众生态文明意识和环境科学素养，大兴机场与中华环境保护基金会合作，共同在绿色发展教育基地及航站楼内启动COP15主题宣传活动，宣传生物多样性知识（图13-3）。

未来，绿色发展教育基地秉持分步实施、滚动发展的思路，持续提升宣传教育力度。

从近期来看，大兴机场将在绿色发展教育基地一期工程开放试运行基础上，结合已有建设成果，逐步开放具有代表性的绿色设施，简称"3455"计划。3是指三个区域：航站区、飞行区、公共区。4是指四个方面：资源节约、低碳减排、环境友好、运行高效。第一个5是指五个集中展示基地：航站楼综合换乘枢纽及绿色节能建筑（自然采光、LED、辐射空调、冰蓄冷、雨水收集、指廊花园）；飞行区蓝天保卫战设施（APU替代设施、新能源车辆、充电桩、飞机除冰液收集处理、跑道LED灯、跑道构型设计）；公共区海绵、花园机场（污水处理、雨水收集利用、海绵道路、海绵桥梁、中央景观轴花园绿地、兴旺湖、2地源热泵站）；AOC绿色运行及智慧管控平台（能源管控平台，噪声监测平台，蓝天保卫战多系统协同平台，环境管理平台）；能源中心综合能源高效利用（1、2号地源热泵站，燃气锅炉余热回收，能源综合管控平台）。第二个5是指五个专业参观路线：水、气、固、声、能。水土专业参观路线——给水站、污水处理厂、中水利用、雨水收集利用、地下水监测井、中央景观轴、ABC段明渠、桥下雨水花箱、海绵道路、兴旺湖、智慧雨水监控平台；大气污染防治专业路线——公共区大气质量监测站、能源中心燃气锅炉低氮排放、飞行区新能源车辆及APU替代设施，蓝天保卫战多系统协同平台；固体废弃物专业参观路线——航站楼垃圾分类设施，包括分类垃圾箱、电子引导牌、垃圾分类收集间、空侧垃圾转运站、陆侧垃圾转运站（在建）；噪声监测与防治专业路线——机场周边噪声监测设施、噪声监测平台、噪声影响区搬迁回迁安置房；绿色能源专业路线——1、2号地源热泵站，污水处理厂污水源热泵，停车楼屋顶、货运区、北一跑道光伏发电，燃气锅炉余热回收，能源综合管控平台，冰蓄冷。对于不具备开放条件如飞行区内创新飞机地面专用空调系统（PCA），APU替代设施，高级地面引导系统（A-SMGCS）等绿色设施将进行集中展示。

从远期来看，绿色发展教育基地目标是建设国家级生态文明主题展馆和开放式体验基地、建设国家级民航业绿色发展实践主题展馆，向国际社会展现中国先进的绿色发展探索成果。大兴机场将结合航空观景设施、企业文化园、爱国主义教育基地等进行统筹规划，利用虚拟现实（VR）等人工交互技术，配合声、光、电等多媒体技术打造沉浸式体验展厅，动态展示大兴机场的绿色发展实践之路，系统展示大兴机场绿色机场建设历程与成果；让参观者身临其境，以流量池的理念将展厅打造成网红打卡地，兼具科普、宣传、娱乐等功能；同时将展厅作为与公众对话的透明化平台，及时公开环境监测数据，及时沟通回应公众关心的环境问题。

13.1.4　绿色机场重点实验室规划与建设

2019年9月25日，习近平总书记出席大兴国际机场投运仪式时，明确指示："要把大兴国际机场打造成为国际一流的平安机场、绿色机场、智慧机场、人文机场，打造世界级航空枢纽"。

2020年6月4日，《北京市构建市场导向的绿色技术创新体系实施方案》提出，在大兴机场打造"中国标准"绿色低碳机场示范区，广泛采用各种先进技术，提升机场建设运营整体绿色化水平。

作为未来机场的基本特征和重要发展方向之一，绿色机场的理论、标准体系和指标体系等方面还不完善，核心关键技术还有待突破提升，距离指导和支撑绿色机场实践尚有一定差距，需要有行业级的实验室集合相关科研力量开展基础研究和科研攻关。与此同时，大兴机场在建设运营中，始终创新实践全寿命期的绿色机场理念，在绿色机场理论和实践上取得了显著的成绩，具有作为绿色建设和运行的足尺实验研究平台的基础优势，并拥有绿色机场研究领域创新团队与科技创新拔尖人才。为进一步贯彻落实习近平总书记重要指示精神，助力大兴机场绿色建设，指挥部在现有研究平台、人才团队等基础上，集合行业内外优势资源，共建了首都机场集团公司绿色机场重点实验室。2020年9月14日，首都机场集团批复成立首都机场集团公司绿色机场重点实验室（首都机场集团函〔2020〕130号），9月16日，首都机场集团公司绿色机场重点实验室在指挥部隆重举行成立与揭牌仪式（图13-4）。大兴机场将依托实验室，开展绿色机场后评估工作、绿色建筑运行认证、机场碳达峰与碳中和最佳实践等工作，不断凝聚和培训科技人才，提升科技创新发展能力，打造绿色机场示范工程。预期3年内，实验室在示范工程，行业标准，高水平论文，专利、国家或省部级奖项等方面取得一批标志性成果，后续力争发展成为民航重点实验室，并积极争创国家重点实验室。

实验室研究方向围绕绿色基础理论和全寿命期的绿色关键技术展开，包括四个方向。方向

1是机场规划设计理论方法与技术标准，该方向是实验室其他研究方向的重要基础。它围绕绿色机场如何规划设计、如何建立和完善技术标准、如何科学评价机场绿色性能等核心问题，重点开展理论体系、规划设计技术方法、建设运行管理及评价标准、双碳目标实现路径等方面的研究。方向2是绿色机场生态建设与环境治理关键技术。主要研究解决两大目标和问

图13-4　首都机场集团公司绿色机场重点实验室挂牌成立

题以及可能引发的环境与社会风险，如噪声影响等，通过关键技术研究来做好风险的防范和化解；二是结合当前国家重大战略需求和行业高质量发展需要，研究减污降碳、协同增效的关键技术。重点开展环境污染控制与治理、生态诊断与生态修复、绿色施工监测与控制等关键技术以及环境与社会风险预警及应对方法研究。方向3是航站区和飞行区绿色建设关键技术研究，重点解决机场能源结构优化、航站楼绿色性能的综合提升与更新、飞行区设施绿色建造等关键问题，通过机场可再生能源多源互补、机场全电气化与光储直柔、航站楼绿色建筑及健康环境保障、机场绿色新材料及装配构造等关键技术的突破，为航站区和飞行区绿色建设提供关键技术支撑。方向4是绿色机场运营保障关键技术研究，重点围绕如何在保障机场生态环境质量及旅客舒适条件下，实现低碳运维并加速推进机场双碳落实开展研究。将主要在能效运维管理、机场生态环境与航站楼绿色性能数据感知控平台搭建、低碳应用示范等方面开展研究和应用示范。方向1为方向2、3、4提供理论指导，方向2、3、4分别从机场生态环保、低碳建设和绿色智慧运营三个维度提供关键技术支撑，以期实现机场全领域、全流程、全周期的绿色发展，如图13-5所示。

2021年6月，按照实验室发展规划，大兴机场在实验室基础上，进一步联合筹建民航绿色机场重点实验室，开展民航绿色发展重大关键性、基础性、共性和前瞻性技术问题研究，为机场绿色建设、运营提供全方位技术服务，为民航绿色发展提供技术保障。2021年7月22日，首都机场集团公司下发《关于支持民航绿色机场重点实验室建设与运行的函》，同意在首都机场集团公司公司在建的教育科研基地项目中提供不少于1500m²用房作为实验室科研用房。同意每年列支专项经费用于实验室建设、运行和学术交流等，同意大力支持实验室科技创新成果转化，优先纳入集团科技创新推广目录。民航绿色机场重点实验室将发挥应用指导、科技服务、行业智库、产业孵化、科教基地等功能，积极承担绿色机场科技创新、政策研究、标准制定及相关咨询服务，并提供绿色机场实践平台和绿色发展科普教育，在推动

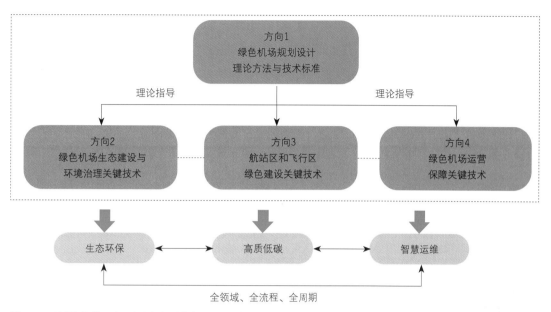

图13-5 首都机场集团公司绿色机场重点实验室研究方向

大兴机场绿色发展、运行和管理的同时引领带动民航行业的绿色可持续发展。2022年1月30日，民航局下发《关于公布2021年民航重点实验室和民航工程技术研究中心认定名单的通知》（民航函〔2022〕89号），民航绿色机场重点实验室获得认定。

13.2 碳达峰碳中和背景下大兴机场实施路径思考

1. 我国双碳发展形势

2020年9月，习近平总书记在第七十五届联合国大会一般性辩论上首次提出中国2030年"碳达峰"与2060年"碳中和"目标。此后，习近平总书记在11月12日第三届巴黎和平论坛、11月17日金砖国家领导人第十二次会晤、11月22日二十国集团领导人第十五次峰会第二阶段会议、12月12日气候雄心峰会、2021年4月16日中法德领导人视频峰会、4月22日领导人气候峰会、9月21日第七十六届联合国大会一般性辩论等重要国际场合不断重申双碳目标。作为世界上最大的发展中国家，中国将完成全球最高碳排放强度降幅，用全球历史上最短的时间实现从碳达峰到碳中和。

2020年10月29日，党的十九届五中全会通过《中共中央关于制定国民经济和社会发展第十四个五年规划和二〇三五年远景目标的建议》，提出远景目标："展望二〇三五年，广泛形成绿色生产生活方式，碳排放达峰后稳中有降"，任务中明确"制定二〇三〇年前碳排放达峰行动方案"。2021年3月以来，国家发展改革委在部长通道采访、专家/工作座谈会、中外媒体吹风会、新闻发布会等正式场合反复提出加快制定碳达峰碳中和"1+N"政策体系，其中"1"就是要出台一个实现碳达峰目标与碳中和愿景的指导性文件，"N"就是根据不同的领域，出台一系列指导性的政策和方案。2021年10月24日，作为碳达峰碳中和"1+N"政策体系中最为核心的内容，《中共中央国务院关于完整准确全面贯彻新发展理念做好碳达峰碳中和工作的意见》和《国务院关于印发2030年前碳达峰行动方案的通知》印发，明确到2030年，经济社会发展全面绿色转型取得显著成效，重点耗能行业能源利用效率达到国际先进水平。到2060年，绿色低碳循环发展的经济体系和清洁低碳安全高效的能源体系全面建立，能源利用效率达到国际先进水平，非化石能源消费比重达到80%以上。方案中将交通运输绿色低碳行动、绿色低碳科技创新行动作为重点任务。

2. 北京市双碳发展形势

绿色北京是北京最主要的城市发展理念和目标，2025年北京市将率先实现碳达峰。2021年1月，北京市十五届人大四次会议指出，"十四五"时期，北京生态文明要有明显提升，碳排放稳中有降，碳中和迈出坚实步伐，为应对气候变化作出北京示范。在2021年的主要工作中也提到，北京要加强细颗粒物、臭氧、温室气体协同控制，突出碳排放强度和总量"双控"，明确碳中和时间表、路线图。2021年10月27日，为实现"十四五"时期全市可再生能源消费比重达到14%的目标，《北京市可再生能源电力消纳保障工作方案（试行）》印发。2021年12月8日，《北京市"十四五"时期生态环境保护规划》出炉，规划从"发展更低碳、空气更清新、水体更清洁、土壤更安全、生态更宜居"5个维度，设置了16项规划目标指标，擘画出"十四五"时期北京绿色低碳发展"新蓝图"。提出的指标包括到2025年，北京市PM$_{2.5}$浓度下降到35μg/m³左右，基本消除重污染天气；消除劣V类水体；生态环境质量指数稳步提。同时提出未来5年，北京将以"降碳"为重点战略方向，到2025年，北京市将实现碳排放总量率先实现达峰后稳中有降、单位地区生产总值二氧化碳排放下降等目标。

3. 民航业绿色发展形势

民航作为全球性行业，是国际碳减排、生态环境保护、可持续发展的焦点领域，既承受着国际的压力，也承担着引领与突破的重任。民航局始终高度重视行业绿色发展工作，2018年11月，为贯彻落实党的十九大关于推进绿色发展的战略部署，推动构建高质量现代化经济体系，民航局审议通过《关于深入推进民航绿色发展的实施意见》（民航发〔2018〕115号），提出以绿色机场建设作为保障，推动行业绿色发展，要求提升机场地面服务和运行效率，坚持资源良性循环，有效提升机场降耗治污能力，坚持发展与环境和谐共生，构建场内场外生命共同体，有效提升航班正常率，优化机场服务流程，持续改进服务质量，大力倡导优先公共交通出行。同年12月，为推动民航高质量发展，实现我国由民航大国向民航强国转变，民航局出台《新时代民航强国建设行动纲要》（民航发〔2018〕120号），提出将绿色理念融入民航发展的全领域、全流程和全周期，建设生态环境优化的现代民航业，明确到21世纪中叶，我国将全面建成保障有力、人民满意、竞争力强的民航强国，为全面建成社会主义现代化强国和实现中华民族伟大复兴的中国梦提供重要支撑。民航服务能力、创新能力、治理能力、可持续发展能力和国际影响力居世界前列。2020年1月，民航局印发《中国民航四型机场建设行动纲要（2020—2035年）》（民航发〔2020〕1号），明确了绿色机场等四型机场的发展要求。2021年12月，民航局发布《关于打造民用机场品质工程的指导意见》，集中体现"四型机场"、"四个工程"建设标准与要求，为实现质量强国和民航强国战略目标提供坚实支撑。2022年1月，民航局、国家发改委、交通运输部联合印发《"十四五"民用航空发展规划》，将碳达峰、碳中和纳入民航发展整体布局，明确全行业要按照国家碳达峰、碳中和总体要求，加快形成民航全领域、全主体、全要素的绿色低碳循环发展模式，并就如何引导构建低碳化、市场化、智慧化、标准化的民航绿色低碳循环发展体系提出了路线图和时间表；规划聚焦推进民航节能、减污、降碳协同治理，首次设置了绿色发展专篇，提出了运输航空吨公里二氧化碳排放和机场单位旅客能耗两项指标，预计到2025年五年累计平均值分别降低至0.886kg和0.853kgce。

4. 国外机场碳中和实践

为了推进机场碳减排，鼓励并促使机场实施最佳的碳管理实践，2009年，国际机场协会（Airports Council International, ACI）欧洲分会推出机场碳排放认证（Airport Carbon Accreditation, ACA）。ACA认证中机场碳排放范围包含三个范畴：一是直接排放，指机构拥有或控制的排放源产生的排放，包括机场锅炉房碳排等固定碳排放源和机场车辆碳排等移动碳排放源；二是间接排放，指机构采购电力、热力或蒸汽而造成的排放；三是延伸排放，指出了第二部分间接排放以外机构造成的所有其他间接排放。

ACA认证目前分为6个等级，1级认证"量化"（Mapping）、2级认证"减排"（Reduction）、3级认证"优化"（Optimization）、3+级认证"中和"（Neutrality）、4级认证"转型"（Transformation）、4+级认证"过渡"（Transition）。机场梳理、总结机场碳排放源头及排放量，可获得1级认证，机场碳排放量有显著下降时，可获得2级认证；机场在更广范围内（包括飞机起降、陆侧交通、员工差旅等，并引入第三方参与）开展机场碳减排，可获得3级认证；在机场所有合理的碳减排手段均已采用基础上通过碳补偿实现碳中和，可获得3+级认证；4级认证要求机场在获得3级认证的基础上，制定长期的碳减排目标及计划，且计划应与政府间气候变化专门委员会（Intergovernmental Panel on Climate Change, IPCC）《全球升温1.5℃特别报告》相符；机场在达到4级认证后，通过碳补偿实现碳中和，可获得4+级认证。

截至2021年11月，全球已有67家机场取得了3+级认证"中和"（Neutrality）（包括9家取得4+级认证的机场）。由于欧洲是碳排放认证的源头，相关法律体系和交易体系完善，航空业碳排由欧盟碳排放交易系统（European Union Emission Trading Scheme, ETS）监管，67家机场中有53家机场均为欧洲机场，占比接近80%。

在实现碳中和的机场中，也不乏大型国际枢纽机场（旅客吞吐量全球排名前20位）的身影。史基浦机场在2012年实现碳中和，其产生排放通过购买来自印度符合黄金标准的太阳能项目进行抵消。其目标是2030年实现零排放机场，即其机场活动不会产生任何排放。在2050年实现能源反哺，预期手段是通过太阳能光伏发电在满足自身需求的前提下向电网馈电；达拉斯机场、德里甘地机场均已获得4+认证，目标也都是2030年成为净零排放机场。

其他大型国际枢纽机场也积极开展碳减排和碳中和实践。戴高乐机场承诺到2030年实现碳中和；希思罗机场宣布到2030年实现碳中和，以支持英国的净零排放目标。在投资超过1亿英镑用于改善希思罗机场的能源效率以及生产和购买可再生能源之后，希思罗机场的建筑物和基础设施的碳排放与1990年相比减少了93%。机场基础设施其余的7%（包括供暖产生的排放）现在将通过碳核证认证的印度尼西亚和墨西哥的植树造林项目抵消；洛杉矶机场制定了到2045年实现碳中和的路线图，其目标是到2025年将机场的温室气体排放量减少到1990年水平的55%以下，到2035年减少65%，到2045年减少100%；法兰克福机场将在2030年前大幅减少二氧化碳排放，其目标是将机场年总碳排放控制在8万t以内；迪拜机场承诺到2030年将能源消耗减少30%；羽田机场目标是2030年单位航班起降碳排放较2015年下降30%；肯尼迪机场目标是到2050年排放量较2006年水平下降80%；仁川机场目标到2030年将可再生能源的比例提高到20%。

从国外机场碳中和实现路径来看，基本与碳认证等级一致，分为4步，第1步识别（规划）：对碳排放源进行了详细的梳理，并列举机场所有可能的碳减排手段；第2步减量（实施）：对碳减排手段进行排序，并按照次序运用碳减排手段实施碳减排，一般来说，排在前列的手段首先是降低能耗需求，其次是提高能源利用效率，再次是优化能源结构；第3步优化：持续监测不同碳减排手段的效果，扩大碳排放源的范围，判断是否还有其他可能的碳减排手段，并采取所有合理的碳减排手段进行碳减排；第4步中和（补偿），通过在其他地区减少碳排放量而抵消或补偿自己直接或间接产生的二氧化碳排放。碳补偿来源于各种减排项目，如植树造林、可再生能源发电、节能改造等。

5. 我国机场碳减排实践

21世纪以来，我国机场十分节能减排工作，实施了设施设备节能改造、"蓝天保卫战"推进、太阳能等可再生能源利用推广应用等一系列绿色低碳项目，有效促进了机场碳减排。在碳认证方面，我国机场也部分机场申请了ACA认证，如郑州新郑机场获得1级认证，首都机场2017年获得2级认证，广州白云机场、深圳宝安机场、成都双流机场3家内地机场获得3级认证。

广州白云机场是中国内地第一家通过ACA 3级认证的机场。广州白云机场在加快世界一流航空枢纽建设的同时，注重绿色机场的发展，形成能源、环境及碳排放"三位一体"的管理模式，能源管理水平与国际接轨。自2019年启动碳排放认证以来，机场全面梳理能源管理的范围，有的放矢，抓住主要的重点用能区域加强技改，调整能源结构，在客流量、起降架次快速攀升的同时，严格控制能源消耗。同时，融合机场碳排放管理内容，有效识别制冷剂、气体灭火器等重点排放源，制定明确的减排目标，有力推动机场碳排放的高效管理。经统计，2019年，机场清洁能源占比已提升至75.67%，单位旅客碳排放同比2016年减少18.87%，获得ACA 2级认证。2020年以来，在民航局"打赢蓝天保卫战"工作推动下，机场继续建立和完善碳排放管理体系，进一步扩大碳排放的管理范围，与航空公司、驻场单位、商家、旅客一起，形成紧密的协同合作关系，实现APU替代设施使用率100%、新能源车辆及充电桩规模化应用，共同推动绿色低碳发展，并取得ACA 3级认证。

深圳宝安机场是中国内地第二家通过ACA 3级认证的机场。2016年起，深圳宝安机场便参与了深圳市碳排放权交易试点工作。2017—2018年，机场先后两次按照国际标准完成了碳排放源识别与碳排放数据核算，形成了碳排放清单，并于2018年获得ACA 1级认证。面对客流量、航班起降架次逐年增长的压力，机场完成了十余项照明系统LED改造，加大新能源汽车使用和机场区域内充电桩建设，开展APU替代，建设光伏发电站、水蓄冷储能利用项目，开展精细化管理，建立智慧能源管理系统，通过优化机场双跑道运行模式降低航空器油耗。对2015—2018年碳排放量核定显示，2018年机场减少碳排放12.66万t，较2015年降低10.96%，单位旅客碳排放量降低29.03%，2019年获得ACA 2级认证。为了进一步提高碳减排管理水平和效果，机场继续积极推动碳管理体系和绿色供应链管理体系建设，并与航司合作，开展跑滑系统、飞行程序优化，降低航空器油耗，2020年获得ACA 3级认证。

成都双流机场是中国内地第3家、中西部地区第1家通过3级认证的机场，2017年起成都双流机场开始开展碳管理工作，完成了碳排放源识别、核算、减排和报告，进行了高杆灯及航站楼LED灯改造，开展了打赢蓝天保卫战的一系列工作，包括采购新能源车辆、汽车尾气改造、桥载电源替代、光伏+远机位地面设备（GPU）系统建设等，并获得了能源管理体系认证，使二氧化碳年减排量接近15万t，分别于2019年和2020年通过ACA 1级和2级认证，并于2021年通过ACA 3级认证。

为了推进我国机场碳减排和双碳目标达成，民航局正积极推动建立适合我国机场特点的碳认证体系，随着国家层面碳排放交易市场及碳管理政策的不断完善，我国机场将按照双碳发展目标要求，在节能改造、设备电气化、能源精细化管理等基础上持续深化双碳实践，探索碳中和实施路径，努力实现全面低碳运行目标。

6. 大兴机场碳达峰场景示意

大兴机场作为行业绿色机场标杆，始终秉持绿色发展理念，以打造"世界水准绿色新国门，国家绿色建设示范区"为己任，积极开展碳达峰、碳中和方案规划工作。

按照大兴机场总体规划（2016年），近期规划满足年旅客吞吐量7 200万人次、飞机起降62万架次、年货邮吞吐量200万t的运输需求；远期规划暂按年旅客吞吐量1亿人次以上规划终端规模，飞机起降88万架次，满足年货邮吞吐量400万t的运输需求。大兴机场一期工程现有T1航站楼建筑面积78万m^2，满足年旅客吞吐量4 500万人次需要。二期工程将在T1航站楼南侧规划卫星厅，建筑面积约45万m^2，同步配套建设辅助配套设施，满足7 200万人次需要。远期规划T2航站楼，满足年旅客吞吐量1亿以上人次需要。

大兴机场使用的能源种类包括电力、天然气、市政热力、汽油、柴油和少量的煤油，目前，在停车楼、货运区及飞行区侧向跑道旁等区域建设太阳能光伏系统，全场装机容量约6MW。不考虑购买绿电与采用其他碳补偿政策的情况下，从碳排放量发展趋势来看，当卫星厅投用后，机场碳排放将有一个猛增，当T2投用后，机场碳排放量又有一个猛增。为了探讨大兴机场双碳实施路径，设定常规、优化、提升三种发展模式场景。

在常规发展场景下，大兴机场按照目前T1航站楼能源使用效率，并随着旅客吞吐量每年能耗增加1%，且不继续开展运行优化和节能投资，卫星厅能源效率在T1航站楼目前基础上提高10%，T2航站楼能源效率在T1航站楼目前基础上提高20%；机场可再生能源利用率10%。大兴机场碳排放量将随着机场规模不断扩大和旅客吞吐量增加而不断缓慢增长，到机场远期时仍未达峰，如图13-6所示。

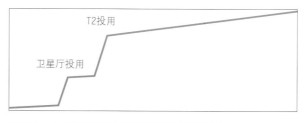

图13-6　大兴机场碳达峰示意图（常规发展模式）

在优化发展模式下，T1航站楼能源效率逐年优化2%，卫星厅能源效率在T1航站楼目前基础上提高20%，并逐年优化2%，T2航站楼在T1航站楼目前基础上提高30%，并逐年优化2%；机场可再生能源率达到设计值16%。大兴机场将在T2投用时达峰，随后碳排放量逐年下降，如图13-7所示。

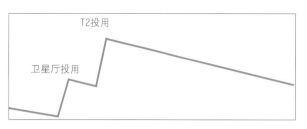

图13-7　大兴机场碳达峰示意图（优化发展模式）

在提升发展模式下，T1航站楼能源效率逐年优化4%，卫星厅能源效率在T1航站楼目前基础上提高20%，并逐步优化3%，T2航站楼能源效率在T1

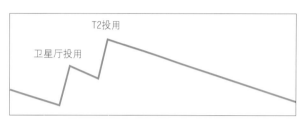

图13-8　大兴机场碳达峰示意图（提升发展模式）

航站楼目前基础上提高50%，并逐年优化2%；机场总体可再生能源比例提升至20%以上。全场新能源车100%，电气化率100%，航站楼供暖全部使用地源热泵。大兴机场将在T2投用时达峰，达峰值相对优化模式要更低，并且随着时间的推移，机场碳排放量还将逐渐减少到比当前碳排放量还要更低的水平，如图13-8所示。

可见，当不考虑绿电和碳补偿措施时，在优化发展和提升发展模式下，大兴机场都将在T2投用后碳达峰，并将在提升模式下减少碳达峰时的碳排放量。

7. 大兴机场双碳实施策略

作为我国机场双碳发展的引领者、推动者和先行者。大兴机场将充分履行社会责任，大力推动机场供给侧和消费侧低碳化，完善绿色低碳发展制度，打造机场行业绿色节能低碳的示范形象。具体来说：

在供给侧，构建多元化清洁能源供应体系，持续优化能源结构。优化地源热泵与常规供能设施的运行策略配比；继续加大光伏发电项目实施力度，加大光伏发电容量；进一步加大飞行区充电桩建设，推进特种车辆的"油改电"；推进光储直柔技术在机场的示范应用；研究在机场分步应用其他可再生能源技术如燃料电池、储能、氢能源、碳捕捉利用与封存等技术的可行性。

在消费侧，降低用能需求，全面推进节能提效。实施能源定额管理，建立分项能耗指标，严格控制能耗强度；强化新建建筑节能设计，进一步提高绿建三星比例；推进航站楼能源的精细化管控；推进飞机地面空调系统的效率优化；推广绿色建造及智能建造，采用装配式钢结构及绿色建材；充分利用建筑信息技术，模拟建造流程，降低返工率，减少材料损耗；推行绿色拆除，减少建筑垃圾排放；积极转变工作和生活方式，整体考量垃圾源头减量、循环利用、环保处置等环节；建立低碳技术体系，推进节能技术及数字化成果普及应用；制定近零碳排放航站楼建设方案。

在制度政策方面，建立健全绿色发展机制。响应国家战略要求，制定大兴机场低碳发展路线；推进碳计量、碳排放信息管理系统建设，建立二氧化碳排放监测和报告机制；充分挖掘碳减排（CCER）资产，完善绿色供应链及碳减排管理体系和考核体系；在2019年发行绿色中期票据15亿元用于大兴机场绿色建设，2021年发行碳中和债30亿元助力集团公司双碳工作基础上，积极关注政策动向，进一步探索绿色金融在大兴机场应用的可行性；探索林业碳汇交易机制，助力生态扶贫事业；积极参与北京市碳排放权交易试点工作并履行相应碳配额；参与北京市绿电市场化交易，推进绿电使用。

综上，大兴机场将在全面实现节能基础上，不断优化能源结构，并采取碳管理、绿电、碳交易、碳汇等多种方式，不断向着碳达峰、碳中和目标迈进。

13.3 我国绿色机场发展展望

1. 我国绿色低碳发展挑战与机遇

2021年8月，IPCC第一工作组发布的《气候变化2021：自然科学基础》报告指出，目前全球地表平均温度较工业化前高出约1℃，未来20年全球温升预计将达到或超过1.5℃，应对气候变化已成为全球可持续发展的重要议题。

绿色发展既是我们积极应对全球气候变化、提高国际竞争力、统筹发展和安全的迫切需要，又是我国从根本上破解资源环境约束、加快发展方式转变、建设幸福美好生活的必然要求。党中央始终将绿色发展作为中华民族永续发展的根本大计。2020年9月，我国明确提出2030年碳达峰、2060年碳中和的双碳目标。从国外经验来看，欧美发达国家达峰时间在1990年到2000年之间，而他们的碳中和目标是21世纪中叶，大部分设定在2050年，碳达峰到碳中和的过程需要60～70年，最少也需要50年，而我国作为世界上最大的发展中国家，还处在工业化和城市化发展阶段的中后期，对未来经济增长还有比较高的预期，只有30年的时间去完成碳达峰到碳中和整个过程，并且是用更短的时间完成更高的减排降幅，这是一个严峻的挑战。

2021年12月8日至10日，中央经济工作会议召开，会议指出我国经济发展面临需求收缩、供给冲击、预期转弱三重压力，2022年经济工作要稳字当头、稳中求进。针对双碳实施中存在的问题，会议对如何正确认识和把握碳达峰碳中和进行了论述，明确指出实现碳达峰碳中和是推动高质量发展的内在要求，要坚定不移推进，但不可能毕其功于一役。要坚持全国统筹、节约优先、双轮驱动、内外畅通、防范风险的原则。传统能源逐步退出要建立在新能源安全可靠的替代基础上。要立足以煤为主的基本国情，抓好煤炭清洁高效利用，增加新能源消纳能力，推动煤炭和新能源优化组合。要狠抓绿色低碳技术攻关。要科学考核，新增可再生能源和原料用能不纳入能源消费总量控制，创造条件尽早实现能耗"双控"向碳排放总量和强度"双控"转变，加快形成减污降碳的激励约束机制，防止简单层层分解。要确保能源供应，大企业特别是国有企业要带头保供稳价。要深入推动能源革命，加快建设能源强国。

　　虽然是一场艰巨的持久战考验，碳达峰和碳中和对我国来说更是一次重大的战略机遇。当前内外环境仍然复杂严峻。新冠肺炎疫情还在全球肆虐，国际关系错综复杂，全球经济形势危机四伏，国内有效需求不足的矛盾显现，经济复苏的稳定性与可持续性面临巨大压力，我国亟须通过绿色发展、低碳发展、高质量发展实现经济发展的突围。在双碳目标指引下，通过积极实施科技创新驱动战略，加快传统产业绿色转型，有序进行绿色能源、绿色建材、绿色建筑、绿色农业、绿色金融等全方位的"绿色革命"，相信我国将不断增强在全球应对气候变化中的国际形象与话语权，并如期实现绿水青山就是金山银山的理念与梦想。

2. 我国碳排放影响评价新要求

　　2021年7月，经过10年试点，我国全国碳排放权交易市场正式上线，旨在运用碳价格发现功能充分激励参与主体实现产业结构和能源消费的绿色低碳化，进而推动绿色低碳技术创新和产业升级。目前市场参与主体为2 000多家电力企业，每年碳排放总量占全国排放总量的40%左右，市场主体覆盖范围还十分有限，未来需要扩展到钢铁、建材、有色、石化、化工等重点"两高"（高污染高耗能）行业，并逐步扩展到更多行业中。

　　碳排放数据是碳市场结算与交易制度的基础，是碳市场长期健康运行的基石。为了实现重点行业、区域碳排放源的碳排放数据与碳市场管理的统筹协调，2021年7月，生态环境部发布《关于开展重点行业建设项目碳排放环境影响评价试点的通知》，试点地区包括河北、吉林、浙江、山东、广东、重庆、陕西等，鼓励其他有条件的省（区、市）根据实际需求划定试点范围；试点行业为电力、钢铁、建材、有色、石化和化工等重点行业，要求从能源利用、原料使用、工艺优化、节能降碳技术、运输方式等方面提出针对性碳减排措施。同年10月28日，生态环境部进一步发布《关于在产业园区规划环评中开展碳排放评价试点的通知》（环办环评函〔2021〕471号），并配套出台了产业园区规划环评中开展碳排放评价试点工作要点，细化了评价重点。要求将山西转型综合改革示范区晋中开发区、南京江宁经济技术开发区、常熟经济技术开发区、宁波石化经济技术开发区、万州经济技术开发区、重庆铜梁高新技术产业开发区、陕西靖边经济技术开发区共7家开发区作为第一批试点产业园区，在规划环评中开展碳排放评价试点工作。

实施碳排放环境影响评价，能够有效识别碳排放源头，获取碳排放数据，分析碳排放水平与减排潜力，是我国应对气候变化与减污降碳源头管控的重要抓手和有效途径，已成为我国未来环境影响评价的重要内容。根据《关于开展重点行业建设项目碳排放环境影响评价试点的通知》（环办环评函〔2021〕346号），实施碳排放环境影响评价重点项目的选择原则是《建设项目环境影响评价分类管理名录》规定需要编制环境影响报告书的建设项目。

3. 民航绿色低碳发展挑战与机遇

民航业是我国国民经济的重要基础产业，是服务人们出行的基础交通运输产业，促进绿色民航发展，构建绿色交通运输体系，推进美丽中国建设，更好满足人民日益增长的美好生活需要的必然要求。当前，民航业发展面临碳排放增长需求及国际应对气候变化及国内碳减排压力等多项艰巨挑战。

我国民航保持发展势头下碳排放需求仍较为突出。自2007年民航局成立节能减排办公室系统推进节能减排以来，通过强化基础设施建设、改善优化运行管理、加强新技术应用等措施，我国民航业在能效提升、电气化率提升、新能源车辆、APU替代设施推广等绿色发展方面取得了长足的进步；同时节能减排工作管理水平也有了较大提升，管理重点从经济效益转向经济、环境和社会综合效益，从以补贴或者鼓励为主的管理模式逐渐转为技术导向为主、管理制度为辅的模式。但总体来看，我国民航业仍处于大规模建设和发展阶段，根据民航"十四五"规划研究成果预测及展望，2020—2035年中国民航运输周转量将以年均6%左右的中速增长，其中在2025—2030年恢复年均10%左右的增速。在不断加大节能降碳力度情况下，民航业发展所需能源总需求在一定时期内还会持续增长，碳排放也将呈增长趋势，因此，面对双碳目标的要求，民航业面临严峻的深度脱碳压力。

我国民航业面临巨大的国际碳减排压力。作为高碳排放行业，全球碳排放中航空业碳排放约占2%。且航空运输业具有国际化的特点，其碳排放将对地区和全球气候变化产生影响，是国际应对气候变化的焦点之一。2016年，国际民航组织（International Civil Aviation Organization, ICAO）在第39届大会上通过国际航空碳抵消和减排市场机制（Carbon Offsetting and Reduction Scheme for International Aviation, CORSIA），这是全球范围内首个行业市场减排机制。2018年，CORSIA一揽子标准通过，并要求2019年1月1日开始实施国际航班排放监测（Monitoring）、报告（Reporting）和核查（Verification），（MRV），2021—2035年分阶段执行，2026年底以前可自愿参与，2027年之后则强制参与。为应对

CORSIA对航空碳排放管理及国际履约的要求，2018年，我国民航局发布《民用航空飞行活动二氧化碳排放监测、报告和核查管理暂行办法》（民航规〔2018〕3号），要求自2019年1月1日起，飞机运营人对碳排放等数据进行监测，自2020年起每年4月30日前，飞机运营人向主管部门提交上一年度经过有资质的第三方核查的排放报告、核查报告。

航空业将是国内碳交易和碳排放管理的重点领域。2016年，国家发展改革委发布《关于切实做好全国碳排放权交易市场启动重点工作的通知》（发改办气候〔2016〕57号），提出全国碳排放权交易市场第一阶段将涵盖石化、化工、建材、钢铁、有色、造纸、电力、航空等重点排放行业，航空行业包括航空旅客运输、航空货物运输和机场三个子类。目前第一批碳排放重点行业是电力和"两高"生产制造业，但双碳目标下，将全国碳市场建设作为主要抓手变得更为重要和更加紧迫，航空等行业"十四五"期间很有可能将陆续纳入碳市场。同时，目前虽未针对航空业提出碳排放环境影响评价的要求，但机场新建、迁建，飞行区扩建时对周边环境有较大影响，根据《建设项目环境影响评价分类管理名录》，需要编制环境影响报告书，符合国家推行碳排放影响评价的纳入原则。当前国家和行业对于航空业碳排放一直高度重视，航空业将是未来碳排放交易市场主体和碳排放环境影响评价主体扩展的重要方向。

克服诸多挑战的过程也是民航业加快转型，处理好行业发展与控制碳排放需求之间矛盾，实现高质量发展的重大机遇期。在推进民航绿色低碳发展过程中，预期将催生更多影响范围广、力度大的政策出台，逐渐引导解决民航基础设施领域存在的共性问题和卡脖子问题，逐步提高空域精细化管理水平，逐步提升航司、机场、空管等各个行业主体协同作战水平，逐步推广航行新技术和可替代性燃料的应用，逐步提高国有自主产品利用比例，逐步完善行业碳排放统计、监测、报告和配额分配等相关制度，逐步吸引社会资金进入民航绿色低碳发展领域，进而逐步构建更为安全、更高质量、更有效率、更可持续的现代民航体系，提高我国民航的国际竞争力和影响力。

4. 我国绿色机场发展挑战与机遇

机场具有占地面积大、功能分区多、系统复杂、专业性强的特点，机场能耗、排放对机场所在地及周边环境具有较大影响，特别是大型枢纽机场。而机场航站楼具有空间通透高大、占用资源多、空陆侧衔接性强、工艺流程复杂、能耗大、安全性和舒适度要求高、客流集中且变化大等特点。经研究，机场主要能耗来自航站楼采暖空调和通风系统的能耗，推动机场航站楼高大空间空调节能是机场绿色发展的重要目标之一。与此同时，机场噪声，车辆、飞机尾气排放，机场出行效率、服务品质等都是机场绿色发展面临的重大考验。

从建设需求来看，我国机场绿色发展也面临严峻挑战。截至2020年，我国境内运输机场共有241个（不含港澳台湾地区），根据《全国民用运输机场布局规划分布（2025年）》（发改基础〔2017〕290号），到2025年，全国民用运输机场规划布局370个（规划建成约320个），建成覆盖广泛、分布合理、功能完善、集约环保的现代化机场体系，形成3大世界级机场群、10个国际枢纽、29个区域枢纽。我国民航机场建设需求十分可观，在机场规模不断增加的情况下实现碳排放绝对量的减少，减排压力进一步增大。

与此同时，在绿色发展制度不断完善、绿色技术不断发展升级的过程中，我国绿色机场面临重大发展机遇。

绿色机场实践将更加规范系统。2006年，我国首次提出"绿色机场理念"，2010年以来，我国绿色机场实践探索不断趋于完善，建成昆明长水机场、北京大兴机场等一系列绿色机场示范工程，2016年以后，逐步发布首批行业绿色机场标准，并正在积极推动《绿色机场评价导则》等行业标准编制工作。按照绿色机场发展进程，当前我国已进入绿色机场全面推进和高质量发展阶段，在这一阶段，绿色机场理论体系、技术体系、标准体系将不断健全、完备，绿色机场评价与碳认证逐步开展、完善，我国绿色机场建设与运行实践将不断规范系统地全面深入推进，我国机场绿色建设、低碳建设乃至零碳建设将进入关键期和爆发期。

机场将成为绿色技术推广应用的重要场景。机场是城市乃至国家对外窗口，是国内外旅客出行的重要通道，是宣传绿色发展理念和展示绿色技术绝佳平台；机场占地面积大，可利用的建筑表面、空地比较丰富，对于光伏、地热等可再生能源利用技术、清洁能源车辆等绿色设备设施以及未来碳捕捉技术应用有较大的施展空间；机场能耗高，一般建设能源中心（冷热源站）保障机场用能安全，同时机场能源管理要满足能耗、室内环境、与航班运行的合理协同，机场对于智慧+绿色的技术应用也有着充分的需求；随着我国绿色和碳中和技术不断发展，各类先进适宜技术将围绕机场开展各种应用场景的开发，助力绿色机场更好更快地实现。

5. 我国机场零碳与碳中和路径

机场是否具备实现碳中和和零碳的潜力？从理论上说，机场是能源消费使用主体，只要机场将所用能源全部转化为电能，并全部采用绿电，机场就直接实现了零碳。或者，机场场地内太阳能等可再生能源可以完全供应机场需求，实现机场能源自平衡，也可以实现低碳乃至零碳。2015年，印度科钦国际机场宣布建成世界上第一个完全依靠太阳能来运行的机场。太阳能电厂位于货运楼附近，容量12MW，包括46 150块太阳能面板以及3座巨型风力发电机，占地约45英亩，每天可产生约4.8万~5万kW·h电，供机场运行使用。科钦机场电能自给自足得益于机场与喀拉拉邦供电局（Kerala State Electricity Board, KSEB）合作，后者为机场提供储能服务。在光照充足时（通常是白天）机场产生多余能量可以输出到电网，在光照不足期（通常是夜间和阴天）机场则从电网中获取等量的能量进行利用。机场多余的发电量还将出售给KSEB。通过与地方供电局的合作，机场可以实现可再生能源的可靠供应。

除了购买绿电、自发绿电并与电网公司合作两种情况外，在通往零碳与碳中和的路上，机场可以做的事情也很多。第一，节能是实现零碳运行的基础，可以从根本上减少碳排放，最重要的事就是降低对各种能源的需求；第二，优化能源结构，推进全面电气化，用电力替代燃煤、燃油、燃气，以避免用化石能源造成直接的二氧化碳排放；第三，在机场占地范围内，充分利用建筑表面、空地等各种空间，最大限度地开发利用光电，尽量用光电为机场供能，解决机场用电问题；第四，优化机场用电系统和蓄能（蓄电、蓄冷、蓄热）系统，有效匹配供给侧跟消费侧用电的不平衡，实现机场柔性负载，提高能源利用的可靠性；第五，在机场建设和维修中所需钢筋、水泥、陶瓷、玻璃等建材均采购绿色建材，运行过程中也注重建材、设施等资源的回收利用。第六，当机场已将碳排放降到最低时，机场可通过在其他地区投资植树造林、可再生能源发电、节能改造等项目，减少碳排放量，进而抵消或补偿自己直接或间接产生的二氧化碳排放，实现碳中和。

在双碳目标指引下，相信我国绿色低碳乃至零碳机场示范工程将更加丰富多彩，为我国机场和民航"双碳"目标实现贡献重要力量！

大兴机场绿色实践历程

2011年

5月，组织召开了北京新机场绿色建设国际研讨会，会议主题确定为"把脉世界绿色建设潮流，推动北京新机场绿色建设"。邀请国内外知名专家对新机场绿色建设进行了专题研讨，议题包括世界绿色建设发展趋势、北京新机场绿色建设目标及方向、北京新机场绿色建设实施策略与路线、北京新机场绿色建设研究专题等方向。

7月，"十二五"国家科技支撑项目"绿色机场规划设计、建造及评价关键技术研究"组织答辩入库。

8月，启动北京新机场绿色机场主体研究。

9月，组织召开北京新机场绿色建设专题汇报会。

10月，北京新机场建设指挥部成立绿色机场建设领导小组。

12月，召开绿色建设第一次领导小组会，审议通过《北京新机场绿色建设纲要》《北京新机场绿色建设框架体系》。

2012年

2月，召开绿色机场研究工作计划研讨会。

3月，下发《北京新机场绿色建设纲要》《北京新机场绿色建设框架体系》。

5月，召开绿色建设工作方案与指标体系研究成果汇报会。

7月，召开北京新机场飞行区工程绿色建设专项研究会。

8月，"十二五"国家科技支撑项目"绿色机场规划设计、建造及评价关键技术研究"综合咨询出库。

8月，召开北京新机场绿色建设相关工作沟通会。

9月，补充、完善绿色建设工作组。

11月，北京新机场绿色建设工作组第五次专题会议。

12月，召开第二次领导小组会议，审议通过《北京新机场绿色建设指标体系》《北京新机场飞行区工程绿色专项设计研究报告》。

2013年

2月，北京新机场绿色建设工作第七次专题会议。

10月，"十二五"国家科技支撑项目"绿色机场规划设计、建造及评价关键技术研究"开展可行性论证。

11月，召开绿色机场评价方法研究（初步成果）汇报会。

2014年

1月，召开北京新机场绿色建设领导小组第三次会议专题会议，审议通过《北京新机场总体规划绿色专项任务书》《北京新机场航站区绿色专项设计任务书》。

4月，"绿色机场评价与健康标准体系研究"获得2013年民航科技创新引导资金重大专项支持。

6月，《关于下达绿色机场建设标准编制任务的通知》（民航机函〔2014〕24号）。

7月，民航局机场司下发《关于对航站楼绿色指标进行调研和测试的通知》。

9月，"十二五"国家科技支撑项目"绿色机场规划设计、建造及评价关键技术研究"正式获得科技部批复。《科技部关于国家科技支撑计划城镇化与城市发展领域2014年项目立项的通知》（国科发计〔2014〕243号）。

2015年

5月，民航局财务司《关于2015年民航安全能力建设资金预算的通知》（局发明电〔2015〕1146号）批复《绿色航站楼标准》《绿色机场规划导则》《绿色机场施工指南》三个标准编写项目。

全年，对我国不同气候区域典型航站楼的能源系统运行现状和室内环境品质进行调研，对部分区域典型航站楼进行实地的空调系统能效测试。

2016年

1月，召开北京新机场绿色机场工作组第九次会议专题会议。

2月，召开北京新机场绿色建设领导小组第四次会议专题会议，审议通过《北京新机场控制性详规绿色专项设计任务书》《北京新机场公用配套工程绿色专项设计任务书》《北京新机场飞行区工程绿色施工指南》。

11月，召开北京新机场绿色建设领导小组第五次会议专题会议，研讨新机场第四批项目绿色设计要求、绿色建筑星级要求、可再生能源利用、能耗分项分级计量要求。

12月，向各驻场单位发布《关于齐心协力推进北京新机场绿色建设的函》。

2017年

2月，民航局发布《绿色航站楼标准》MH/T 5033—2017、咨询通告《民用机场绿色施工指南》AC-158-CA-2017-02。

3月，在北京组织第十三届国际绿色建筑与建筑节能大会暨新技术和产品博览会（第十三届绿建大会）绿色机场论坛。

3月，北京新机场绿色建设纲要、框架体系与指标体系研究荣获首都机场集团公司2016年度科技创新二等奖。

5月，召开北京新机场绿色建设领导小组第六次会议专题会议，研讨可再生能源利用方案、国家科技进步奖申报方案、飞行区充电桩规划、海绵机场等。

6月，正式发布《货运区工程绿色专项设计任务书》《生产辅助及办公设施工程绿色专项设计任务书》《公务机楼工程绿色专项设计任务书》。

11月，北京新机场航站楼及停车楼项目取得绿色建筑设计标识三星级和节能建筑设计标识AAA级双认证，成为我国第一个节能建筑AAA级项目。

11月，民航局发布信息通告《民用机场航站楼绿色性能调研测试报告》（IB-CA-2017-01）。

2018年

1月，发布咨询通告《绿色机场规划导则》AC-158-CA-2018-01。

2月，《绿色航站楼标准》MH/T 5033—2017推荐入围《中国工程建设标准使用指南》，入选中国向"一带一路"国家推荐的10部民航标准。

4月，大兴机场旅客航站楼及停车楼工程正式获颁三星级绿色建筑设计标识证书。

4月，在珠海组织第十四届绿建大会绿色机场论坛。

9月，指挥部与大兴机场管理中心联合发布《北京大兴国际机场绿色机场建设行动计划》。

12月，在北京市绿色建筑发展交流会上，大兴机场正式获颁"北京市绿色生态示范区"称号，标志着大兴机场绿色建设整体达到了北京市领先水平，是大兴机场持续开展绿色机场建设工作的重要成就。

2019年

1月，"十二五"国家科技支撑项目"绿色机场规划设计、建造及评价关键技术研究"通过科技部组织的项目验收。

4月，在深圳组织第十五届绿建大会绿色机场与公共建筑分论坛。

5月，绿色航站楼标准荣获首都机场集团公司2019年度科技创新一等奖。

9月，民航2013年科技创新重大专项——"绿色机场评价与健康标准体系研究"MHRD20130111）通过民航局人教司组织的项目验收。

10月，出版《北京大兴国际机场"四型机场"建设优秀论文集》。

11月，绿色机场研究创新团队入选2019年民航科技创新人才推进划的民航科技重点领域创新团队。《关于公布2019年民航科技创新人才推进计划入选名单的通知》民航函〔2019〕967号。

2020年

1月，"绿色机场规划设计、建造及评价关键技术研究"项目荣获2018年度中国航空运输协会民航科学技术奖一等奖。

3月，大兴机场荣获国际航空运输协会（IATA）"2019年度场外值机最佳支持机场"。

5月，绿色机场建设关键技术研究与示范荣获首都机场集团公司2020年度科技创新一等奖。

5月，大兴机场东航基地项目核心工作区一期工程（F-05-01地块）、（F-03-01地块）、生活服务区一期工程取得绿色建筑设计标识三星级。

8月，在苏州组织第十六届绿建大会绿色公共建筑与机场论坛。

9月，大兴机场水土保持设施通过验收。

9月，首都机场集团公司绿色机场重点实验室揭牌成立。

9月，大兴机场水系统建设关键技术荣获2020年度北京水利学会科学技术奖一等奖。

9月，完成生态环境部建设项目竣工验收网站备案，顺利通过竣工环保验收。

2021年

3月，召开北京新机场绿色建设领导小组第七次会议专题会议，审议通过《北京大兴国际机场绿色建设专项验收工作实施细则》《北京大兴国际机场可持续发展手册》《北京大兴国际机场绿色运行调研报告》《北京大兴国际机场绿色建设总结报告》。同意北京新机场绿色机场主体研究项目结题。绿色机场领导小组圆满收官，同意依托绿色机场重点实验室开展科研攻关和绿色机场建设与运行服务。

3月，"绿色机场标准体系和性能提升关键技术研究及工程应用"项目获2020年度中国交通运输协会科技进步奖二等奖。

4月，北京大兴国际机场旅客航站楼及停车工程荣获2020年全国绿色建筑创新一等奖。

5月，在成都组织第十七届绿建大会绿色机场论坛。

6月，召开北京大兴国际机场打造绿色高质量发展新路径研讨会。

6月，北京新机场建设指挥部联合首都机场集团公司北京大兴国际机场、清华大学、北京中企卓创科技发展有限公司、北京首都机场动力能源有限公司、生态环境部环境发展中心申报民航绿色机场重点实验室。

8月，完成绿色生态示范区验收报告。

9月，北京新机场建设指挥部通过第十一届中华环境奖入围候选单位公示。

10月，绿色发展教育基地建成并开放。

11月，召开大兴机场碳达峰、碳中和研究报告研讨会。

11月，民航绿色机场重点实验室申报认定答辩。

2022年

1月30日，民航绿色机场重点实验室获得民航局认定。

图　目

表　目

图书在版编目（CIP）数据

新理念　新标杆：北京大兴国际机场绿色建设实践／北京新机场建设指挥部组织编写；姚亚波等编著. —北京：中国建筑工业出版社，2022.4
（北京大兴国际机场建设管理实践丛书）
ISBN 978-7-112-27110-8

Ⅰ. ①新… Ⅱ. ①北… ②姚… Ⅲ. ①国际机场—机场建设—大兴区 Ⅳ. ①TU248.6

中国版本图书馆CIP数据核字（2022）第032123号

责任编辑：周方圆　封　毅
责任校对：王　烨

北京大兴国际机场建设管理实践丛书

新理念　新标杆
北京大兴国际机场绿色建设实践
北京新机场建设指挥部　组织编写
姚亚波　李　强　等　编著

*

中国建筑工业出版社出版、发行（北京海淀三里河路9号）
各地新华书店、建筑书店经销
北京锋尚制版有限公司制版
北京富诚彩色印刷有印刷厂印刷

*

开本：880毫米×1230毫米　1/16　印张：20　插页：1　字数：392千字
2022年8月第一版　　2022年8月第一次印刷
定价：**200.00**元
ISBN 978-7-112-27110-8
（38907）